高等学校规划教材

工业水处理技术

王文东　主　编
周　成　张　卉　副主编
杨宏伟　主　审

中国建筑工业出版社

图书在版编目（CIP）数据

工业水处理技术/王文东主编. —北京：中国建筑工业出版社，2017.7（2024.6重印）
高等学校规划教材
ISBN 978-7-112-20922-4

Ⅰ.①工… Ⅱ.①王… Ⅲ.①工业用水-水处理-高等学校-教材 Ⅳ.①TQ085

中国版本图书馆 CIP 数据核字（2017）第 140478 号

本书从我国水资源概况和进行工业水处理的必要性出发，系统地介绍了工业水处理的目标要求、常用净化工艺。全书共 8 章，第 1 章绪论，介绍我国水资源概况、水体污染特点、工业水处理的现状及必要性；第 2 章工业水的使用和排放要求；第 3 章工业水预处理技术；第 4 章工业水物理处理技术；第 5 章工业水化学处理技术；第 6 章工业水物理化学处理技术；第 7 章工业水生物处理技术；第 8 章工业水处理工程实践，列举了 6 个典型应用案例，结合实际对全书知识加以梳理。书中选有例题便于读者理解内容，书后附有思考题与习题便于读者巩固所学知识。

本书内容详尽，系统全面，可以作为给排水科学与工程和环境类专业本科教材，也可以作为相关专业研究生和工程技术人员的工具书。

为了便于教学，作者特别制作了配套课件，任课教师可通过如下三种途径索取：

邮箱：jckj@cabp. com. cn
电话：01058337285
建工书院 http://edu. cabplink. com

责任编辑：王美玲　吕　娜
责任校对：焦　乐　姜小莲

高等学校规划教材
工业水处理技术
王文东　主　编
周　成　张　卉　副主编
杨宏伟　主　审
*
中国建筑工业出版社出版、发行（北京海淀三里河路 9 号）
各地新华书店、建筑书店经销
霸州市顺浩图文科技发展有限公司制版
建工社（河北）印刷有限公司印刷
*
开本：787×1092 毫米　1/16　印张：14¼　字数：344 千字
2017 年 8 月第一版　2024 年 6 月第六次印刷
定价：**28.00** 元（赠教师课件）
ISBN 978-7-112-20922-4
（30574）

前　言

随着我国经济的发展以及工业现代化进程的快速推进，工业水的使用量和排放量均已达到了不容忽视的水平。与此同时，我国大部分地区的水资源短缺状况以及全国范围内的水污染形势并无缓解趋势。为此，大力发展先进生产工艺、提高工业水的复用率、减少工业水的使用和排放量，已成为现代工业和环境保护事业的必然发展方向。工业用水的净化处理以及工业排水的处理与回用已成为给水排水专业本科生和研究生应当掌握的重要内容。然而，相关教材只有周本省先生编写的《工业水处理技术》一书。该书侧重介绍包括循环冷却水和锅炉水在内的工业用水净化技术，缺少对工业排水单元处理技术的论述。编者结合工业水处理的授课经验，查阅国内外相关教材和文献，对课堂讲义进行扩展补充形成了本书，以期为给排水科学与工程、环境工程和环境科学专业本科生提供学习教材，也可以作为相关专业的研究生和工程技术人员的工具书。

全书在编写过程中淡化了工业用水处理和排水处理的界限。首先，从水的循环过程来看，一方面，各种天然水源在工业企业污水排放等人类活动的干扰下，有机污染、氮磷污染甚至重金属污染对生产过程的影响已经达到了不可忽略的程度；另一方面，工业企业自身的大量工艺、冷却、锅炉和清洗排水又需通过深度净化处理作为工业用水进行回用，部分行业实现“零排放”的目标。工业用水和工业排水的净化处理已经很难找到本质区别。其次，从工业水单元处理技术角度来看，几乎所有的单元技术，如混凝、沉淀、深层过滤、消毒、离子交换和膜处理等均可既应用于传统意义上的工业用水处理，也可应用于工业排水处理，亦即处理单元本身是不具有“给水”或“排水”属性的。为此，全书坚持以“待处理水”或“受污染水”进行各单元处理技术介绍，仅在工艺的应用范围和例题分析等部分明确给出待处理水的来源，即属于天然水或工业排水。

本书为本科教材，使用本书的学生需具有一定《水质工程学》基础。考虑到内容的完整性，本书仍对工业水处理中应用较多的、与《水质工程学》存在交叉的部分工艺技术，如混凝、沉淀、过滤、消毒以及包括活性污泥法和生物膜法在内的生物处理技术，从工艺原理、技术特征、应用范围和设计计算等方面进行介绍，但作了适当删减。尤其是生物处理技术部分，仅选择性地介绍了间歇式活性污泥法（SBR）、循环活性污泥工艺系统、生物滤池、生物接触氧化、膜生物反应器、生物流化床、厌氧消化池、升流式厌氧污泥床反应器（UASB）和厌氧膨胀颗粒污泥床（EGSB）工艺，但这些工艺基本已经可以覆盖工业水处理的所有情况。

本书第1、2章和第8章由西安交通大学王文东编写；第3章和第6章6.4节由西安市环境保护科学研究院丁真真编写；第4章由西安建筑科技大学姬晓琴编写；第5、6章（6.4节除外）由昆明理工大学周成编写；第7章7.1～7.5节由西安建筑科技大学张卉编写；第7章其余部分由长安大学李晓玲编写。全书由王文东主编，周成和张卉副主编，清华大学环境学院杨宏伟老师主审。本书编写过程中还得到清华长三角研究院和中煤西安设计工程有限责任公司在工业水处理设计原型素材等方面提供的大力支持，西安建筑科技大学高湘老师对书稿内容提出了宝贵的意见和建议。同时，编者还参考了有关文献和资料，吸收了其中的技术成就和丰富的实践经验。在此，一并表示衷心的感谢。

限于编者的理论水平和实践经验，书中难免存在缺点和欠妥之处，恳请读者批评指正。

2016 年 12 月 12 日

目　录

第 1 章　绪论……1
1.1　我国水资源概况……1
1.1.1　水资源的分布特点……1
1.1.2　我国水资源分布状况……2
1.2　工业用水水源类型及其特点……2
1.3　我国水体污染现状……3
1.4　污染源与工业污染……4
1.4.1　污染源……4
1.4.2　工业排水污染现状……5
1.5　工业水处理的重要性和必要性……6
思考题与习题……7
第 2 章　工业水的使用和排放要求……8
2.1　工业用水与废水排放……8
2.2　工业水处理对象及来源……9
2.3　工业用水与排放质量要求……10
2.3.1　国家标准……10
2.3.2　行业标准……13
2.3.3　地方标准……14
2.3.4　各类标准间的关系……14
2.4　工业水处理技术概述……15
思考题与习题……15
第 3 章　工业水预处理技术……16
3.1　格栅和筛网……16
3.1.1　格栅……16
3.1.2　筛网……18
3.1.3　格栅设计计算……19
3.2　沉砂池……21
3.2.1　平流式沉砂池……21
3.2.2　曝气沉砂池……23
3.2.3　旋流式沉砂池……24
3.3　调节池……25
3.3.1　调节池类型……25
3.3.2　调节池的混合……28

3.3.3 调节池设计计算…… 29
3.4 隔油池…… 33
3.4.1 平流式隔油池…… 33
3.4.2 斜板式隔油池…… 35
思考题与习题…… 36
第4章 工业水物理处理技术 …… 37
4.1 气浮…… 37
4.1.1 基本原理…… 37
4.1.2 常用气浮药剂…… 37
4.1.3 气浮设备…… 38
4.1.4 设计计算…… 43
4.2 沉淀…… 46
4.2.1 平流式沉淀池…… 47
4.2.2 竖流式沉淀池…… 48
4.3 深层过滤…… 52
4.3.1 普通快滤池…… 52
4.3.2 压力滤池…… 55
4.3.3 纤维滤池…… 58
4.3.4 连续过滤滤池…… 58
4.4 膜处理技术…… 59
4.4.1 超滤…… 60
4.4.2 反渗透…… 64
4.4.3 电渗析…… 67
4.5 冷却…… 72
4.5.1 冷却塔结构…… 72
4.5.2 冷却塔类型…… 73
4.5.3 敞开式循环冷却水系统…… 74
4.5.4 敞开式循环冷却水系统分析…… 75
4.5.5 冷却塔设计计算…… 78
思考题与习题…… 79
第5章 工业水化学处理技术 …… 80
5.1 酸碱中和…… 80
5.1.1 酸碱废水互混中和法…… 80
5.1.2 药剂中和法…… 81
5.1.3 过滤中和法…… 83
5.2 化学沉淀…… 86
5.3 硬水化学软化技术…… 90
5.4 氧化还原…… 93
5.4.1 原理…… 93

5.4.2 氧化剂和还原剂 …… 96
5.4.3 氧化法处理工业水 …… 96
5.5 离子交换 …… 101
5.5.1 离子交换剂 …… 101
5.5.2 离子交换的基本原理 …… 104
5.5.3 离子交换的工艺过程 …… 105
5.5.4 离子交换设备和系统 …… 107
思考题与习题 …… 109
第6章 工业水物理化学处理技术 …… 110
6.1 混凝 …… 110
6.1.1 混凝机理 …… 110
6.1.2 混凝的影响因素 …… 112
6.1.3 工业水处理中常用的混凝剂和助凝剂 …… 113
6.1.4 混凝设备 …… 116
6.1.5 设计计算 …… 117
6.2 澄清 …… 123
6.2.1 澄清池基本原理 …… 123
6.2.2 澄清池类型 …… 123
6.2.3 澄清池的设计计算 …… 126
6.3 吸附 …… 130
6.3.1 吸附机理与吸附类型 …… 130
6.3.2 吸附剂 …… 130
6.3.3 吸附设备 …… 133
6.3.4 设计与计算 …… 133
6.3.5 吸附法在工业水处理中的应用 …… 134
6.4 电解 …… 135
6.4.1 电解原理 …… 135
6.4.2 电解槽的结构类型 …… 136
6.4.3 电解法在工业水处理中的应用 …… 136
思考题与习题 …… 137
第7章 工业水生物处理技术 …… 138
7.1 工业水生物处理技术概述 …… 138
7.2 间歇式活性污泥法 …… 140
7.2.1 工艺原理 …… 140
7.2.2 工艺特点及适用条件 …… 140
7.2.3 设计计算方法 …… 141
7.3 循环活性污泥工艺系统 …… 145
7.3.1 CASS系统组成与运行方式 …… 145
7.3.2 CASS系统运行期内各区的反应行为 …… 147

7.3.3 CASS 工艺设计与运行调控 …… 148
7.4 生物滤池 …… 150
7.4.1 生物滤池工艺形式 …… 150
7.4.2 生物滤池性能影响因素 …… 153
7.4.3 曝气生物滤池设计计算 …… 154
7.5 生物接触氧化 …… 156
7.5.1 生物接触氧化原理 …… 156
7.5.2 生物接触氧化特点 …… 156
7.5.3 生物接触氧化池结构组成 …… 157
7.5.4 设计计算 …… 160
7.6 膜生物反应器技术 …… 163
7.6.1 概述 …… 163
7.6.2 膜组件 …… 164
7.6.3 MBR 工艺类型 …… 165
7.6.4 MBR 工艺设计计算 …… 166
7.6.5 膜污染成因与控制 …… 171
7.7 生物流化床 …… 174
7.7.1 原理和类型 …… 174
7.7.2 载体与生物膜 …… 177
7.7.3 内循环好氧生物流化床设计计算 …… 179
7.8 厌氧消化池 …… 182
7.8.1 工作原理 …… 182
7.8.2 厌氧消化池的分类 …… 182
7.8.3 厌氧消化池的构造 …… 183
7.8.4 厌氧消化池设计计算 …… 184
7.9 升流式厌氧污泥床反应器 …… 186
7.9.1 简介 …… 186
7.9.2 UASB 反应器原理及构造 …… 187
7.9.3 UASB 反应器设计计算 …… 188
7.10 厌氧膨胀颗粒污泥床工艺 …… 191
7.10.1 工艺原理 …… 191
7.10.2 EGSB 反应器构造特征 …… 192
7.10.3 EGSB 反应器设计计算 …… 193
思考题与习题 …… 194
第 8 章 工业水处理工程实践 …… 195
8.1 工业水处理方案设计 …… 195
8.1.1 设计资料收集 …… 195
8.1.2 设计原则及程序 …… 195
8.1.3 选择处理工艺 …… 197

8.2 工业水处理等级划分 …… 203
8.3 典型工业水处理案例分析 …… 203
8.3.1 不锈钢厂废水处理与回用工程 …… 203
8.3.2 深圳M纺织厂废水治理工程 …… 207
8.3.3 上海某药厂锅炉给水及生产用水处理工程 …… 210
8.3.4 北京某啤酒厂酿造废水处理工程 …… 211
8.3.5 某洗涤用品生产企业日用化工废水处理工程 …… 212
8.3.6 某洗煤厂洗煤废水处理及回用工程 …… 214
思考题与习题 …… 216
参考文献 …… 217

第1章　绪　　论

1.1　我国水资源概况

水是一切生物赖以生存的物质，也是维持生态平衡、进行工农业生产不可或缺的宝贵资源。由于对水作为自然资源的基本属性的认识程度和角度的不同，有关水资源的确切定义仍未有统一定论。《大英百科全书》将水资源解释为：“全部自然界任何形态的水，包括气态水、液态水和固态水。”世界气象组织和联合国教科文组织共同编制的《资源评价——国家能力评估手册》定义水资源为：“可以利用或有可能被利用的水源，具有足够数量和可用的质量，并能在某一地点为满足某种用途而可被利用。”《中华人民共和国水法》将水资源定义为“地表水和地下水”。《环境科学词典》定义水资源为“特定时空下可利用的水，是可再利用资源，不论其质和量，水的可利用是有限制条件的”。

一般认为，水资源的概念有广义和狭义之分。广义的水资源是指地球上所有的水。不论它以何种形式、何种状态存在，都能够直接或间接地被人类利用。狭义的水资源则是指在目前的经济技术条件下可被直接开发与利用的水。狭义的水资源除了考虑水量外还要考虑水质，而且开发利用时技术上可行、经济上合理且不影响地球生态。这使得很多水在目前的经济技术条件下不能被称为水资源。如南北两极虽为最大淡水库，但由于远离人类居住地，难以进行有效利用。因此，通常所说的水资源是狭义上的水资源，即陆地上可供生产、生活直接利用的淡水资源。而这部分水量只占地球上总水量的极少一部分。

1.1.1　水资源的分布特点

地球上以各种形态存在的水的总量高达14.6亿m^3。但海水、苦咸水约占97.3%，存在于陆地上的各种淡水资源仅占总量的2.7%。表1-1列出了这些淡水资源的存在形态及所占百分比（体积分数，按总淡水资源为100%计）。

淡水资源的存在形态及所占百分比　　　　**表1-1**

序号	类别	占淡水储量比(体积分数,%)
1	地下淡水	30
2	土壤水	0.05
3	淡水湖泊水	0.26
4	冰川与永久雪盖	68.7
5	永冻土底冰	0.86
6	沼泽水	0.08
7	河水	0.007
8	生物水	0.003
9	大气水	0.04

从表1-1可知，全球淡水资源的68.7%存在于南北极的冰川和永久雪盖之中，其余的主要是地下水，其他的淡水资源只占淡水总量的1.3%。相对丰富的地下水中可作为水资源利用的通常是直接受地表水补给的浅层地下水，仅占地下水总量的很小一部分。有资料表明，全球真正可供利用的水资源仅占地表水和地下水总量的0.6%，称之为可利用水资源，其总量约为50000 km^3。按全球人口60亿计算，人均可利用水资源量可达8000m^3。然而，由于水资源分布的不均匀性和人口分布的不均匀性，加之部分水资源的污染，真正能够利用的水资源量远小于这个数字。

1.1.2 我国水资源分布状况

2013年的统计结果显示，我国的人均水资源占有量为2059.7m^3，仅为世界平均人均占有量的四分之一。与此同时，有限的水资源在我国的分布还十分不均匀。总体上看，呈现从东南向西北递减的变化规律。全国共有16个省份（自治区、直辖市）的人均水资源量低于联合国可持续发展委员会制定的人均水资源占有量标准（2000m^3），其中11个地区，包括：北京、天津、河北、山西、上海、江苏、安徽、山东、河南、陕西和宁夏的人均水资源占有量低于1000m^3。这11个地区的水资源总量仅占全国水资源总量的7.5%，但人口数量占全国人口总数量的40.2%，地区生产总值占国内生产总值的44.4%，农作物播种面积占全国农作物播种面积的37.1%。水资源与经济、人口、农作物的地区分布不匹配，导致局部地区用水紧张程度远高于全国平均水平。

1.2 工业用水水源类型及其特点

现代工业门类复杂、产品繁多、用水系统庞大。工矿企业不仅需要大量用水，而且对供水水源、水压、水质等有严格的要求。按照水在地表的存在状态，工业企业的供水水源可分为地下水、江河水和湖泊（水库）水三大类。此外，随着脱盐技术的不断发展，海水也逐渐成为沿海城市工业用水的重要水源。

1. 地下水

地下水是由降水经过土壤下渗形成的，按其在地下的分布深度可分为表层水、层间水和深层水。通常用作原水使用的地下水是层间水，即中层地下水。这种水受气候和人类活动等外界因素影响较小，显著的特点是杂物少，水温变化小，有机物和微生物含量低，水质成分较为稳定。但水的含盐量一般较高，硬度和碱度大，且随埋藏深度的增加，含盐量有明显增加的趋势。表1-2列出了我国较典型的地下水水质。

我国较典型的地下水水质 **表1-2**

水质项目	河北石家庄	黑龙江哈尔滨	宁夏同心	湖南岳阳	天津塘沽
pH	7.6	6.9	—	5.5	8.3
Ca^{2+}(mg/L)	82.9	78.2	481	2.83	8
Mg^{2+}(mg/L)	19.8	12.8	437.8	1.56	3.7
$Na^{+}+K^{+}$(mg/L)	16.2	23.5	2790	5.29	317
HCO_3^{-}(mg/L)	219.6	317.2	488.2	9.76	464
SO_4^{2-}(mg/L)	37.3	8	3938	8.95	48

续表

水质项目	河北石家庄	黑龙江哈尔滨	宁夏同心	湖南岳阳	天津塘沽
Cl^-(mg/L)	28	21.3	2128	2.55	200
CO_2(mg/L)	—	11.5	—	5.5	—
含盐量(mg/L)	403.8	461	10476	38	1040

2. 江河水

江河是由降水经过地面径流汇集而成的，流域面积宽广，水质受地区、气候、土质和人类活动等因素的影响较大。我国地表水体的含盐量总体上呈现东南低、西北高的分布规律（表1-3）。除受海水影响较大的沿海地区外，从东南地区小于50mg/L的低含盐量向西北逐渐增至1000mg/L以上。如松花江的含盐量小于100mg/L；西南诸河水的含盐量小于300mg/L；以塔里木河为代表的新疆几个盆地的河水含盐量均大于1000mg/L；其余地区河水的含盐量在300～500mg/L。

一般的，硬度随含盐量的增加而增加。淮河、秦岭以南、东北三江流域、新疆北部部分地区河水硬度小于85mg/L，内蒙古高原北部、新疆三盆地、河套地区的河水硬度大于250mg/L。同时，季节不同，江河水的水质也存在较大差异。在丰水期，江河水中的泥沙等悬浮杂质含量明显高于枯水期，浊度从几十毫克/升到数百毫克/升。有机组分含量则是冬季低于夏季，北方低于南方。水温则随气候变化而变化。

我国主要河流的主要水质指标 **表1-3**

水质项目	长江	黄河	珠江	黑龙江	闽江	塔里木河	松花江
Ca^{2+}(mg/L)	28.9	39.1	18	11.6	2.6	107.6	12
Mg^{2+}(mg/L)	9.6	17.9	1.1	2.5	0.6	841.5	3.8
Na^++K^+(mg/L)	8.6	46.3	16.1	6.7	6.7	10265	64.4
HCO_3^-(mg/L)	128.9	162	32.9	54.9	20.4	117.2	64.4
SO_4^{2-}(mg/L)	13.4	82.6	34.8	6	4.9	6052	5.9
Cl^-(mg/L)	4.2	30	7.3	2	0.5	14368	1
含盐量(mg/L)	193.6	377.9	110.2	83.7	35	31751	93.9

3. 湖泊（水库）水

湖泊和水库均是由河流和地下水蓄积而成，不同之处在于水库是人工建造，湖泊是天然形成的。湖泊（水库）水的水质除与补给水来源、气候、地质及生物条件密切相关外，还随入流量和排水量、日照时间和蒸发强度的变化而改变。流入和排出的水流量越大，蒸发量越小，盐分在湖内的蓄积量也越低，一般在300mg/L以下。相反的，排水量小、蒸发量大的湖泊，其含盐量往往较高，这对控盐要求较高的工业企业来说，将增加处理成本。由于湖泊（水库）补给水源均为江河水或地下水，其水质稳定性也介于江河水和地下水之间。

1.3 我国水体污染现状

目前，我国水环境的污染形势十分严峻。就整个地表水而言，2014年受到严重污染的劣Ⅴ类水体所占比例在10%左右，个别流域可能更高，如海河流域劣Ⅴ类水体的比例高达39.1%，尤其是流经城镇的一些河段、沟渠、塘坝，污染十分突出。同时，涉及工业水安全的水环境突发事件的数量依然不少。环保部门公布的调查数据显示，2012年，全国10大水系、62个主要湖泊分别有31%和39%达不到水源地水质要求，严重影响工业、农业以及附近居民的用水安全。

湖泊由于流动性差，存在有机物和营养盐类大量富集的问题。调查结果表明，我国约75%以上的大型湖泊均出现了不同程度的富营养化问题，尤其以太湖、巢湖和滇池最为严重。太湖在20世纪80年代初期水质尚好，80年代后期开始出现污染，并不断加剧，这一状况截至目前尚未得到有效控制。滇池在20世纪70年代水质良好，生物多样性丰富，到90年代开始出现富营养化问题。湖泊富营养化速度的加剧主要与人类活动，尤其是近30年来我国工业化和城镇化的快速推进，工业、农业和生活用水的无组织排放密切相关。

与地表水相比，地下水水质相对稳定，但一旦出现污染则难以恢复。目前，我国地下水超采问题与水质污染问题相互影响，已形成恶性循环。这在整个华北地区表现得尤为突出。地下水的过量开采，使地下水漏斗面积不断扩大，水位大幅度下降；地下水位的下降又改变了原有的水文条件，引起污染较为严重的地表水向地下水倒灌，浅层污水不断向深层流动，地下水污染问题向更深层发展。依据全国195个城市的监测数据，97%的城市地下水受到不同程度污染，40%的城市地下水污染有逐年加重趋势。

1.4 污染源与工业污染

1.4.1 污染源

综上所述，作为工业用水主要水源的地表水和地下水均受到了不同程度的污染，极大地影响了工业用水的净化成本，个别地区甚至由于没有合格水源变得无水可用，严重限制了当地工业、农业和社会经济的发展。然而，造成这一困局的却并非大自然，而是人类对水资源的无序利用和肆意污染。水污染源是指向水体排放或释放污染物的场所。常见的水体污染源有工业污染源、农业污染源、城镇生活污染源以及其他水污染源。

(1) 工业污染源。工业生产过程中产生大量废水和废液。这些废水和废液中含有随水流失的某些生产原料、中间产物、副产品以及在生产过程中形成的组分。因此，其污染成分复杂、种类多，如有机组分、氨氮、石油类、挥发酚和重金属等有害和有毒物质。受企业类型、生产工艺和所用原料种类的影响，不同工业企业排水中的污染组分存在巨大差异。

(2) 农业污染源。农作物栽培、种植，畜禽及水产养殖，农产品加工等过程排水，一般包括农田排水、饲养场排水、水产养殖排水和农产品加工排水等。在我国农业生产中，化肥和农药使用普遍过量，特别是氮肥用量最多，流失量也最高。这是我国地表水体、甚至部分地下水中氮、磷含量超标的重要原因。

(3) 生活污染源。城镇居民和公共建筑等在日常生活和经营活动中的外排水，包括厕所粪尿、洗澡、洗衣、洗菜、绿化、道路冲洒，以及商业、医院和娱乐休闲场所等的排水。居民生活排水中的有机污染物所占比重相对较大，氮磷等营养盐含量也较高，但与工业污染源相比，其水质相对稳定，污染物浓度适中，不存在极高值或极难降解组分。

(4) 其他污染源。交通运输和船舶排水，主要污染物为化学需氧量、氨氮、总磷、石油类和重金属等。

1.4.2 工业排水污染现状

改革开放30多年来，由于我国工业化程度的不断提升，工业企业排水在各类地表水污染源中的比重较20世纪80年代以前有大幅增加。2010年由环境保护部、国家统计局、农业部联合发布的《第一次全国污染源普查公报》表明，各类污染源的总排水量为2092.81亿t，其中工业污染源的排水量占11.31%。化学需氧量、氨氮、石油类的排放量分别为3028.96万t、172.91万t和78.21万t，其中工业污染源的排放量分别占到23.60%、17.50%和8.49%。重金属的排放量基本上由工业企业所贡献，年均排放量0.30万t，经集中处理后，削减量0.21万t，实际排入水体的量为0.09万t。

据2013年环境统计年报数据，2011年全国废水排放量659.2亿t（表1-4）。其中，工业废水排放量230.9亿t，占废水排放总量的35.0%。这一比例自2012年以来，虽然随着国家管控力度的加大有所降低，但是仍然保持在30%以上。从表中3年的数据中可以看出，尽管在工业排水中，化学需氧量和氨氮的排放量比生活污水少，但其生态危害和对人体健康的影响（如重金属、放射性、难降解有机组分和人工合成有机组分等）则更大。如果这些废水不经处理直接排入天然水体中，将对生态环境造成严重破坏。

全国废水及其污染物排放情况　　表1-4

年份	排放量	合计	工业源	农业源	生活源	集中式
2011	废水(亿t)	659.2	230.9	—	427.9	0.4
	化学需氧量(万t)	2499.9	354.8	1186.1	938.8	20.1
	氨氮(万t)	260.4	28.1	82.7	147.7	2.0
2012	废水(亿t)	684.8	221.6	—	462.7	0.5
	化学需氧量(万t)	2423.7	338.5	1153.8	912.8	18.7
	氨氮(万t)	253.6	26.4	80.6	144.6	1.9
2013	废水(亿t)	695.4	209.8	—	485.1	0.5
	化学需氧量(万t)	2352.7	319.5	1125.8	889.8	17.7
	氨氮(万t)	245.7	24.6	77.9	141.4	1.8

按实际排放贡献，不同工业企业间也存在较大差异。如造纸、纺织、农副加工、化工、饮料、食品和医药7个行业的废水排放量占总排放量的4/5。造纸、农副食品加工业、饮料制造业和食品制造业的COD排放量占COD排放总量的2/3。化学原料及化学制品制造业、有色金属冶炼及压延加工业、石油加工炼焦及核燃料加工业、农副食品加工业、纺织业、皮革毛皮羽毛（绒）及其制品业、饮料制造业和食品制造业等8个行业的氨氮排放量占工业污染源氨氮排放总量的85.9%。有色冶金业占重金属排放总量的50%。而石油加工炼焦及核燃料加工业、化学原料及化学制品制造业、黑色金属冶炼及压延加工业、造纸及纸制品业、电力燃气及水的生产和供应业的挥发酚排放量已占到工业源挥发酚总排量的96.15%。

近几年来，我国由于工业排水引起的环境污染事件屡有发生。例如，重金属工业废水对水环境和水源地的污染，以及由此引发的群体性事件；含砷、酚等有毒工业废水的污染；有毒化工原料（三甲基氯硅烷、六甲基二硅氮烷等）对松花江水源的污染等。2007年太湖蓝藻暴发是我国主要湖泊富营养化污染典型事件。调查表明，工业企业排水对太湖流域化学需氧量、氨氮、总磷和总氮的贡献量分别占到了31.1%、34%、4.9%和29.3%。大量工业污染物和营养物质的排入，为蓝藻大规模繁殖提供了有利条件，在适宜的水温和气象条件下，形成蓝藻暴发，严重影响人民群众的正常生活。

1.5 工业水处理的重要性和必要性

目前，我国处于重要战略机遇期。随着我国工业化、城镇化进程的加快和消费结构的持续升级，我国能源需求刚性增长，受国内资源保障能力和环境容量制约，我国环境资源制约日趋强化。工业水处理可以分为工业用水处理和工业排水处理。工业用水处理就是将水源水的水质处理到能满足企业内部不同工艺、不同设备对水质的要求，保证企业生产正常进行。例如，锅炉要求提供纯水或软水；电子工业要求使用纯水并去除水中微粒；食品工业则要求水能符合相应的饮用水标准；密闭式冷却水系统，则要求水为清水、软水或纯水。如果达不到这些要求，则会对产品、设备产生以下几个方面的影响：

（1）影响产品质量。例如，电子工业的冲洗用水，如果水的纯度或水中颗粒状物达不到要求，生产的集成电路质量则无法得到保证；印染行业水质达不到要求，印染产品会色泽不均并出现疵点。

（2）影响设备安全。锅炉用水水质不合格，会出现炉管内结垢、腐蚀，导致爆管，危及锅炉安全。

（3）降低效率，浪费能源。例如，各种冷却水，如果处理不好，热交换器会产生结垢，影响传热，降低热效率，浪费能源。

（4）食品及饮料工业用水，水质不合格还会影响人们的身体健康。

因此，为确保产品质量，保障设备安全，提高生产效率和能源利用率，需要对企业的生产用水进行净化处理，依据原水水质和用水要求的不同，选择合理的工艺流程。如前所述，现有的工业用水水源受到了不同程度的污染。从污染物来源看，工业企业自身排放的有机组分和氨氮的贡献率高达30%以上，部分指标如重金属元素则更高。由此可见，工业用水质量的高低与企业排水是否进行了处理，以及处理后的水是否达到了受纳水体的排放要求密切相关。然而，大多数企业受利益最大化理念的驱使，只重视工业用水的处理，忽视企业排水的处理，偷排乱排现象十分严重，急需整治。

在我国于2015年提出的《水污染防治行动计划》（简称“水十条”）中，明确指出要狠抓工业污染防治，取缔“十小”企业，全面排查装备水平低、环保设施差的小型工业企业。2016年年底前，按照水污染防治法律法规要求，全部取缔不符合国家产业政策的小型造纸、制革、印染、染料、炼焦、炼硫、炼砷、炼油、电镀、农药等严重污染水环境的生产项目，要专项整治十大重点行业。制定造纸、焦化、氮肥、有色金属、印染、农副食品加工、原料药制造、制革、农药、电镀等行业专项治理方案，实施清洁化改造。新建、改建、扩建上述行业建设项目，实行主要污染物排放等量或减量置换。2017年年底前，造纸行业力争完成纸浆无元素氯漂白改造或采取其他低污染制浆技术，钢铁企业焦炉完成干熄焦技术改造，氮肥行业尿素生产完成工艺冷凝液水解解析技术改造，印染行业实施低排水染整工艺改造，制药（抗生素、维生素）行业实施绿色酶法生产技术改造，制革行业实施铬减量化和封闭循环利用技术改造。

通过落实上述环保要求，可实现部分重点行业和重点污染物的源头削减。除政策层面外，要真正解决工业排水的污染问题，缓解地表和地下水环境污染压力，为工业、农业和居民生活用水提供高品质水源，还需进一步提高企业的环保意识和社会责任感。同时，加快与市场需求相匹配的工业水处理材料、技术和设备的开发及推广应用，方能实现工业用水和排水的高效处理，实现我国水环境总体质量状况的根本改善。

思考题与习题

1. 论述水资源的基本含义以及我国的水资源分布状况。
2. 工业用水水源分哪几种类型，每类水体有何水质特征？
3. 论述我国水体污染类型及主要污染物来源。
4. 论述进行工业水处理的意义。

第2章 工业水的使用和排放要求

2.1 工业用水与废水排放

工业用水一般是指工、矿企业在生产过程中，用于制造、加工、冷却、空调、净化、洗涤等方面的生产用水，也包括工、矿企业内部职工的生活用水和洗浴用水。这里的工业用水若无特殊说明均指生产用水。工业用水的水量和水质均应满足企业的生产需要，在保证产品质量的同时，不产生副作用、造成生产故障或损坏工艺设备。

按照使用方式可将工业用水分为工艺用水、锅炉用水、洗涤用水以及冷却用水等。不同行业对用水水质的要求也存在较大差异。例如，锅炉用水是将水在一定的温度和压力下加热成为蒸汽，用蒸汽作为传热和动力的介质。一般工矿企业常采用低压或中压锅炉产生的蒸汽作为热源，这种锅炉对水质要求稍低；而发电厂或热电站常采用高压锅炉产生的蒸汽推动汽轮机发电，为保证蒸汽对汽轮机无腐蚀或结垢沉积，对水质的要求较高，即凡是可能导致锅炉、给水系统及其他热力设备腐蚀、结垢及离子交换树脂中毒的杂质均应全部去除。冷却用水的水质虽然没有像工艺用水、锅炉用水那样对各项指标有严格的限制，但为防止冷却系统在长期使用过程中出现腐蚀、结垢以及微生物大量繁殖等问题，也需要进行软化或脱盐处理。

目前，在钢铁、化肥、化工等生产中用大量的水来冷却半成品和成品；在发电厂、热电站用大量的水来冷却汽轮机回流水；在纺织厂、化纤厂则用大量的水来冷却空调系统及冷冻系统。这些工业的冷却水用量平均约占工业用水总量的67%，其中以石油、化工和钢铁工业的用量最高。工业用水在使用过程中由于盐分的蓄积，原料、半成品以及成品的混入，均受到了不同程度的污染。依据产生污染的性质不同，工业排水可分为一般工业废水和高浓度工业废水。

一般工业废水是指工业生产过程中无有毒有害化学物质，产生的废水较容易处理。这类废水主要来自食品、电子电器、汽车加工与制造等行业。一般工业废水可采用常规处理工艺，以生化处理为主，达标后排入受纳水体；也可经过简单预处理，直接排入工业园区污水处理站。高浓度工业废水是指工业生产过程中使用有毒有害化学品，污染物浓度较高或者难以处理。这类废水主要来自造纸、电镀、医药、化工等行业，水中的污染物浓度高、难处理、污染程度严重，即使少量污水排放也会对环境或后续处理造成较严重的危害。因此，这类工业企业应当自行建设处理设施进行专门处理，然后再接入园区的污水处理站。

总体来看，工业排水具有以下几个特点：

(1) 废水排放量大、污染范围广、排放方式复杂。工业排水量大，且相当一部分废水中都携带原料、中间产物、副产物及终产物等。工业企业遍布全国各地，污染范围广，不少产品在使用中又会产生新的污染。如全世界化肥施用量约5亿t，农药200多万t，造成全世界广大地区的地表水和地下水都受到不同程度的污染。工业废水的排放方式复杂，有间歇排放和连续排放、有规律排放和无规律排放等，给污染防治造成很大困难。

(2) 污染物种类繁多、含量高，浓度波动幅度大。由于工业产品品种繁多，生产工艺也各不相同，因此，工业生产过程中排出的污染物也数不胜数，不同污染物性质有很大差异，浓度也相差甚远。如，有些企业排水中的悬浮物含量可能高达3000mg/L，是生活污水的10余倍；有些企业所排废水可能几乎不含悬浮物。

(3) 污染物毒性强、危害大。工业企业所排放的酸碱性废水有较强的刺激性、腐蚀性，而含有有机含氧化合物（如醛、酮、醚）的废水等则具有还原性，能消耗水中的溶解氧，使水缺氧而导致水生生物死亡；含重金属的废水则对生态系统以及人体健康均存在不利影响。

(4) 污染物排放后迁移变化规律差异大。工业废水中所含各种污染物的性质差别很大，有些还有较强的毒性、较大的蓄积性及较高的稳定性。一旦排放，迁移变化规律发生很大变化，有的沉积水底，有的挥发进入大气，有的富集于生物体内，有的则分解转化为其他物质，甚至造成二次污染，使污染物具有更大的危险性。

(5) 恢复比较困难。水体一旦受到污染，即使减少或停止污染物的排放，要恢复到原来状态仍需要相当长的时间。

2.2 工业水处理对象及来源

与生活用水相比，工业用水水质并无统一标准，且随工艺需求的不同存在较大差异。在工业用水中，凡是可能影响产品质量、对生产过程存在副作用或损害工艺设备的组分均为有害物质，需要在使用前通过水质净化环节去除。一般的，天然水中常见的有害物质包括：黏土和树叶等漂浮、悬浮物，细菌和腐殖质等胶体，由各种酸、碱以及对应的盐所组成的酸度和碱度，以钙、镁等为代表的硬度形成离子，以及可能加速管道、设备腐蚀的氯离子和硫酸根等无机离子。这些有害物质，尤其是溶解性杂质的含量受地域和气候的影响较大，主要来源于自然矿物的化学循环。以地表水体中的硬度形成离子为例，其浓度分布大体上呈现从东南向西北递增的趋势，与区域降雨量变化规律相反。地下水由于与地下岩层充分接触，其硬度普遍高于同一地区的地表水，且随着埋藏深度的增加呈上升趋势。

在各种工业水的使用类型中，锅炉水和冷却水的排水水质最为清洁，主要为热污染，经过冷却等简单处理后可重复使用。工艺水和洗涤水的排水水质与工艺过程和洗涤对象有关，水质和水量波动大。主要的有害物质包括：有机需氧物质、无机固体悬浮物质、无机化学有毒物质、有机化学有毒物质、放射性物质、重金属物质和酸、碱等。许多有害物质都有颜色、臭味或易生泡沫，因此工业企业排水常呈现使人厌恶的观感，而且会造成水体大面积的污染。更为严重的是，一旦工业排水中的重金属被人们通过饮用水或者食物链摄入体内，会导致重金属在体内富集而中毒甚至死亡。放射性物质通过自身衰变可放射出α、β、γ射线，危害机体，使人患贫血、恶性肿瘤等疾病，直接威胁日常的用水安全，破坏生态系统。

综上所述，工业用水处理的对象相对固定，主要为天然水体中的各种污染组分。工业排水中的污染物主要来自工艺生产过程所用原材料、中间体、成品、半成品和副产品等，且企业类型不同，所排污染物的种类和数量也存在较大差异（表 2-1）。

工业排水主要污染物及其来源　　　　表 2-1

污染物	主要来源
酸	化学工业、采矿与冶炼、机械制造、电镀等
碱	化纤、制碱、纸浆与造纸工厂、印染、皮革、电镀工业及石油炼厂等
汞	氯碱工厂、汞催化剂、纸浆与造纸工厂、杀菌剂、种子消毒剂、石油燃烧的燃料、采矿与冶炼、医药研究实验室等
镉	采矿与冶炼、电镀、化学工业、金属处理、电池、特种玻璃工业等
铬	采矿与冶炼、电镀、化学工业、金属处理、电池、特种玻璃工业等
铅	铅的冶炼、化学工业、农药、汽车燃料防爆剂、石油燃料的燃烧、含铅油漆、搪瓷工业等
砷及其化合物	采矿与冶炼、制药、化学工业、玻璃、涂料、农药制造、化肥工业等
酚	焦化废水、煤气工厂、炼油厂、合成树脂、化学工业、染料、制药工业等
氰化物	焦化废水、煤气工厂、电镀、金属清洗、有机玻璃、丙烯腈合成、炼油厂及黄金工业等
硫化物	化学工业、皮革、煤气工厂、焦化废水、染色、粘胶纤维、炼油厂、油田、天然气加工工业等
游离氯	纸浆与造纸工厂、织物漂白、化学工业等
油类	炼油厂、工业废水废物中的油、油田、天然气加工工业等
有机磷、有机氯	农业杀虫、农药制造、化学工业等
多氯联苯	电力工业、塑料工业、润滑剂、含有多氯联苯的工业排放物与工业废水等
放射性物质	原子能工业、放射同位素实验室、医药应用、武器生产等

2.3 工业用水与排放质量要求

为使供水水质满足工业生产需求，减轻工业排水对环境水体的污染，国家和地方均制定了一系列的控制标准。总体来看，这些标准可分为由国家环境保护主管部门根据《中华人民共和国环境保护法》和《中华人民共和国水污染防治法》制定并发布的国家标准，由省、市、自治区地方人民政府结合本地区环境保护要求发布的地方标准，以及国家依据特定行业工业企业的用水和污水排放特征制定的行业标准。

2.3.1 国家标准

国家标准是国家环保行政主管部门制定并在全国范围特定区域内适用的标准，如《地表水环境质量标准》GB 3838—2002、《地下水质量标准》GB/T 14848—1993、《城市污水再生利用　工业用水水质》GB/T 19923—2005、《污水综合排放标准》GB 8978—1996 和《农田灌溉水质标准》GB 5084—2005，适用于全国范围。

1.《地表水环境质量标准》GB 3838—2002

该标准依据地表水水域环境功能和保护目标，按功能高低依次划分为以下五类。

Ⅰ类：主要适用于源头水、国家自然保护区。

Ⅱ类：主要适用于集中式生活饮用水地表水源地一级保护区、珍稀水生生物栖息地、鱼虾类产卵场、仔稚幼鱼的索饵场等。

Ⅲ类：主要适用于集中式生活饮用水地表水源地二级保护区、鱼虾类越冬场、洄游通道、水产养殖区等渔业水域及游泳区。

Ⅳ类：主要适用于一般工业用水区及人体非直接接触的娱乐用水区。

Ⅴ类：主要适用于农业用水区及一般景观要求水域。

Ⅳ类及以上水质的地表水可以作为工业用水水源，部分企业的用水净化要求参考表2-2。

2.《地下水质量标准》GB/T 14848—1993

依据我国地下水水质现状、人体健康基准值及地下水质量保护目标，并参照了生活饮用水及工业、农业用水水质最低要求，该标准将地下水质量划分为五类。

Ⅰ类：主要反映地下水化学组分的天然低背景含量，适用于各种用途。

Ⅱ类：主要反映地下水化学组分的天然背景含量，适用于各种用途。

Ⅲ类：以人体健康基准值为依据，主要适用于集中式生活饮用水水源及工、农业用水。

Ⅳ类：以农业和工业用水要求为依据。除适用于农业和部分工业用水外，适当处理后可作生活饮用水。

Ⅴ类：不宜饮用，其他用水可根据使用目的选用。

与地表水类似，Ⅳ类及以上地下水可以作为工业用水水源。

工业用水水质参考标准 **表2-2**

用水工业	浊度(NTU)	色度(度)	总硬度(德国度)	总碱度(mg/L)	pH	总含盐量(mg/L)	铁(mg/L)	锰(mg/L)	硅酸(mg/L)	氯化物(mg/L)	高锰酸盐指数(mg/L)
制糖	5	10	5	100	6～7	—	0.1	—	—	20	10
造纸(高级纸)	5	5	3	50	7	100	0.05～0.1	0.05	20	75	10
造纸(一般纸)	25	15	5	100	7	200	0.2	0.1	50	75	20
造纸(粗纸)	50	30	10	200	6.5～7.6	500	0.3	0.1	100	200	—
纺织	5	20	2	200	—	400	0.25	0.25	—	100	—
染色	5	5～20	1	100	6.5～7.5	150	0.1	0.1	15～20	4～8	10
洗毛	—	70	2	—	6.5～7.5	150	1.0	1.0	—	—	1
鞣革	20	10～100	3～7.5	200	6～8	—	0.1～0.2	0.1～0.2	—	10	—
人造纤维	0	15	2	—	7～7.5	—	0.2	—	—	—	6
黏液丝	5	5	0.5	50	6.5～7.5	100	0.05	0.03	25	5	5
透明胶片	2	2	3	—	6～8	100	0.07	—	25	10	—
合成橡胶	2	—	1	—	6.5～7.5	10	0.05	—	—	20	—
聚氯乙烯	3	—	2	—	7	150	0.3	—	—	10	—
合成染料	0.5	0	3	—	7～7.5	150	0.05	—	—	25	—
洗涤剂	6	20	5	—	6.5～8.5	150	0.3	—	—	50	—
缫丝	2	—	5～8	100	6.8～7.6	150～400	0.1～0.3	0.1	—	40	3～8

注：1L水中含有10mg CaO为1德国度。

3.《城市污水再生利用　工业用水水质》GB/T 19923—2005

该标准规定了以城市再生水为工业用水水源的水质控制要求，如表 2-3 所示。

再生水用作工业用水水源水质标准　　　　**表 2-3**

编号	控制项目	冷却用水		洗涤用水	锅炉补给水	工艺与产品用水
		直流冷却水	敞开式循环冷却水系统补充水			
1	pH	6.5~9.0	6.5~8.5	6.5~9.0	6.5~8.5	6.5~8.5
2	悬浮物(mg/L)≤	30	—	30	—	—
3	浊度(NTU)≤	—	5	—	5	5
4	色度(度)≤	30	30	30	30	30
5	BOD_5(mg/L)≤	30	10	30	10	10
6	COD(mg/L)≤	—	60	—	60	60
7	铁(mg/L)≤	—	0.3	0.3	0.3	0.3
8	锰(mg/L)≤	—	0.1	0.1	0.1	0.1
9	氯离子(mg/L)≤	250	250	250	250	250
10	二氧化硅(SiO_2,mg/L)≤	50	50	—	30	30
11	总硬度(以 $CaCO_3$ 计,mg/L)≤	450	450	450	450	450
12	总碱度(以 $CaCO_3$ 计,mg/L)≤	350	350	350	350	350
13	硫酸盐(mg/L)≤	600	250	250	250	250
14①	氨氮(以 N 计,mg/L)≤	—	101	—	10	10
15	总磷(以 P 计,mg/L)≤	—	1	—	1	1
16	溶解性总固体(mg/L)≤	1000	1000	1000	1000	1000
17	石油类(mg/L)≤	—	1	—	1	1
18	阴离子表面活性剂(mg/L)≤	—	0.5	—	0.5	0.5
19②	余氯(mg/L)≥	0.05	0.05	0.05	0.05	0.05
20	粪大肠菌群(个/L)≤	2000	2000	2000	2000	2000

注：① 当敞开式循环冷却水系统换热器为铜质时，循环冷却系统中循环水的氨氮指标应该小于 1mg/L。
② 加氯消毒时管末梢值。

4.《污水综合排放标准》GB 8978—1996

该标准按污水排放去向，分年限规定了 69 种污染物最高允许排放浓度及部分行业最高允许排放量。根据排放污染物的毒性及其对人体、动植物和水环境的影响，将水中的污染物分为两大类：第Ⅰ类污染物和第Ⅱ类污染物。

第Ⅰ类污染物指总汞、烷基汞、总镉、总铬、六价铬、总砷、总铅、总镍、苯并（a）芘、总铍、总银、总 α 放射性和总 β 放射性 13 种毒性大、影响长远的有毒物质。含有此类污染物的废水，不分行业和污水排放方式，也不分受纳水体的功能类别，一律执行严格的标准值。

第Ⅱ类污染物指 pH、色度、悬浮物、BOD_5、COD、石油类等其长远影响小于Ⅰ类的污染物质。其排放标准按污水排放去向分别执行一、二、三级标准，并与《地表水环境质量标准》GB 3838—2002 和《海水水质标准》GB 3097—1997 联合使用。

此外，《污水综合排放标准》还对矿山、钢铁、焦化、石油化工、农药、造纸等行业规定了排放标准，包括最高允许排水定额和相关的污染物最高允许排放浓度，在无行业排放标准可参考的情况下，可以作为企业环保验收和监测等的评价标准。

5.《农田灌溉水质标准》GB 5084—2005

为防止土壤、地下水和农产品污染，保障人体健康，维护生态平衡，该标准规定了农田灌溉用水的水质要求，同时提出向农田灌溉渠道排放处理后的工业废水，应保证其下游最近灌溉取水点的水质符合该标准的要求。该标准适用于以地表水、地下水和处理后的城市污水及与城市污水水质相近的工业废水作为水源的农田灌溉用水，不适用于以医药、生物制品、化学试剂、农药、石油炼制、焦化和有机化工处理后的废水进行灌溉。此外，该标准还规定严禁使用污水浇灌生食的蔬菜和瓜果。

2.3.2 行业标准

根据部分行业的废水排放特点和治理技术的发展水平，国家对部分行业制定了行业排放标准，如制浆造纸工业、纺织染整工业、肉类加工工业、电镀业、合成氨工业、磷肥工业、聚氯乙烯工业、制药工业、合成革与人造革工业、制糖工业和羽绒工业等（表 2-4）。目前，行业标准呈逐渐增加的趋势。在有行业标准可循的条件下，依据行业标准要求进行工业水处理设计等工作。

行业水污染物排放标准 **表 2-4**

标准名称	标准编号	代替标准	主编单位
船舶污染物排放标准	GB 3552—1983	—	交通部水运科学研究所、交通部标准计量研究所
船舶工业污染物排放标准	GB 4286—1984	—	中国船舶工业总公司第九设计研究院
海洋石油开发工业含油污水排放标准	GB 4914—2008	GB 4914—1985	《海洋石油开发工业含油污水排放标准》编制组
航天推进剂水污染物排放标准	GB 14374—1993	—	原航天部第七设计院
兵器工业水污染物排放标准 火炸药	GB 14470.1—2002	GB14470.1—1993 GB 4274—1984 GB 4275—1984 GB 4276—1984	中国兵器工业集团公司、中国兵器工业第五设计研究院
兵器工业水污染物排放标准火 工药剂	GB 14470.2—2002	GB 4277—84 GB 4278—84 GB 4279—84 GB 14470.2—1993	中国兵器工业集团公司、西安北方庆华电器(集团)有限责任公司
弹药装药行业水污染物排放标准	GB 14470.3—2011	GB 14470.3—2002	北京中兵北方环境科技发展有限责任公司、中国兵器工业集团公司
纺织染整工业水污染物排放标准	GB 4287—2012	GB 8978—1992	中国纺织经济研究中心、东华大学、环境保护部环境标准研究所、富润控股集团
制浆造纸工业水污染物排放标准	GB 3544—2008	GB 3544—2001	山东省环境保护局、山东省环境规划研究院、环境保护部环境标准研究所、山东省环境保护科学研究设计院

续表

标准名称	标准编号	代替标准	主编单位
钢铁工业水污染物排放标准	GB 13456—2012	GB 13456—1992	中钢集团武汉安全环保研究院、环境保护部环境标准研究所
肉类加工工业水污染物排放标准	GB 13457—1992	—	商业部《肉类加工工业水污染物排放标准》编制组、中国环境科学研究院环境标准研究所
合成氨工业水污染物排放标准	GB 13458—2013	GB 13458—2001	中国环境科学研究院
磷肥工业水污染物排放标准	GB 15580—2011	GB 15580—1995	中国环境科学研究院、中石化集团南京设计院
烧碱、聚氯乙烯工业污染物排放标准	GB 15581—2016	GB 15581—1995	中国环境科学研究院、青岛科技大学、中国氯碱工业协会
污水海洋处置工程污染控制标准	GB 18486—2001	GWKB 4—2000	国家环境保护总局
柠檬酸工业水污染物排放标准	GB 19430—2013	GB 19430—2004	中国环境科学研究院、中国轻工业清洁生产中心、中国发酵工业协会、日照金禾生化集团有限公司
味精工业污染物排放标准	GB 19431—2004	GB 8978—1996 味精工业水污染物排放标准部分	中国环境科学研究院、轻工业环境保护研究所
畜禽养殖业污染物排放标准	GB 18596—2001	—	农业部环境保护科研监测所、天津市畜牧局、上海市畜牧办公室、上海市农业科学院环境科学研究所
城镇污水处理厂污染物排放标准	GB 18918—2002	—	北京市环境保护科学研究院、中国环境科学研究院
农用污泥中污染物控制标准	GB 4284—1984	—	农牧渔业部环境保护科研监测所、北京农业大学
医疗机构水污染物排放标准	GB 18466—2005	GB 8978—1996 医疗机构水污染物排放标准部分 GB 18466—2001	北京市环境保护科学研究院、中国疾病预防控制中心
污水排入城镇下水道水质标准	GB/T 31962—2015	CJ 343—2010	北京城市排水集团有限责任公司、北京市城市排水监测总站有限公司
城市污水处理厂污水污泥排放标准	CJ 3025—1993	—	建设部城市建设研究院、上海市城市排水管理处、天津市排水管理处、中国市政工程西南设计院、西安市市政工程局、长沙市排水管理处

2.3.3 地方标准

省、自治区、直辖市等根据经济发展水平和管辖地水体污染控制需要，可以制定在特定行政区内适用的水质控制标准。如《上海市污水综合排放标准》DB 31/199—2009，适用于上海市范围内工业企业污染物的排放控制；《黄河流域（陕西段）污水综合排放标准》DB 61/224—2011、《汉丹江流域（陕西段）重点行业水污染物排放限值》DB 61/942—2014 则适用于陕西省境内工业企业的污染物排放控制。

2.3.4 各类标准间的关系

地方标准可以增加国家标准中未做规定的项目，但不能减少；可以提高国家标准中已规定项目的排放要求，但不能降低标准。上述两种标准并存的情况下，执行地方标准。在国家标准与行业标准并存的情况下，执行行业标准。同时，根据经济和环境保护要求，水质标准会适时地进行修订，要注意采用的控制标准必须是更新后的现行标准。

2.4 工业水处理技术概述

工业水处理是将水中所含的污染物分离、回收利用，或转化为无害和稳定的物质，使水质得到净化的过程，其目的是使处理后的水满足工业生产需要或不破坏受纳水体的水环境和水生态功能。工业水处理技术按其作用原理及单元，可分为物理法、化学法、物理化学法及生物处理法四大类。

（1）物理法。利用物理原理和方法，分离或回收水和废水中不溶解的悬浮物，处理过程中不改变污染物质的化学性质。常用的物理处理法包括水质水量调节、筛滤、过滤、沉淀、气浮、离心分离和磁分离等。

（2）化学法。利用化学反应原理和方法，使水和废水中的污染物与投加的化学药剂发生化学反应，从而分离、去除、回收呈溶解、胶体状态的污染物或将其转化为无害物质。常用的化学处理法包括中和、氧化还原和化学沉淀等。

（3）物理化学法。这里的物理化学处理法并非指化学分支中的“物理化学”，而是处理过程中包含了物理处理和化学处理两种作用。常见物理化学处理法包括混凝、吸附、澄清和电解等。

（4）生物处理法。利用微生物（主要是细菌）的新陈代谢功能，吸附、降解水和废水中的有机污染物和某些无机物，使其转化为稳定、无害的物质。按微生物对氧的需求，生物处理法可分为好氧生物处理法和厌氧生物处理法；按微生物的存在形式，可以分为活性污泥法、生物膜法等类型。

思考题与习题

1. 论述工业用水与工业排水的主要特点。

2. 论述工业排水中的污染物类型与主要来源。

3. 以再生水作为水源的循环冷却水，其水质要求有哪些？

4. 第Ⅰ类污染物有哪些，国家对该类型污染物的排放有何控制要求？

5. 我国现行环境质量和污染物排放控制标准的分类及相互关系如何？

6. 工业水处理主要有哪些方法，各有什么特点？

7. 现有处于规划阶段的某半导体企业 A（邻近沣河，属于地表水Ⅲ类），预计企业建成并投入运营后的污水排放量在 10000m^3/d。排放的主要污染物包括有机溶剂、铜、铅和氟化物等。就该项目，请帮助企业解决以下问题：

（1）企业污水能否直接排入附近河道？

（2）企业污水欲合法排放，需满足何种水质要求？

第3章　工业水预处理技术

水源水和企业排水中均含有大量悬浮物。对于工业排水来说，所属的行业不同，悬浮物浓度的变化幅度也很大，从几十到几千毫克/升，甚至达数万毫克/升。工业水（包括企业用水和排水）预处理的去除对象主要是一些粒径尺寸较大的漂浮和悬浮物，以达到水质水量调节稳定的目标。工业水处理中常用的预处理技术有筛滤、沉砂、均化和隔油等，本章将对这些单元技术的原理、结构和设计计算进行介绍。

3.1　格栅和筛网

筛滤是指利用留有孔眼的装置或滤层，截留水中粗大的悬浮物和杂物，以保护后续处理设施能正常运行的一种预处理方法。筛滤的构件包括平行的棒、条、金属网、格网和穿孔板。其中，由平行的棒或条构成的称之为格栅，由金属丝织物或穿孔板构成的筛滤装置为筛网。它们所去除的物质则称为筛余物。其中，格栅去除物为可能堵塞水泵机组及管道阀门的粗大悬浮物，而筛网去除的则是用格栅难以去除的呈悬浮状的细小纤维或颗粒物。

3.1.1　格栅

格栅是由一组或数组平行的刚性栅条制成的框架，可以用来拦截水中大块的漂浮物和悬浮物。格栅通常倾斜架设在其他处理构筑物之前的渠道中或泵房集水井的进口处，以防漂浮物和悬浮物阻塞构筑物的孔道、闸门和管道或损坏水泵等机械设备，起着净化水质和保护设备的双重作用。

1. 格栅类型

按栅条形状，格栅可分为平面格栅和曲面格栅两种。平面格栅是最常用的格栅之一，其形式如图3-1所示，基本尺寸参数包括宽度B、长度L、栅条宽度S、栅条间隙e、栅条至外边框的距离b等。曲面格栅可分为固定曲面格栅和旋转曲面格栅两种，如图3-2所示。

格栅的栅条间距随被拦截的漂浮物尺寸不同可分为细、中、粗三种。细格栅的栅条间距一般在1.5～10mm，中格栅和粗格栅的栅条间距分别在10～40mm和50～100mm之间。在实际应用中，一般采用粗、中两道格栅，也可采用粗、中、细三道格栅。

按栅渣清除方式，格栅可分为人工清渣格栅、机械清渣格栅和水力清渣格栅。人工清渣格栅适用于处理流量小或所需截留污染物较少的情况；当每天的栅渣量大于0.2m^3时，为改善劳动和卫生条件，应采用机械清渣格栅。

2. 格栅除污机

安装在固定格栅上的清渣机械称为格栅除污机或清渣机，其主要部件是齿耙。常用的格栅除污机包括链条式格栅除污机、循环齿耙除污机、转臂式弧形格栅除污机和钢丝绳牵引式格栅除污机。

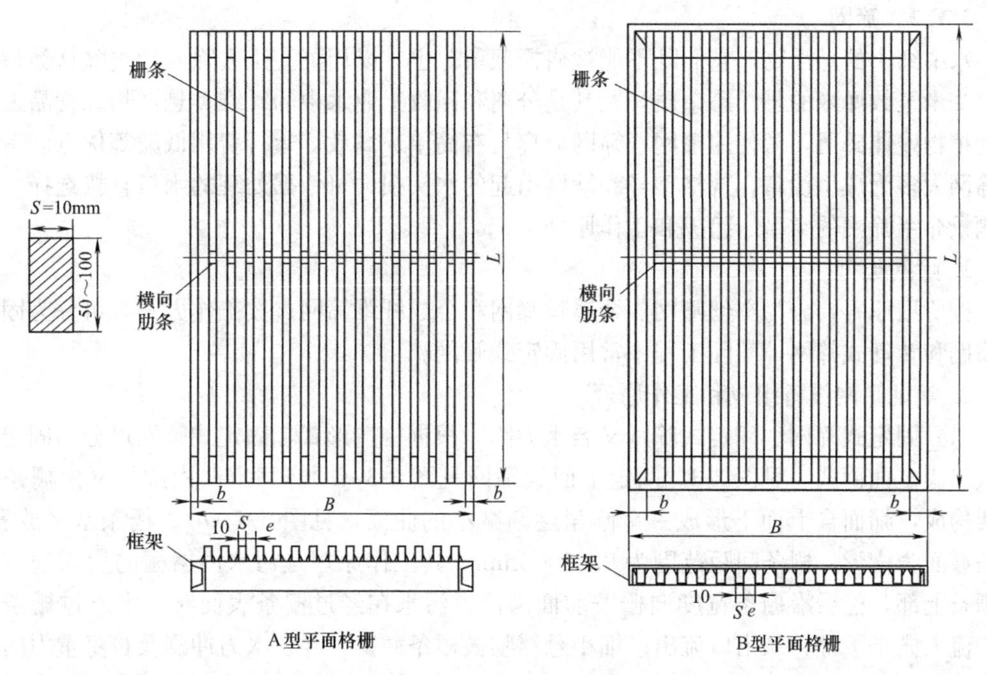

图 3-1　平面格栅示意图

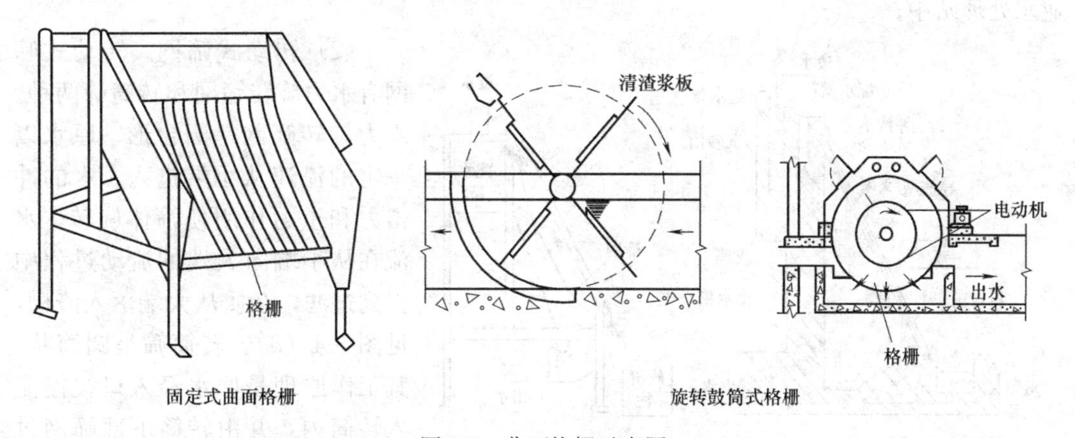

图 3-2　曲面格栅示意图

(1) 链条式格栅除污机。其工作原理是齿耙固定在链条上，并随链条循环转动，在齿耙转动过程中，可同时将格栅上截留的栅渣提升至上部的卸渣装置，栅渣被卸入排污斗排出。链条式格栅除污机适用于深度较小的中小型工业废水处理站。

(2) 循环齿耙除污机。这种除污机配套的格栅是一个由许多小齿耙构成的旋转面，在旋转面随传动装置循环转动的过程中，栅渣被带出水面传送至格栅顶部排出。

(3) 转臂式弧形格栅除污机。转耙由传动装置带动进行旋转，并将弧形格栅上的栅渣刮起，转耙上的栅渣再由刮板除掉。这种除污机也适用于小型污水处理站。

(4) 钢丝绳牵引式格栅除污机。除渣耙通过两根钢丝绳牵引沿槽钢制的导轨移动，当除渣耙下移到低位时，耙齿插入格栅间隙，然后由钢丝绳牵引向上移动，清除栅渣；当除渣耙上移到一定位置时，抬耙导轨逐渐抬起，耙上的栅渣由刮板刮掉。

3.1.2 筛网

水中细小的悬浮物，它们既不能被格栅截留，也难以用沉淀法去除。为去除这类粒度在数毫米至数厘米的悬浮态杂质，尤其是分离和回收工业水中的纤维类悬浮物和食品工业的动植物残体碎屑，常使用筛网。筛网分离具有简单、高效、运行费用低廉等优点。考虑到筛网大多为成型设备，规格型号和筛网引起的水头损失可依据处理的水量直接选择。本节侧重介绍筛网的类型、组成和工作原理。

1. 筛网类型

按所用原料，分为蚕丝筛网、金属丝筛网和合成纤维筛网；按工作方式，可分为固定式筛网和转动式筛网，实际工程中常用固定式筛网。

2. 常见筛网设备组成和工作原理

(1) 固定式筛网。固定式筛网又名水力筛。根据构造形式，固定式筛网可分为固定平面式和固定曲面式，见图 3-3。固定平面式筛网见图 3-3 (*a*)。固定曲面式筛网由栅条及框架构成，筛面自上而下形成一个倾角逐渐减小的曲面，见图 3-3 (*b*)。栅条水平放置，栅条截面为楔形。栅条间距范围为 0.25～5mm。其工作原理是污水由格栅的后部进口进入栅条上部，然后沿栅条宽度向栅条前面溢流。污水在经过栅条表面时，水通过栅条间隙，流入栅条下部，从出口流出。细小悬浮物被栅条截留，并在水力冲刷及自身重力的作用下沿筛面滑下落入渣槽。水力筛适用于去除水中的细小纤维和固体颗粒，常用于小型工业水处理站中。

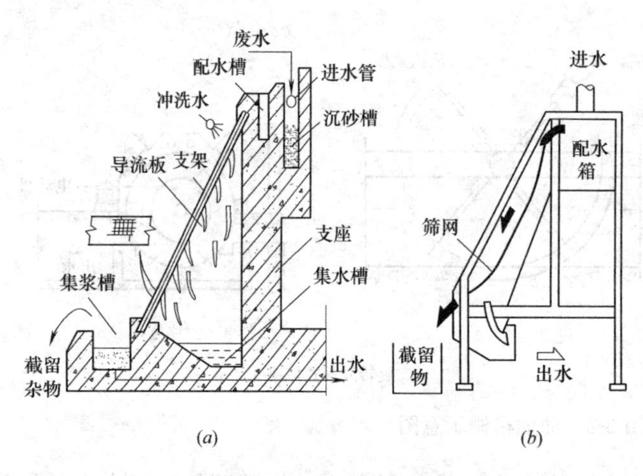

图 3-3 固定式筛网示意图

(*a*) 固定平面式筛网；(*b*) 固定曲面式筛网

(2) 转动式筛网。转动式筛网有水力旋转筛网和转筒筛两种。水力旋转筛网呈圆台形，原水以一定的流速从小端进入，水的冲击力和重力作用使筛体旋转，水流在从小端向大端的流动过程中得到过滤，杂质从大端落入渣槽，见图 3-4 (*a*)。转筒筛呈圆筒状，其工作原理是原水经入口缓慢流入转筒内，并由转筒下部筛网过滤后排出，污物被截留在筛网内壁上，并随转筒旋转至水面以上，见图 3-4 (*b*)。经刮渣设备刮渣及冲洗水冲洗后，被截留的污物掉在转筒中心处的收集槽内，再经出渣导槽排出。转筒筛适用于水中含有大量纤维杂物的工业排水，如纺织、屠宰、皮革加工和印染等工业排水

3. 筛网设计运行注意事项

(1) 筛网总是处于干湿交替状态，故其材质必须耐腐蚀。

(2) 为消除油脂对筛网的堵塞，要根据具体情况，随时用蒸汽或热水冲洗筛网。

(3) 筛网得以正常运转的关键是将被截留的悬浮杂质及时排出，使其及时恢复工作状态。

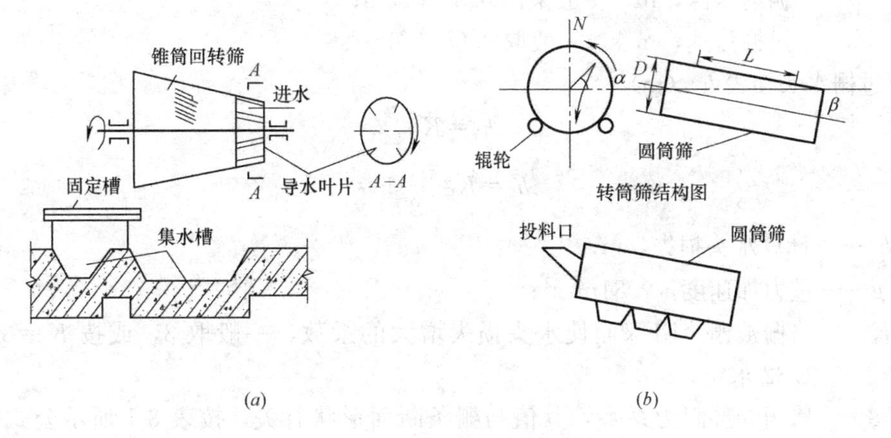

图 3-4　转动式筛网示意图

(a) 水力旋转筛网；(b) 转筒筛

(4) 如果自动除渣情况不理想，就要求操作人员在巡检时，将堵塞筛网孔眼的杂物及时手动清除。

3.1.3　格栅设计计算

格栅的设计包括几何尺寸、水力状况和栅渣量计算三个部分，计算草图如图 3-5 所示。

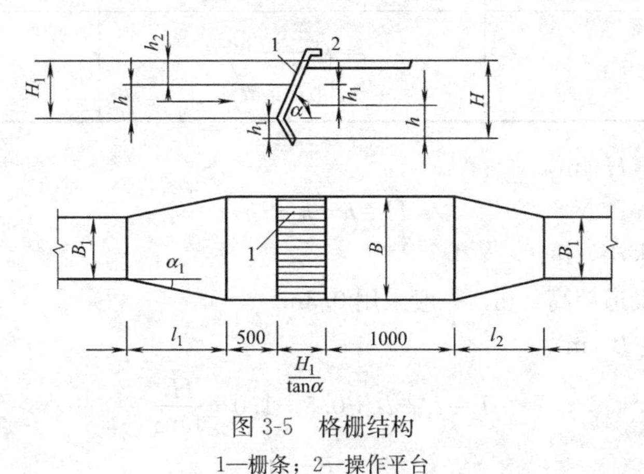

图 3-5　格栅结构

1—栅条；2—操作平台

1. 栅槽总宽度 B (m)

$$B=S(n-1)+en \tag{3-1}$$

式中　S——栅条宽度或直径，m，一般取 0.01m；

e——栅条间的净间距，m；

n——格栅间隙数。

其中，n 值可由下式确定：

$$n=\frac{Q_{max}\sin\alpha}{evh} \tag{3-2}$$

式中　Q_{max}——最大设计流量，m^3/s；

α——格栅安装倾角，一般取 60°～75°；

h——栅前水深，m，一般采用0.3～0.5m；

v——过栅流速，m/s，一般取0.6～1.0m/s。

2. 过栅水头损失 h_1（m）

$$h_1 = Kh_0 \tag{3-3}$$

$$h_0 = K\xi\frac{v^2}{2g}\sin\alpha \tag{3-4}$$

式中 h_0——计算水头损失，m；

g——重力加速度，9.81m/s^2；

K——格栅被栅渣阻塞而使水头损失增大的系数，一般取3，或按 $K=3.36v-1.32$ 求定；

ξ——格栅局部阻力系数，其值与栅条断面形状有关，按表3-1所示公式和数据计算。

格栅局部阻力系数 ξ **表3-1**

栅条断面形状	ξ的计算公式	说明
锐边矩形	$\xi=\beta\left(\frac{S}{e}\right)^{4/3}$ B:形状系数	$\beta=2.42$
迎水面为半圆的矩形		$\beta=1.83$
圆形		$\beta=1.79$
迎、背水面均为半圆的矩形		$\beta=1.67$
正方形	$\xi=\left(\frac{e+S}{\varepsilon e}-1\right)^2$ ε:收缩系数	$\varepsilon=0.64$

3. 栅槽总高度 H（m）

$$H = h + h_1 + h_2 \tag{3-5}$$

式中 h——栅前水深，m；

h_2——栅前渠道超高，m，一般采用0.3m。

4. 栅槽总长度 L（m）

$$L = l_1 + l_2 + 0.5 + 1.0 + \frac{H_1}{\tan\alpha} \tag{3-6}$$

$$l_1 = \frac{B - B_1}{2\tan\alpha_1} \tag{3-7}$$

$$l_2 = \frac{l_1}{2} \tag{3-8}$$

$$H_1 = h + h_2 \tag{3-9}$$

式中 l_1——进水渠道渐宽部分长度，m；

l_2——出水渠道渐缩部分长度，m；

H_1——栅前槽高，m；

B_1——进水渠道宽度，m，一般为0.3～0.5m；

α_1——进水渠展开角，一般采用20°。

5. 每日栅渣量 W（m^3/d）

$$W=\frac{Q_{max}W_1\times86400}{K_z\times1000} \tag{3-10}$$

式中 W_1——每 1000m³ 污水的栅渣量，m³/（1000m³ 水），取 0.01～0.1，粗格栅用小值，细格栅用大值，中格栅用中值；

K_z——工业水流量变化系数，根据企业用水及排水规律确定。

3.2 沉 砂 池

沉砂池的作用是去除水中密度较大的无机颗粒，如泥砂、煤渣等，以免这些杂质影响后续处理构筑物的正常运行。沉砂池的池型可分为平流式沉砂池、竖流式沉砂池、曝气沉砂池和旋流式沉砂池。与市政供水和城市污水处理相比，工业用水和排水的水量较小，常用池型有平流式沉砂池、曝气沉砂池和旋流式沉砂池三种。

3.2.1 平流式沉砂池

平流式沉砂池是平面为长方形的沉砂池（图 3-6）。其主体部分，实际是一个加宽、加深了的明渠，由入流渠、沉砂区、出流渠、沉砂斗等部分组成，两端设有闸板以控制水流。在池底设置 1～2 个贮砂斗，下接排砂管。设计流速为 0.15～0.3m/s，停留时间应不小于 30s，有效水深应不大于 1.2m。沉砂含水率为 60%，密度为 1.5t/m³。采用机械刮砂，重力或水力提升器排砂。这种池型的构造较简单，对泥砂的截留效果好、工作稳定。

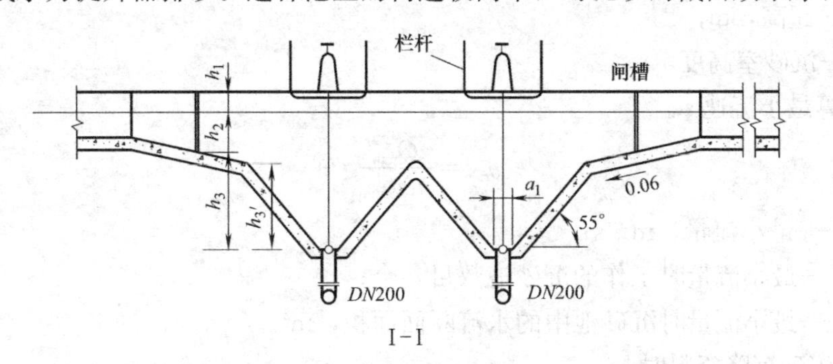

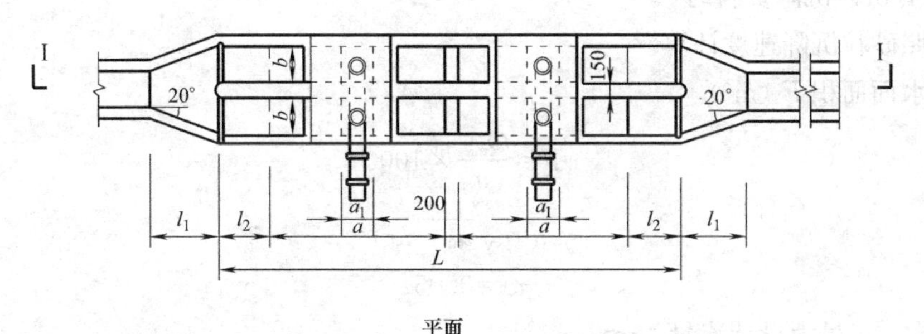

图 3-6 平流式沉砂池

1. 当无沉砂沉降资料时

可按式（3-11）～式（3-16）计算。

（1）池长 L（m）

$$L=vt \tag{3-11}$$

式中　v——最大设计流量时的水平流速，m/s；

t——最大设计流量时的流行时间，s。

（2）池断面积 A（m^2）

$$A=\frac{Q_{max}}{v} \tag{3-12}$$

式中　Q_{max}——最大设计流量，m^3/s。

（3）池总宽度 B（m）

$$B=\frac{A}{h_2} \tag{3-13}$$

式中　h_2——设计有效水深，m。

（4）沉砂斗所需容积 V（m^3）

$$V=\frac{Q_{max}XT86400}{K_z \times 10^5} \tag{3-14}$$

式中　X——城市污水沉砂量，$m^3/(10^5 m^3)$，一般采用3；

T——消除沉砂的间隔时间，d；

K_z——工业水流量变化系数。

（5）池总高度 H（m）

$$H=h_1+h_2+h_3 \tag{3-15}$$

式中　h_1——超高，m；

h_3——沉砂室高度，m。

（6）验算最小流速 v_{min}

$$v_{min}=\frac{Q_{min}}{n_1 w_{min}} \tag{3-16}$$

式中　Q_{min}——最小流量，m^3/s；

n_1——最小流量时工作的沉砂池数目，个；

w_{min}——最小流量时沉砂池中的水流断面面积，m^2。

2. 当有沉砂沉降资料时

可按照砂粒沉降速度计算。

（1）水面面积 F（m^2）

$$F=\frac{Q_{max}}{u}\times 1000 \tag{3-17}$$

$$u=\sqrt{u_0-w^2} \tag{3-18}$$

$$w=0.05v \tag{3-19}$$

式中　Q_{max}——最大设计流量，m^3/s；

u——砂粒平均沉降速度，mm/s；

u_0——水温15℃时砂粒在静水压力下的沉降速度，mm/s，按照表3-2所列值采用；

w——水流垂直分速度，mm/s；

v——水平流速，mm/s。

沉降速度 u_0 取值 **表 3-2**

砂粒径(mm)	u_0(mm/s)	砂粒径 (mm)	u_0(mm/s)
0.20	18.7	0.35	35.1
0.25	24.2	0.4	40.7
0.3	29.7	0.5	51.6

(2) 池断面积 A (m^2)

$$A=\frac{Q_{max}}{v}\times1000 \tag{3-20}$$

(3) 设计有效水深 h_2 (m)

$$h_2=\frac{uL}{v} \tag{3-21}$$

(4) 池总宽度 B (m)

$$B=\frac{A}{h_2} \tag{3-22}$$

(5) 池长 L (m)

$$L=\frac{F}{B} \tag{3-23}$$

(6) 每个沉砂池宽度 β

$$\beta=\frac{B}{n} \tag{3-24}$$

式中 n——沉砂池个数或分格数。

3.2.2 曝气沉砂池

平流式沉砂池的主要缺点是沉砂中含有一定比例的有机组分，使沉砂的后续处理难度增加。采用曝气沉砂池可以克服这一缺点。如图 3-7 所示为曝气沉砂池断面图。池断面呈矩形，池底一侧设有集砂槽。曝气装置设在集砂槽一侧，使池内水流产生与主流垂直的横向旋流。在旋流产生的离心力作用下，密度较大的无机颗粒被甩向外部沉入集砂槽。另外，由于水的旋流运动，增加了无机颗粒之间相互碰撞与摩擦的机会，把表面附着的有机物除去，使沉砂中的有机物含量低于 10%。曝气沉砂池的优点是通过调节曝气量，可以控制水的旋流速度，使除砂效率较稳定，受流量变化的影响较小。同时，对污水处理来说还具有预曝气作用。

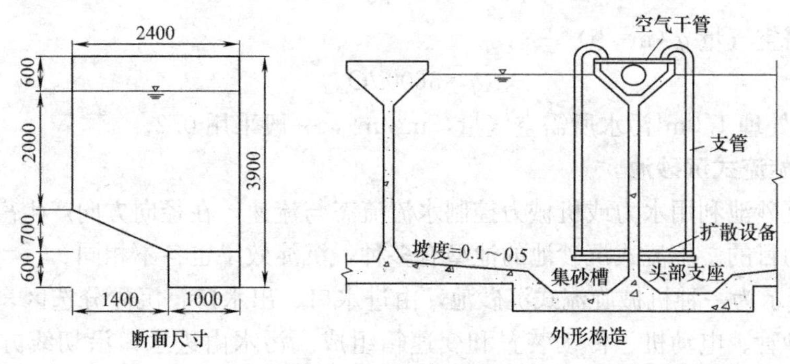

图 3-7 曝气沉砂池

1. 设计参数

（1）水在池内的旋流速度一般在0.25～0.40m/s之间。

（2）水流的水平速度在0.06～0.12m/s之间。

（3）最大流量时的水力停留时间一般在1～3min之间。

（4）沉淀区的有效水深为2～3m，宽深比一般采用（1～2）∶1，长宽比可达5∶1，当池长比池宽大得多时，应考虑设置横向挡板。

（5）处理1.0m³水的曝气量为0.2m³空气，或3～5m³/h，也可以采用表3-3所列值。

曝气沉砂池所需空气量 **表3-3**

曝气管下浸没深度(m)	最低空气用量(m³/h)	最大空气用量(m³/h)
1.5	12.5～15.0	30
2.0	11.0～14.5	29
2.5	10.5～14.0	28
3.0	10.5～14.0	28
4.0	10.0～13.5	25

2. 设计计算

（1）总有效容积V（m³）

$$V=60Q_{max}t \tag{3-25}$$

式中 Q_{max}——最大设计流量，m³/s；

t——最大设计流量时的流行时间，min。

（2）池断面积A（m²）

$$A=\frac{Q_{max}}{v} \tag{3-26}$$

式中 v——最大设计流量时的水平流速，m/s，一般采用0.06～0.12m/s。

（3）池总宽度B（m）

$$B=\frac{A}{H} \tag{3-27}$$

式中 H——有效水深，m。

（4）池长L（m）

$$L=\frac{V}{A} \tag{3-28}$$

（5）所需空气量q（m³/h）

$$q=3600dQ_{max} \tag{3-29}$$

式中 d——处理1.0m³污水所需空气量，m³/m³，一般采用0.2。

3.2.3 旋流式沉砂池

旋流式沉砂池利用水力或机械力控制水流流态与流速，在径向方向产生离心作用，达到水砂分离的目的。旋流式沉砂池的池型有多种，沉淀效果也各不相同。

图3-8所示为一种机械旋流式沉砂池，由进水口、出水口、沉砂分选区、集砂区、砂提升管、排砂管、电动机、传动装置和变速箱组成。污水由进水口沿切线方向流入沉砂区，并由转盘和斜坡式叶片带动旋转，在离心力的作用下，污水中密度较大的砂粒被甩向

池壁，掉入砂斗，较轻的有机物则被留在污水中。调整转速，可达到最佳的沉砂效果。沉砂通过压缩空气流经砂提升管、排砂管清洗的方式排出，清洗水回流至沉砂区。

图 3-9 为另一种形式的旋流式沉砂池。由进水口、出水口、沉砂分选区、集砂区、砂抽吸管、排砂管、砂泵和电动机组成。该沉砂池在进水渠末端设有能产生池壁效应的斜坡，令砂粒下沉，沿斜坡流入池底，并设有阻流板，以防止紊流。此外，由于轴向螺旋桨的带动作用，池中形成一个涡形水流，平底的沉砂分选区能有效地保持涡流形态，使得较重的砂粒在靠近池心的一个环形孔口落入集砂区，而较轻的有机物与砂粒分离，最终引向出水渠。沉砂用砂泵经砂抽吸管、排砂管清洗后排出，清洗水回流至沉砂区。

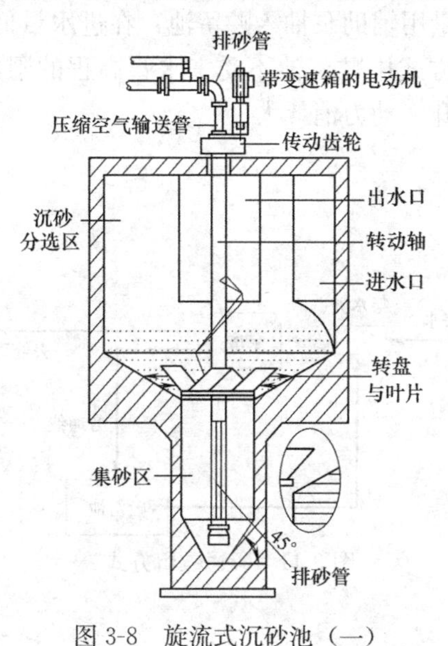

图 3-8　旋流式沉砂池（一）

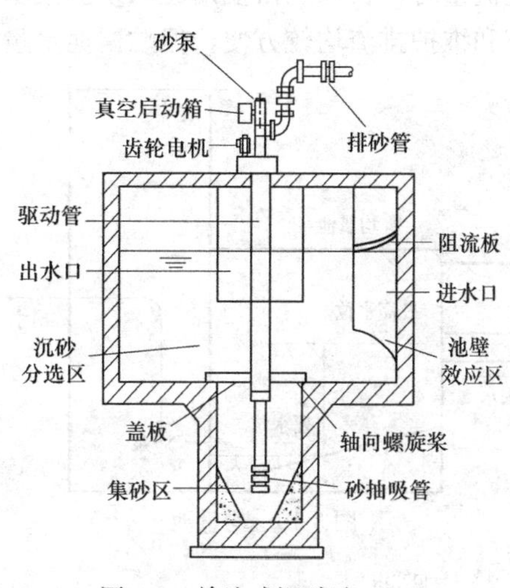

图 3-9　旋流式沉砂池（二）

3.3 调　节　池

与供水不同，企业排水的水量和水质随时间存在较大波动。这种水质水量的变化对排水设施及水处理设备，特别是对于生物设备正常发挥其净化功能是不利的，甚至还可能破坏其运行。同样，对于物理化学处理设备，水量和水质的波动越大，过程参数越难以控制，处理效果也越不稳定。因此，为了给后续处理过程提供一个相对稳定的条件，工业排水在处理之前，一般均应设置调节池，用以进行水量调节和水质均化。

调节池对工业排水处理的改善作用包括：提高对有机负荷的缓冲能力，防止生物处理系统负荷的急剧变化；控制 pH，以降低中和药剂的用量；减小物理化学处理系统的流量波动，使化学品添加速率适合加料设备的定额；在停产阶段，仍能保证生物处理系统连续流入待处理水；控制向市政管网的排放，以缓解工艺负荷的变化；防止高浓度有毒物质进入生物处理系统。

3.3.1　调节池类型

调节池是工业水处理工艺的常用净化单元，其形式和容量大小，随企业类型、排水特征和后续水处理系统对调节、均和要求的不同而异。主要起均化水量作用的调节池，称为水量调节池，简称均量池；主要起均化水质作用的调节池，称为水质调节池，简称均质池；同时具备均量和均质作用的则称为均化池。一般认为沉淀池也可起均量或均质的作用，实际上沉淀池的作用主要是分离固体，既不能均量，均质的作用也很小，且无保证。

1. 均量池

常用的均量池实际是一座变水位的贮水池，来水为重力流，出水用泵抽取。为了保持恒定的泵出流量，池内水位随进水量的波动而变化。池中最高水位不高于来水管的设计水位，水深一般 2.0m，最低水位为死水位，见图 3-10。

如图 3-11 所示为均量池的另外一种调节方式，即旁通贮留方式。贮留池位于泵后的旁通线上，当来水流量超出设定流量时，多余的水量用辅助泵抽入贮留池；在进水量低于设定流量时，再从贮留池回流入泵房集水井。这种方式中贮留池不受来水管高程的限制，施工和维护排渣均较方便，但贮留池水量需两次抽升，动力消耗大。

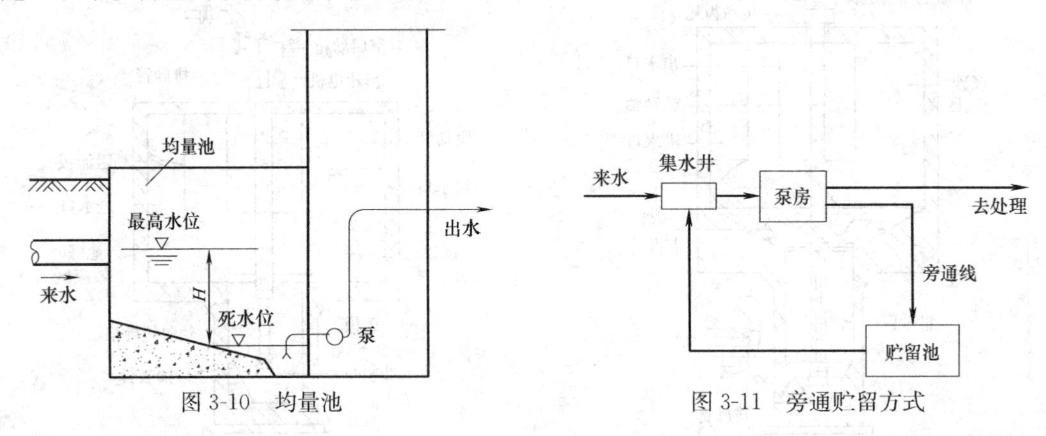

图 3-10　均量池

图 3-11　旁通贮留方式

2. 均质池

最常见的一种均质池是异程式均质池，池中水位为常水位，水流为重力流。这种均质池与沉淀池的主要不同之处在于，池中每一质点的流程都不相同。因此，不同时程的水可以相互混合，取得随机均质的效果。均质池可以设在泵前，也可设在泵后，但应注意，均质池只能均质，不能均量。

图 3-12～图 3-16 为几种常见的均质池池形。

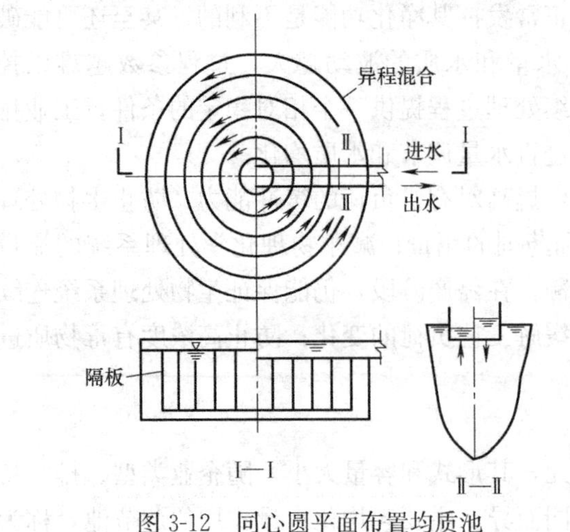

图 3-12　同心圆平面布置均质池

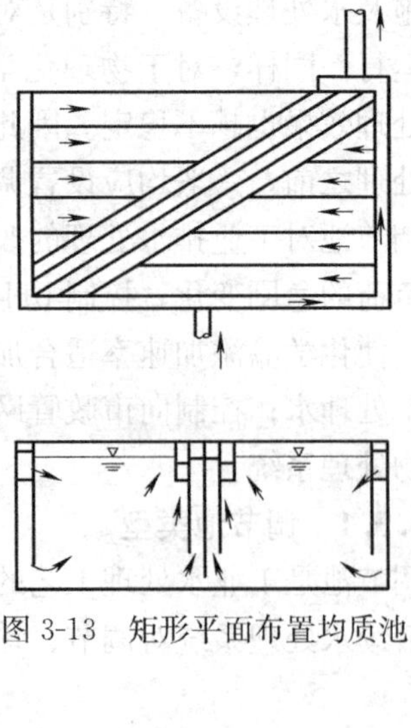

图 3-13　矩形平面布置均质池

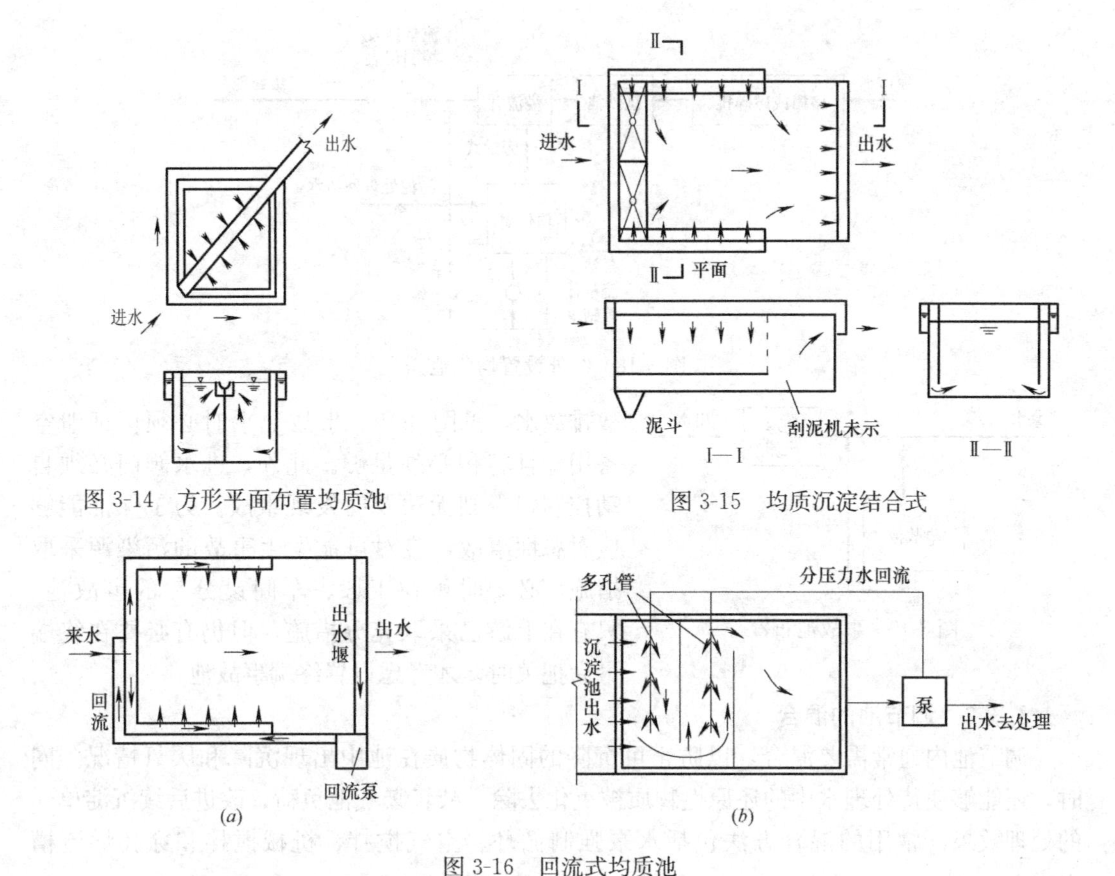

图 3-14　方形平面布置均质池

图 3-15　均质沉淀结合式

(a)　(b)

图 3-16　回流式均质池

(a) 出水泵回流；(b) 池后泵回流

3. 均化池

当来水流量与污染物浓度均随时间变化时，需采用均化池。均化池既能均量，又能均质。一般池中设置搅拌装置以达到混合的目的，出水泵的流量用仪表控制。池前需设置格栅和沉砂池等，以去除砂砾及其他杂质。池后可接二级或三级处理。具体做法一般分为线内设置和线外设置两种。线内设置即均化池设在流程线内，见图 3-17。线外设置是均化池设在旁通线上，见图 3-18。线内设置的均量、均质效果最好，线外设置使泵抽水量大为减少，但均质效果降低。当水量规模较小时，可以设间歇贮水、间歇运行的均化池，一般可分为 2～3 格，交替使用。池的总容量可根据具体情况，按 1～2 个周期设置。

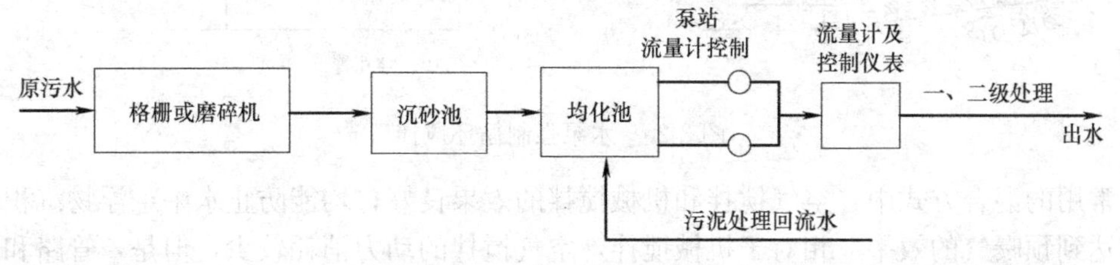

图 3-17　线内设置均化池

4. 事故池

为防止企业生产出现恶性事故，破坏水处理工艺的正常运行，需设置事故池，贮存事

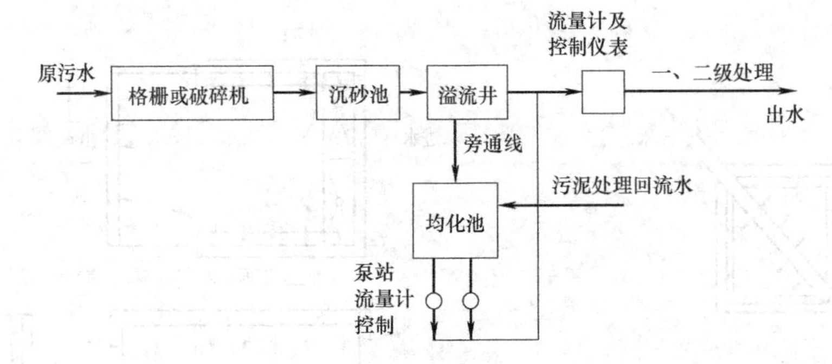

图 3-18　线外设置均化池

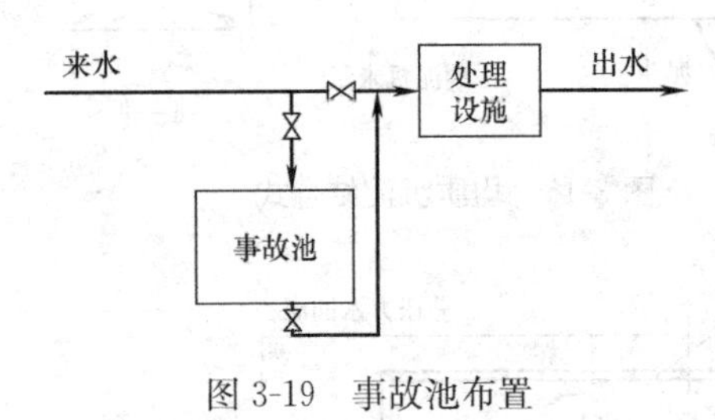

图 3-19　事故池布置

故排放水，见图 3-19。事故池平时必须保证泄空备用，且容积必须足够。此外，进水阀门必须自动控制，否则无法及时发现事故。为了保证能够应对恶性事故，应对可能发生事故的污染源采取措施，必要时可在工段、车间设分散的事故池。只有在上游已采取充分措施，但仍有必要在终端最后把关时，才考虑设置终端事故池。

3.3.2　调节池的混合

调节池内通常需要混合，以防止可沉降的固体物质在池中出现沉降和厌氧情况。同时，还能够使待处理水中的还原性物质被氧化去除，减轻曝气池负荷，改进后续沉淀单元的处理效果。常用的混合方法包括水泵强制循环、空气搅拌、机械搅拌和穿孔导流槽引水。

水泵强制循环利用水泵加压后的水进行搅拌，如图 3-20 所示。这种方式简单易行，混合也比较完全，但动力消耗较多。空气搅拌利用压缩空气进行搅拌，当进水悬浮物含量约 200mg/L 时，保持悬浮状态所需动力在 4～8W/m^3。机械搅拌是在池内安装机械搅拌设备，如桨式、推进式、涡流式等设备。

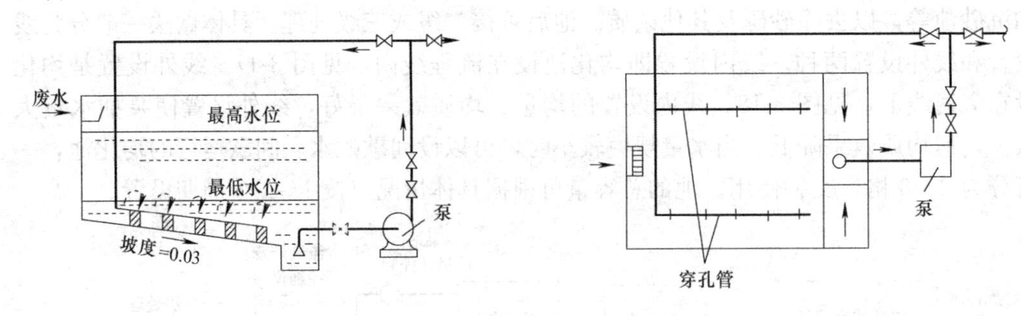

图 3-20　水泵强制循环搅拌

常用的混合方式中：空气搅拌和机械搅拌的效果良好，均能防止水中悬浮物沉积，且能够达到预曝气的效果。相对于机械搅拌，空气搅拌的动力消耗较少，但是，管路和设备常年浸没于水中，易于腐蚀，且会使挥发性污染物质逸散到空气中。此外，空气搅拌的运行费用较高。穿孔导流槽引水方式能够克服空气搅拌的缺点，但均化效果不够稳定，且目前还缺乏效果良好的构造形式。

3.3.3 调节池设计计算

调节池设计计算主要是根据污染物浓度的变化范围和所要求的均和程度，确定其尺寸和容积。

1. 均量池设计计算

均量池的容积需在调查不同时段排水量的基础上确定，可采用图解法。如图 3-21 为某工厂排水量在生产周期 T 内的变化曲线，T 小时内的排水总量 W_T（m^3）即为曲线下所围面积，其计算公式如下。

$$W_T = \sum_{i=0}^{T} q_i t_i \tag{3-30}$$

式中 q_i——t_i时段内的平均流量，m^3/h；

t_i——任一时段，h；

均量池的平均流量 Q（m^3/h）为：

$$Q = \frac{W_T}{T} = \frac{\sum_{i=0}^{T} q_i t_i}{T} \tag{3-31}$$

根据水量变化曲线，绘制排水量的累积曲线，如图 3-22 所示（图中虚线为均量池内水量变化曲线）。流量累积曲线与周期 T 的交点 A 读数为 W_T（1464m^3），连接 OA 直线，其斜率为 Q（61m^3/h）。假设一台泵工作，该曲线即为泵抽水量的累积水量。

对排水量累积曲线，作平行于 OA 的两条切线，切点为 B 和 C，再通过 B 和 C 做横坐标的垂线 BD 和 CE，这两条直线与出水累积曲线分别相交于 D 和 E。根据纵坐标计算出线段 BD 及 CE 的水量分别为 220m^3 及 90m^3，两者相加便可得到所需最小的均量池容积（310m^3）。

调节池的实际容积往往比上述的理论计算值稍大，这是由于实际中往往很难得出规律性很强的流量变化曲线。此外，还需考虑含固体杂质较多的企业排水的沉渣等维护问题。如在池中加搅拌设施（机械或曝气也能起一定均质作用，但因贮水量一般只占总水量的10%～20%，故均质作用不大）。

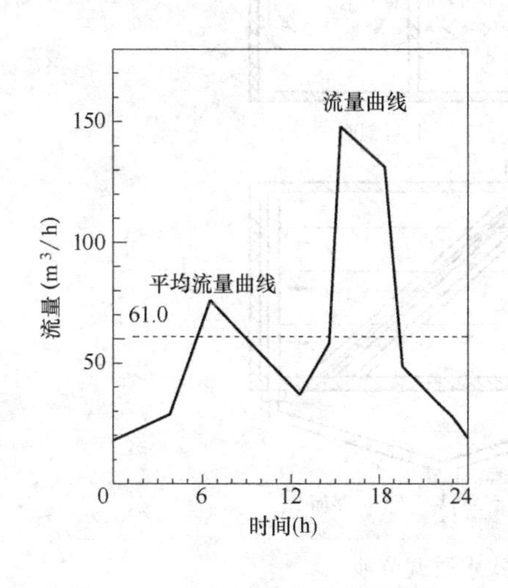

图 3-21 某工厂排水量变化曲线

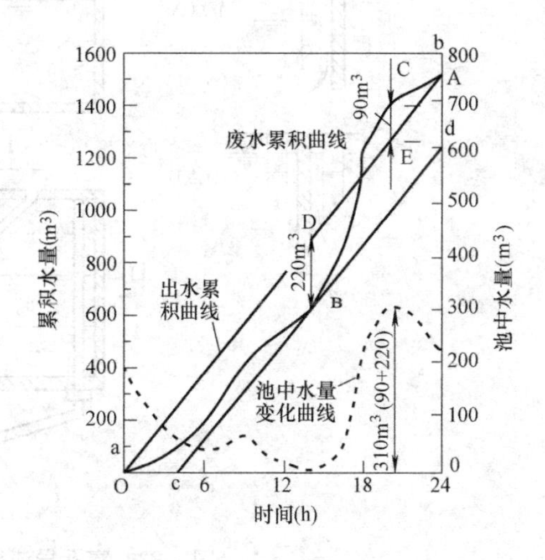

图 3-22 某工厂排水量理论累积曲线

2. 均质池设计计算

（1）普通水质调节池

对调节池写出物料平衡方程：

$$C_1QT+C_0V=C_2QT+C_2V \tag{3-32}$$

式中 Q——取样间隔时间内的平均流量，m^3/h；

C_1——取样间隔时间内进入调节池污染物的浓度，kg/m^3；

T——取样间隔时间，h；

C_0——取样间隔开始时调节池内污染物的浓度，kg/m^3；

V——调节池容积，m^3；

C_2——取样间隔时间终了时调节池出水污染物的浓度，kg/m^3。

假设在一个取样间隔时间内出水浓度不变，将上式变化后，每一个间隔后的出水浓度为：

$$C_2=\frac{C_1T+C_0V/Q}{T+V/Q} \tag{3-33}$$

当调节池容积已知时，利用上式可以求出各间隔时间的出水污染物浓度。

（2）穿孔导流槽式水质调节池

图 3-23 所示为穿孔导流槽式水质调节池，原水从调节池两端同时进入，从对角线设置的穿孔导流槽流出，由于流程长短不同，使前后进入调节池的水相混合，以此来均和水质，其容积可按下式计算：

$$W_T=\sum_{i=1}^{t}\frac{q_i}{2} \tag{3-34}$$

考虑到排水在池内流动可能出现短路等因素，一般引入 $\eta=0.7$ 的容积加大系数，则上式将转化为：

$$W_T=\sum_{i=1}^{t}\frac{q_i}{2\eta} \tag{3-35}$$

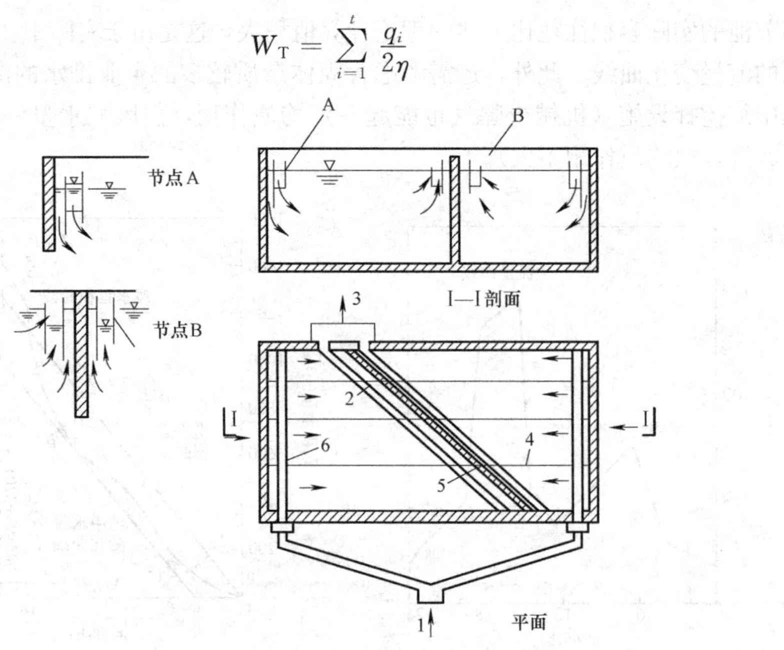

图 3-23 穿孔导流槽式水质调节池

1—进水；2—集水；3—出水；4—纵向隔板；5—斜向隔板；6—配水箱

【例 3-1】 已知某化工厂酸性水的平均日流量为$1000m^3/d$，流量变化及盐酸浓度列入表 3-4 中，求 6h 的盐酸平均浓度和调节池容积与尺寸。

某化工厂酸性水浓度与流量的变化 **表 3-4**

时间(h)	流量(m^3/h)	浓度(mg/L)	时间(h)	流量(m^3/h)	浓度(mg/L)
0～1	50	3000	12～13	37	5700
1～2	29	2700	13～14	68	4700
2～3	40	3800	14～15	40	3000
3～4	53	4400	15～16	64	3500
4～5	58	2300	16～17	40	5300
5～6	36	1800	17～18	40	4200
6～7	38	2800	18～19	25	2600
7～8	31	3900	19～20	25	4400
8～9	48	2400	20～21	33	4000
9～10	38	3100	21～22	36	2900
10～11	40	4200	22～23	40	3700
11～12	45	3800	23～24	50	3100

【解】 将表 3-4 中的数据绘制成盐酸浓度和流量变化曲线图，见图 3-24。

从图 3-24 可以看出，流量和盐酸浓度较高的时段为 12～18h。计算此 6h 的平均浓度：

$$C=\frac{C_1q_1+C_2q_2+\cdots+C_6q_6}{q_1+q_2+\cdots+q_6}$$

$$=\frac{5700\times37+4700\times68+3000\times40+3500\times64+5300\times40+4200\times40}{37+68+40+64+40+40}=4340\text{mg/L}$$

(1) 选用矩形平面对角线出水调节池，其容积为：

$$W_{\mathrm{T}}=\sum_{i=1}^{t}\frac{q_i}{2\eta}=\frac{289}{2\times0.7}=206.43\text{m}^3$$

(2) 调节池尺寸：有效水深取 1.5m，池面积为$137m^2$，池宽取 6m，池长为 23m。分为 4 格，纵向隔板间距采用 1.5m。沿长度方向设 3 个污泥斗，沿宽度方向设 2 个污泥斗，污泥斗坡取 45°，如图 3-25 所示。

在计算调节池容积时，应使其出水的污染物浓度不会引起后续处理设施的出水超标。例如，假设活性污泥池出水的最大 BOD_5 是 50mg/L，则由此可计算调节池的最大出水 BOD_5 值，并以此计算调节池的容积。

若流量接近恒定且其物质组成又符合正常的统计分布，则待处理水在调节池的停留时间为：

$$t=\frac{\Delta t(S_i^2)}{2(S_e^2)} \tag{3-36}$$

式中 Δt——样品混合的时间间隔，h；

t——停留时间，h；

S_i^2——进水浓度的方差（标准差的平方）；

S_e^2——某一概率值（如 99%）时出水浓度的方差。

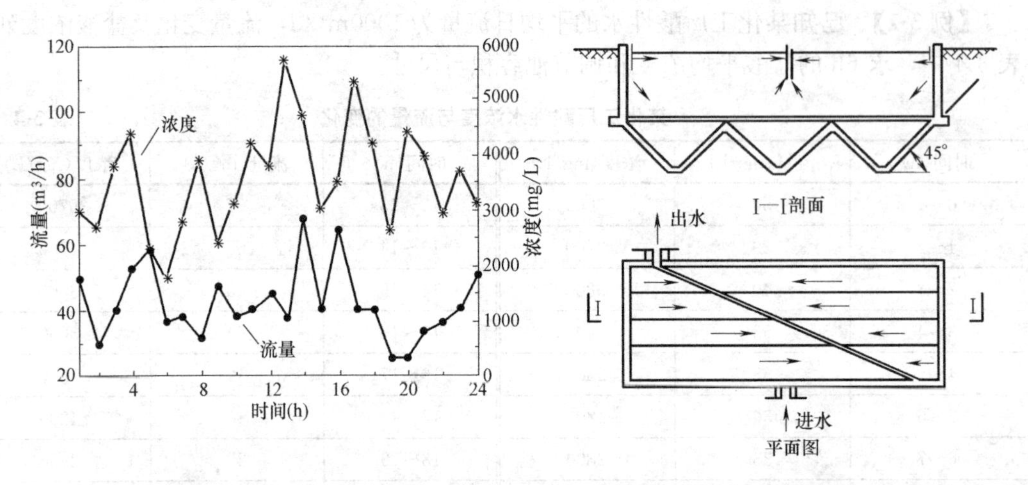

图 3-24 酸性水浓度和流量变化曲线图　　　　图 3-25 矩形平面对角线出水调节池

【例 3-2】 某工厂 8h 循环生产过程的部分数据见表 3-5。每个时间间隔表示 1h 采样周期。求调节池平均水力停留时间（T）为 8h 和 4h 的出水污染物浓度。开始时调节池内的污染物浓度为 178mg/L。

【解】 由表 3-5 可知，平均流量为 4.63m^3/min，若停留时间为 8h，则调节池体积为：

$$4.63\times60\times8=2.22\times10^3m^3$$

第一个时间间隔结束时出水浓度为：

$$C_2=(C_1T+C_0V/Q)/(T+V/Q)=178.14mg/L$$

其他时间间隔后的出水浓度列于表 3-5 中。

调节池进水最大浓度与最小浓度之比 PF 为：

$$PF=395/48=8.2$$

调节池出水最大浓度与平均浓度之比 PF 为：

$$PF=194/178=1.09$$

同理，可得停留时间为 4h 时调节池的容积和各时间间隔后的出水浓度及出水 PF 值，见表 3-5。若流量与强度均需调节，亦可以采取类似的方法计算。

工厂 8h 循环生产过程的部分数据　　表 3-5

时间	流量(m^3/min)	进水浓度(mg/L)	出水浓度(mg/L)	
			T=8h	T=4h
1	6.05	245	187	198
2	0.76	64	185	193
3	3.78	54	173	169
4	4.54	167	172	169
5	6.05	329	194	208
6	7.56	48	169	162
7	4.54	55	157	141
8	3.78	395	179	181
平均值	4.63	178	178	178
PF	—	8.2	1.09	1.17

3.4 隔 油 池

隔油池常用于含油企业排水的净化预处理中。含油水中所含的油类物质，包括天然石油、石油产品、焦油及分馏物，以及食用动植物油和脂肪类。从对水体的污染来说，主要是石油和焦油。不同工业部门排出的废水所含油类物质的浓度差异较大。如炼油过程中产生的废水，含油量约为150～1000mg/L，焦化厂废水中焦油含量约为500～800mg/L，煤气发生站排出的废水中焦油含量可达200～3000mg/L。

水中所含油类物质的相对密度大多数小于1，如石油和石油产品的相对密度一般为0.73～0.94。有的油类物质相对密度大于1，如重焦油的相对密度可达1.1。水中的油类物质通常以悬浮油、乳化油、溶解油三种状态存在。含油水处理的重点是去除悬浮油和乳化油。悬浮油易于上浮，可以通过隔油池回收利用；乳化油比较稳定，不易上浮，常用浮选、过滤、粗粒化等方法去除。

用自然上浮法去除可浮油的构筑物，称为隔油池。目前常用的隔油池有平流式隔油池和斜板式隔油池两类。

3.4.1 平流式隔油池

1. 平流式隔油池的结构及特点

图3-26为典型的平流式隔油池。含油水从池子的一端流入，以较低的水平流速（2～5mm/s）流经池子。在流动过程中，密度小于水的油粒上升到水面，密度大于水的颗粒杂质沉于池底，水从池子的另一端流出。在隔油池的出水端设置集油管。集油管一般用直径200～300mm的钢管制成，沿长度在管壁的一侧开弧宽为60°或90°的槽口。集油管可以绕轴线转动。排油时将集油管的开槽方向转向水平面以下以收集浮油，并将浮油导出池外。为了能及时排油及排除底泥，大型隔油池还应设置刮油刮泥机。刮油刮泥机的刮板移动速度一般应与池中流速相近，以减少对水流的影响。收集在排泥斗中的污泥由设在池底的排泥管借助静水压力排出。隔油池的池底构造与沉淀池相同。

平流式隔油池的优点是构造简单、运行管理方便、油水分离效果稳定。可以去除的最小油滴直径为100～150μm，相应的上升速度不宜高于0.9mm/s。平流式隔油池的入流装置通常采用穿孔整流墙加挡油板，出流装置采用挡流板加溢流堰，或在接近池底处安装穿孔集水管。水面以上保护高度不应小于0.4m，池底以0.01～0.02的坡度坡向泥斗，泥斗壁倾角取45°～60°。此外，隔油池需加防火防雨罩，寒冷地区还应在池内设置蒸汽加热管防冻。

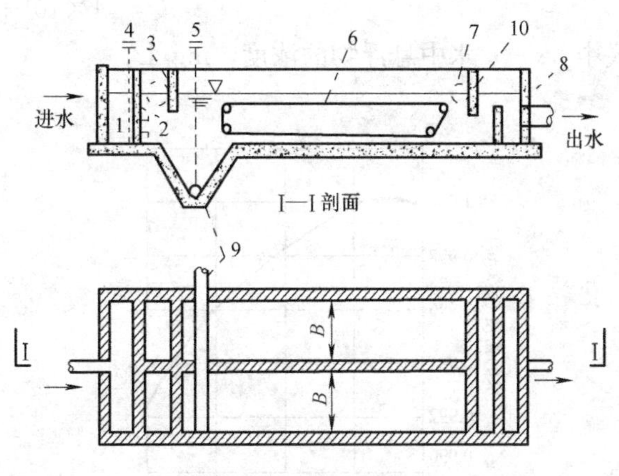

图3-26 平流式隔油池

1—配水箱；2—布水隔墙；3、10—挡油板；4—进水阀；5—排渣阀；6—链带式刮油刮泥机；7—集油管；8—集水槽；9—排泥管

根据国内外的运行资料，待处理

水在这种隔油池内的停留时间为90～120min，池内水流流速 v 一般取2～5mm/s，可以除去的油粒粒径一般不小于100～150 μm，除油效率在70%以上。

2. 平流式隔油池的计算

(1) 按油粒上浮速度计算法

这种方法的基本参数是油粒的上浮速度，并据此计算隔油池的表面积 A (m^2)：

$$A=\alpha\frac{Q}{u_0} \tag{3-37}$$

式中 Q——设计流量，m^3/s；

α——与池容积利用率和水流紊动状况有关的修正系数，按水流速度 v 与上浮速度 u_0 之比，由表3-6查取，一般要求 $v\leqslant 15u_0$，且 v 不大于54m/h；

u_0——油粒上浮速度，m/s，可通过实验求出，当缺乏有关资料时，可取0.3～0.35mm/s。

α 与速度比 v/u_0 的关系 **表3-6**

速度比 v/u_0	20	15	10	6	3
α值	1.74	1.64	1.44	1.37	1.28

u_0 也可直接应用修正的Stokes公式计算：

$$u_0=\frac{\beta g d^2(\rho_0-\rho_1)}{18\mu} \tag{3-38}$$

式中 ρ_0——水的密度，kg/m^3，由图3-27查得；

ρ_1——油粒的密度，kg/m^3；

μ——水的绝对黏度，Pa·s，由图3-28查得；

g——重力加速度，$9.8m/s^2$；

d——可上浮的最小油珠粒径，m；

β——悬浮物引起的颗粒碰撞的阻力系数，一般取0.95，也可按式(3-39)计算。

$$\beta=\frac{4\times10^4+0.8s^2}{4\times10^4+s^2} \tag{3-39}$$

式中 s——水中悬浮物的浓度，mg/L。

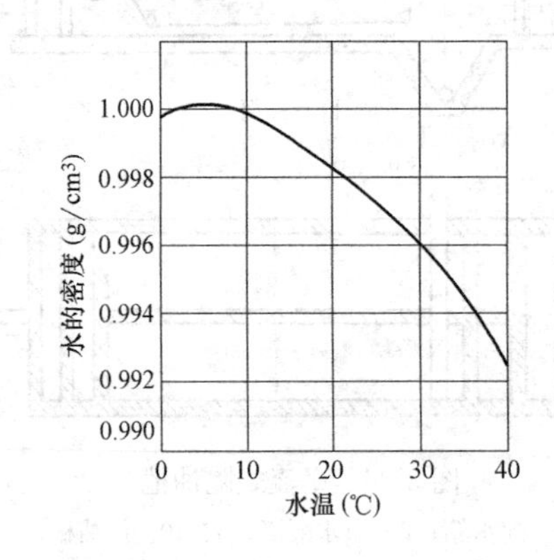

图3-27 水的密度与水温的关系

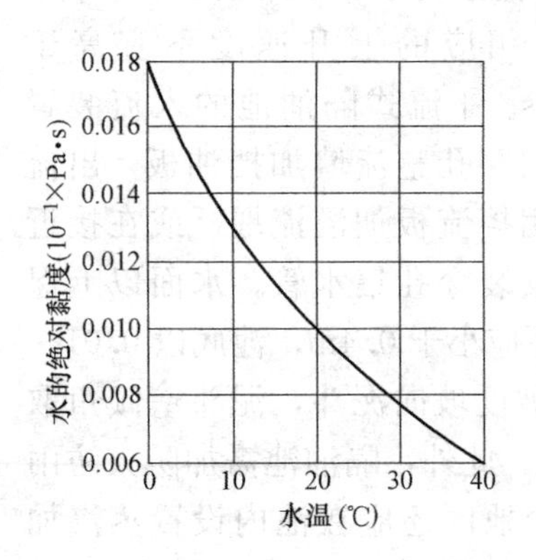

图3-28 水的绝对黏度与水温的关系

隔油池过流断面面积 F（m^2）：

$$F=\frac{Q}{v}=nhb \tag{3-40}$$

式中　v——水在隔油池中的水平流速，m/h，一般取 2～5mm/s。

隔油池的有效长度 L（m）按下式计算：

$$L=\alpha\left(\frac{v}{u_0}\right)h=\frac{A}{nb} \tag{3-41}$$

所得的 L 值应满足单格长宽比 $L/b\geqslant4.0$。

隔油池宜分隔为数格，分格数 n 通常为 2～4。如采用机械刮油，单格宽度 b 必须与刮油机的跨度规格相匹配，一般为 6.0m、4.5m、3.0m、2.5m 和 2.0m；采用人工刮油时，b 不宜大于 3.0m。隔油池工作水深 h 一般不小于 2.0m。

(2) 按水力停留时间计算法

这是最简单的一种计算方法。隔油池的总容积 W（m^3）为：

$$W=Qt \tag{3-42}$$

式中　Q—隔油池设计流量，m^3/h；

t——水在隔油池内的设计停留时间，h，一般采用 1.5～2.0 h。

隔油池的过水断面 A_c（m^2）为：

$$A_c=\frac{Q}{3.6v} \tag{3-43}$$

式中　v——水平流速，mm/s。

隔油池格间数 n 为：

$$n=\frac{A_c}{bh} \tag{3-44}$$

式中　b——隔油池每个格间的宽度，m；

h——隔油池工作水深，m。

按规定，隔油池的格间数不得少于 2。

隔油池的有效长度 L（m）为：

$$L=3.6vt \tag{3-45}$$

隔油池建筑高度 H（m）为：

$$H=h+h' \tag{3-46}$$

式中　h'——隔油池超高，m，一般不小于 0.4m。

3.4.2　斜板式隔油池

为了提高单位池容积的处理能力，人们根据浅层沉降原理设计了斜板式隔油池，如图 3-29 所示。来水由穿孔墙进入，然后自上而下通过斜板区。被分离的油粒沿波纹斜板的波峰底侧上浮，而泥渣则沿波谷向池底滑落。水面上的油层由集油管收集并送入油回收池，处理水则汇入集水槽后

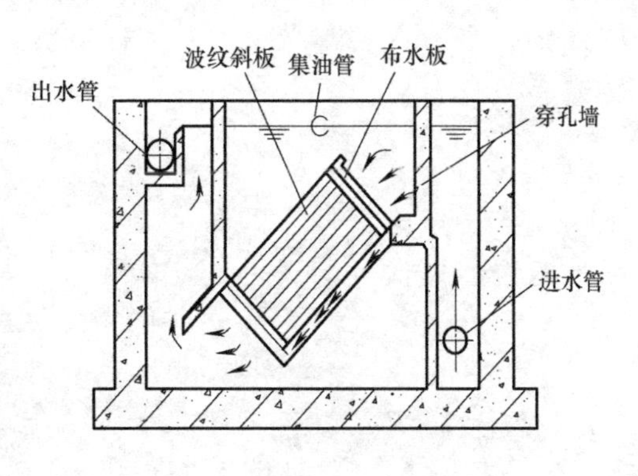

图 3-29　斜板式隔油池

排出。由于提高了单位池容的分离面积，在停留时间不大于 30min 的情况下，不仅可以分离粒径为 60 μm 以上的油粒，而且单位处理能力的池容只相当于平流式隔油池的 1/4～1/2。

斜板式隔油池的设计计算可参考斜板沉淀池进行，具体设计参数如表 3-7 所示。为了防止油类物质附在斜板上，不应选用亲油材料作斜板，但在实际操作上比较困难。所以，斜板式隔油池的运行中常有挂油现象。应定期用蒸汽及水冲洗斜板，防止堵塞。待处理水的含油量较大时，可适当增加板间距或管径；含油量小时，间距或管径可适当减小。

斜板式隔油池的设计参数 **表 3-7**

水流平均流速(m/min)	停留时间(min)	油粒上浮速度(mm/min)	去除油粒直径(μm)	板间净距(mm)	斜板倾角(°)	斜板利用系数
0.3	30	12	60	20～40	45	0.85～0.9

思考题与习题

1. 什么是工业水的预处理？论述常用的预处理技术的类型与作用。

2. 常用的筛网设备有哪些？并简述其工作原理。

3. 论述常用的沉砂池类型及各自的优缺点。

4. 调节池的类型及其在工业排水处理中的作用有哪些？

5. 某厂生产排水流量变化为：0～8h，流量为 120m^3/h；8～16h，流量为 1800m^3/h；16～24 h，流量为 1200m^3/h；污染物浓度也以 8h 为一变化周期，各小时内的浓度分别为 20、80、100、120、140、180、60、50mg/L，今欲将其浓度均和到 100mg/L 以下，求所需的调节时间和调节池容积。

6. 论述工业排水中油类的主要存在类型和常见的除油构筑物及其特点。

7. 某地区某煤矿，生产过程中间歇性的有矿井水排出。监测结果表明，水中的有机质和重金属元素含量很低，满足直接排放到地表水体的要求。但悬浮物含量较高，在 1000mg/L，水体呈灰黑色。

(1) 确定该矿井水若处理后作为厂区的饮用、绿化、清洗等目的回用，悬浮物和色度需满足何种要求？

(2) 给出合理的水质净化工艺流程。

第 4 章　工业水物理处理技术

物理处理技术是利用物理作用来分离或回收水中不溶性杂质的处理方法。该法常用于去除水中的悬浮物，污染物的性质不变。目前，常用的物理处理技术有气浮、沉淀、过滤、离心分离、冷却和吹脱等。总体来看，物理法具有设备简单、运行费用低、工艺成熟等特点，被广泛应用于工业用水和工业排水的净化中。本章侧重从工艺原理、设备构造以及设计计算方法等方面介绍气浮、深层过滤、膜过滤和冷却四种技术。

4.1　气　　浮

4.1.1　基本原理

气浮法是将气体溶入水中，减压释放后产生大量微气泡。这些气泡与水中悬浮颗粒粘附后，使得二者的整体密度小于水。粘合体在浮力作用下上升至水面，形成浮渣层，从而使悬浮物与水分离。气浮法是一种有效的固一液和液一液分离方法，常用于颗粒密度接近或密度小于水的小颗粒的分离。

按照气泡的产生形式，可将气浮法分为散气气浮、溶气气浮和电解气浮法三大类。散气气浮法是空气通过微细孔扩散装置或微孔管或叶轮后，以微小气泡的形式分布在污水中进行气浮处理的过程。溶气气浮法包括加压溶气气浮和溶气真空气浮。加压溶气气浮是空气在加压条件下溶于水中，而在常压下析出；溶气真空气浮是空气在常压或加压条件下溶于水中，在负压条件下析出。该方法具有电耗少、设备简单、浮渣量相对较少等优点，技术相对成熟，已被广泛应用于轧钢、石油化工、食品油生产等工业排水的净化处理中。电解气浮法是指在运行时借助电解作用，在两个电极区不断产生氢、氧和氯气等微气泡，废水中的悬浮颗粒粘附于气泡上，上浮到水面而被去除。

根据气浮法的基本原理，实现气浮分离需满足以下条件：①水中形成足够数量的微气泡（理想尺寸在 15～30μm 之间）；②污染物在水中呈悬浮状态；③气泡与悬浮物存在粘附作用。因此，对于水中的疏水性颗粒，可直接采用气浮法去除；而对于亲水性颗粒，则需投加化学药剂，以改变颗粒物的表面性质，增加气泡与颗粒的粘附性能。

4.1.2　常用气浮药剂

为了达到预期效果，在气浮过程中需根据实际情况投加化学药剂。常用的药剂类型包括混凝剂、浮选剂、助凝剂、抑制剂和调节剂。

1. 混凝剂

混凝剂的投加不仅可以改变水中悬浮颗粒的亲水性能，在絮凝作用下还具有增加颗粒尺寸的功能，促进气泡的粘附和上浮。混凝剂的种类很多，按化学成分可分为无机和有机两大类。常用的无机混凝剂主要有明矾、氯化铁、聚合氯化铝和聚合硫酸铁等；有机混凝剂主要为高分子物质。

2. 助凝剂

助凝剂可以改善颗粒结构，促使细小而松散的颗粒变得粗大而密实，从而提高颗粒的可浮性。常用的助凝剂有聚丙烯酰胺、活化硅酸和海藻酸钠等。

3. 浮选剂

气泡形成后，并非所有悬浮颗粒都能与之粘附，并顺利上浮至水面。为了增加水中悬浮颗粒的可浮性，需向水中投加适当的浮选剂。浮选剂大多数由极性-非极性分子组成。当浮选剂的极性基团被吸附在亲水性悬浮颗粒表面后，非极性基团则朝向水中，可使颗粒由亲水性转化为疏水性，从而改善其与微细气泡间的粘附性能。常用的浮选剂有松香、石油、表面活性剂和硬脂酸盐等。

4. 抑制剂

水中物质复杂多样，并非所有组分都是有毒有害或值得回收的物质。添加抑制剂可以暂时或永久性地抑制某些物质的气浮性能，同时又不会妨碍需要去除或回收的颗粒上浮，从而增加气浮过程的选择性。常用的抑制剂有石灰和硫化钠等。

5. 调节剂

调节剂的主要功能是调节水的 pH，改进和提高气泡在水中的分散度及悬浮颗粒与气泡间的粘附能力，常用的调节药剂有各种酸和碱等。

4.1.3 气浮设备

按照气浮方式，常用的气浮设备可分为电解气浮设备、散气气浮设备和溶气气浮设备等。

1. 电解气浮设备

该装置将正负极相间的多组电极浸泡在水中，通以直流电时水发生电解反应，正负两极间产生的氢气和氧气气泡粘附于悬浮物上，将其带至水面达到分离的目的（图 4-1）。电解气浮设备主要用于有机组分，尤其是絮状悬浮物的去除。处理水量在 10～20m^3/h。这类气浮设备具有污染物去除范围广、污泥量少、占地面积小等优点，但电耗高、运行管理复杂。水量较大时其应用受到一定的限制。

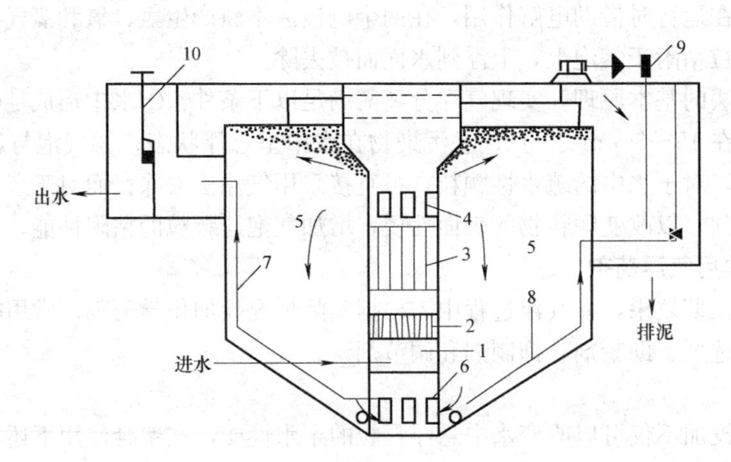

图 4-1 竖流式电解气浮设备结构组成

1—入流室；2—整流栅；3—电极组；4—出流孔；5—分离室；
6—集水孔；7—出水孔；8—排泥沉淀管；9—刮渣机；10—水位调节器

2. 散气气浮设备

该装置通过机械剪切力，将混合于水中的空气切成细小气泡，主要应用于油漆、制革、炼油、印染、化学、乳品加工、纤维生产、造纸、食品饮料、屠宰、纺织和机械加工等工业排水处理。布气气浮设备处理能力有限，但对不可溶物质及悬浮物的处理效果显著。根据微气泡产生的方法不同，布气气浮设备又分为扩散板曝气气浮、叶轮气浮、水泵吸水管吸气气浮和射流气浮等多种形式。

(1) 扩散板曝气气浮设备。通过将压缩空气引入靠近池底的微孔板，空气被微孔板上的微孔分散成细小气泡，实现气泡与悬浮颗粒的有效粘附（图 4-2）。扩散板曝气气浮设备是一种传统的布气气浮形式，简单易行，但由于微孔容易堵塞，气浮效果并不理想，目前市场上应用较少。

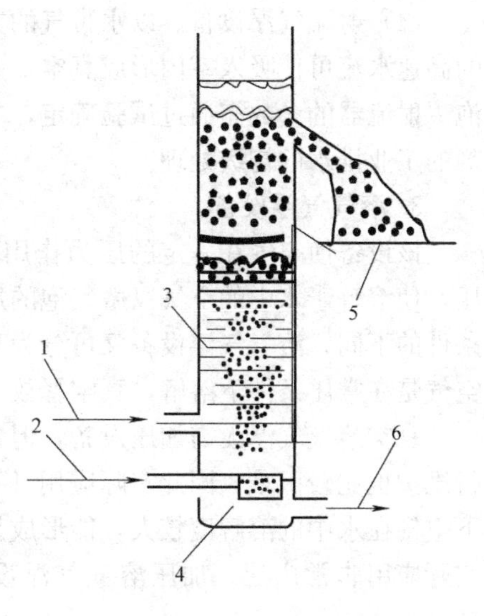

图 4-2　扩散板曝气气浮设备示意图
1—入流；2—空气；3—分离区；
4—微孔扩散设备；5—浮渣；6—出流

(2) 叶轮气浮设备。叶轮在高速旋转时形成负压区。在负压作用下，空气由空气管进入叶轮附近。而后，在叶轮的搅动下，空气被粉碎成细小的气泡，与水充分混合成为水气混合体，甩出导向叶片之外，在气浮池内与悬浮颗粒粘附后平稳上升，达到固液分离的目的（图 4-3）。叶轮气浮设备适用于水量小且污染物质浓度高的工业排水，除油效果在 80%左右。

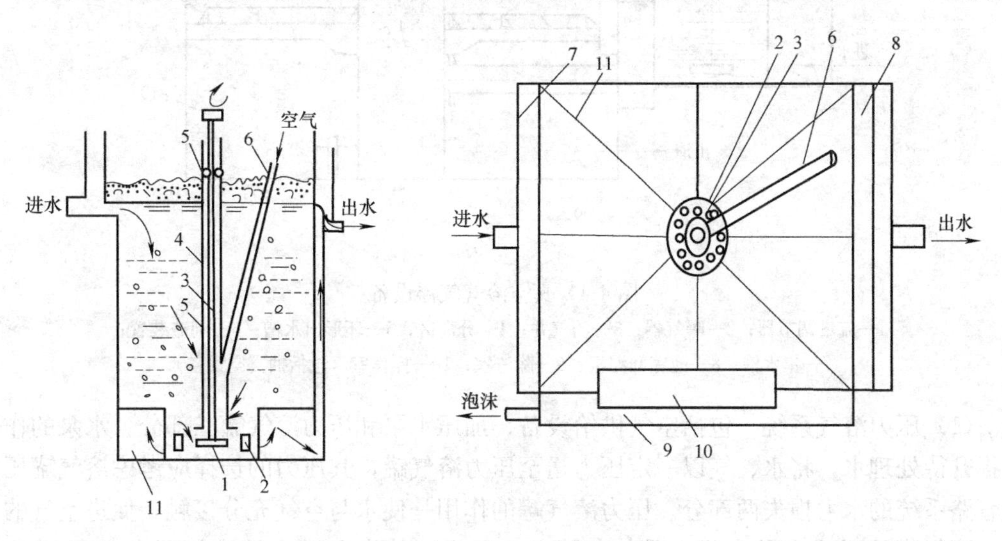

图 4-3　叶轮气浮设备构造示意图
1—叶轮；2—盖板；3—砖轴；4—轴套；5—轴承；
6—进气管；7—进水槽；8—出水槽；9—泡沫槽；10—刮沫板；11—整流板

(3) 水泵吸水管吸气气浮设备。水泵吸水管吸气是一种最简单的气浮形式，但受水泵工作特性的限制，吸入空气量不宜过多。同时，气泡在泵体内的破碎效果一般，不利于后续气浮过程的进行。这种气浮设备常用于含油水的处理。

（4）射流气浮设备。以水带气的方式向待处理水中混入空气进行气浮。设备喷嘴射出的高速水流可使吸入室内形成真空，并通过吸气管吸入空气。空气在喉管内被粉碎成微气泡。射流器的参数需通过试验确定，主要用于矿物浮选，也用于含油脂、羊毛或表面活性剂的工业排水的初级处理。

3. 溶气气浮设备

该设备使空气在一定的压力作用下溶解于水中，达到饱和状态，然后再突然降至常压，使溶解于水中的空气以微气泡的形式逸出，进行气浮的设备。按溶解空气和气泡析出条件的不同，溶气气浮设备又可分为真空溶气气浮设备和加压溶气气浮设备两种。前者的空气是在常压条件下溶解，真空释放；后者是空气在加压条件下溶解，常压下释放。

真空溶气气浮无需加压设备，但常压下空气的溶解度较低，气泡释放量有限，设备运行维护也比较困难，因此实际应用并不多（图 4-4）。与真空溶气气浮法相比，加压条件下空气在水中的溶解度较大，能形成足够的微气泡，而且气泡粒径小、分布均匀，因此，实际应用非常广泛。加压溶气气浮设备主要包括溶气系统、空气释放系统和气浮池三部分。

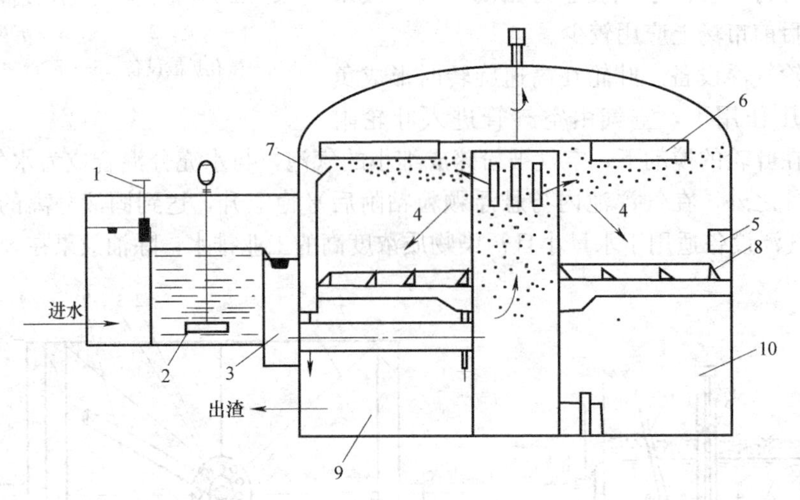

图 4-4　真空溶气气浮设备

1—流量调节器；2—曝气器；3—消气井；4—分离区；5—环形出水槽；6—刮渣装置；7—集水槽；8—池底刮泥板；9—除渣室；10—操作室（包括抽真空设备）

（1）压力溶气系统。包括空气供给设备、加压水泵和压力溶气罐三部分。水泵的作用是提升待处理水，将水、气以一定压力送至压力溶气罐，其压力的选择应考虑溶气罐压力和管路系统的水力损失两部分。压力溶气罐的作用是使水与空气充分接触，促进空气的溶解。溶气罐的形式多种多样，具体如图 4-5 所示，其中以罐内填充填料的溶气罐效率最高。

（2）空气释放系统。由溶气释放装置和溶气水管路组成。溶气释放装置的功能是将压力溶气水减压，使溶气水中的气体以微气泡（20～100μm）的形式释放出来，并能迅速、均匀地与水中的悬浮物粘附，常用的溶气释放装置有减压阀、溶气释放喷嘴和释放器等。

（3）气浮池。气浮池的功能是提供一定的空间使微气泡与水中悬浮颗粒充分混合、接

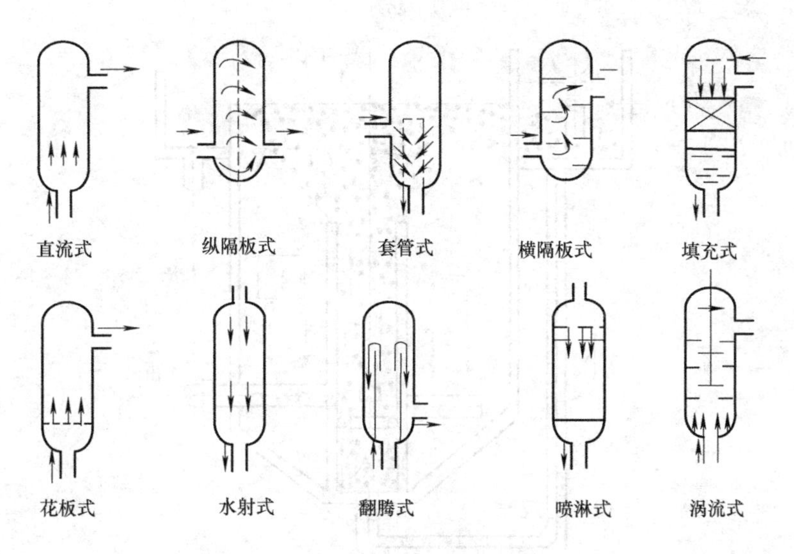

图 4-5　溶气罐的各种形式

触、粘附，并使带气颗粒与水分离。气浮池主要有平流式和竖流式两种形式。

1）平流式气浮池。待处理水由池一端的下部进入接触区，微气泡与进水均匀混合，使悬浮颗粒粘附于气泡上，经隔板进入分离区分离后，污染物随气泡一起上浮到水面上，经刮渣设备刮除（图 4-6）。该池形池身浅、造价低、构造简单、管理方便，但分离区利用率不高。

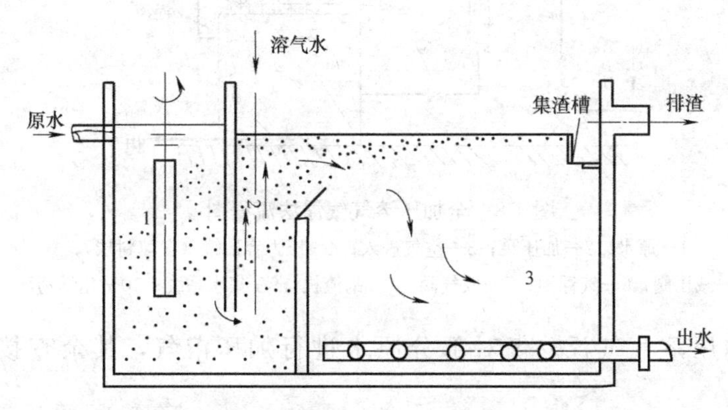

图 4-6　平流式气浮池

1—反应池；2—接触室；3—气浮池

2）竖流式气浮池。待处理水由中心进周边出，悬浮物粘附在微气泡上一起上浮，具体结构如图 4-7 所示。这类气浮池占地面积小，但结构复杂、造价高，处理效果也不稳定。

4. 加压溶气气浮工艺流程

加压溶气气浮工艺主要有全加压溶气气浮工艺、部分加压溶气气浮工艺和部分回流加压溶气气浮工艺三种形式。

(1) 全加压溶气气浮。全部原水由加压泵送入溶气罐，用空压机或射流器向溶气罐压入空气进行溶气，然后经减压释放装置进入气浮池进行固液分离（图 4-8）。

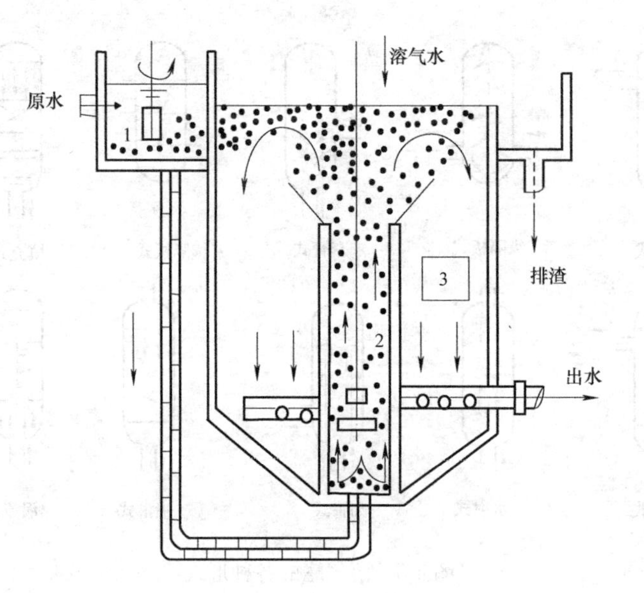

图 4-7　竖流式气浮池

1—反应池；2—接触室；3—气浮池

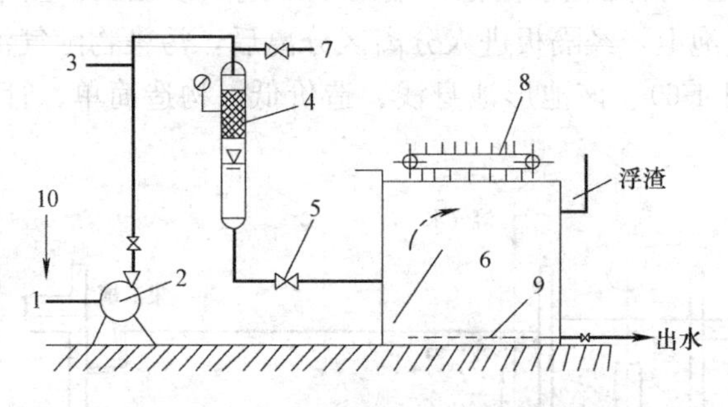

图 4-8　全加压溶气气浮法流程图

1—原水；2—加压泵；3—空气进入；4—压力容器罐（含填料层）；
5—减压阀；6—气浮池；7—放气阀；8—刮渣机；9—集水系统；10—化学药液

(2) 部分加压溶气气浮。仅对部分原水进行加压溶气，其余直接进入气浮池(图 4-9)。

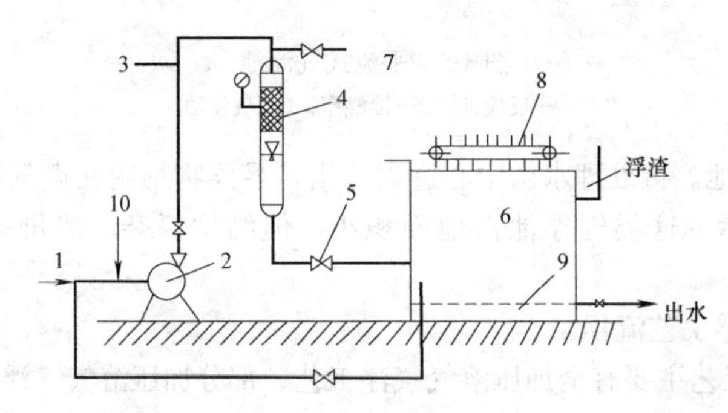

图 4-9　部分加压溶气气浮法流程图

1—原水；2—加压泵；3—空气进入；4—压力容器罐（含填料层）；5—减压阀；
6—气浮池；7—放气阀；8—刮渣机；9—集水系统；10—化学药液

(3) 部分回流加压溶气气浮。原水直接进入气浮池，将部分出水回流加压溶气（图4-10）。

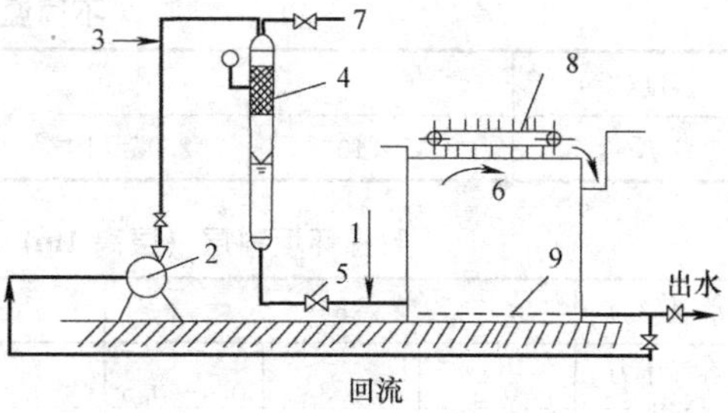

三种加压溶气气浮工艺中，全加压溶气流程的电耗较高，气浮池容积小；部分加压溶气流程比较省电，且溶气罐也较小，若需溶解空气多时，需要加大溶气罐压力；回流加压溶气流程适用于悬浮物浓度高的原水，但气浮池容积较大。

图 4-10　部分回流加压溶气气浮法流程图

1—原水；2—加压泵；3—空气进入；4—压力容器罐（含填料层）；5—减压阀；6—气浮池；7—放气阀；8—刮渣机；9—集水管及回流清洗管

4.1.4 设计计算

1. 参数选择

(1) 通过小型试验或模型试验，确定溶气压力及回流比。溶气压力一般在0.2～0.4MPa之间，回流比取5%～25%。

(2) 根据试验时的混凝剂投加量和絮凝时间，确定反应时间，一般在5～15min。

(3) 气浮池的池形应根据处理程度、前后构筑物衔接、造价和施工难易程度等因素综合考虑。反应池宜与气浮池合建，进入气浮池接触室的水流流速宜控制在0.1m/s以下。

(4) 接触室应易于安装和检修，上升流速一般取10～20mm/s，水流在接触室内的停留时间不宜小于60s。

(5) 气浮分离室内的水流流速，一般在1.5～3.0mm/s之间，分离室的表面负荷率取5.4～10.8$m^3/(m^2 \cdot h)$。

(6) 气浮池的有效水深一般取2.0～2.5m，池中水流停留时间一般为10～20min。

(7) 气浮池的长宽比无严格要求，一般以单格宽度不超过10m、池长不超过15m为宜。

(8) 浮渣一般采用刮渣机定期排除，刮渣机的行车速度宜控制在5m/min以内。

(9) 气浮池集水应尽量均匀。一般采用穿孔集水管，最大流速宜控制在0.5m/s左右。

2. 设计计算

(1) 所需空气量 Q_g（L/h）

$$Q_g = QR'a_c\psi \tag{4-1}$$

式中　Q——设计水量，m^3/h；

R'——回流比，%；

a_c——释放量，L/m^3；

ψ——水温校正系数，取1.1～3.3。

(2) 加压溶气水量 Q_p（m^3/h）

$$Q_p = \frac{Q_g}{736\eta p K_T} \tag{4-2}$$

式中　p——溶气压力，MPa；

K_T——溶解度系数，可根据水温查表4-1而得；

η——溶气效率，对装阶梯环填料的溶气罐可按表4-2查得。

不同温度下的 K_T 值　　表 4-1

温度(℃)	0	10	20	30	40
K_T	3.17×10^{-2}	2.95×10^{-2}	2.43×10^{-2}	2.06×10^{-2}	1.79×10^{-2}

阶梯环填料层（层高 1m）水温、压力与溶气效率间的关系　　表 4-2

水温(℃)	5			10			15		
溶气压力(MPa)	0.2	0.3	0.4～0.5	0.2	0.3	0.4～0.5	0.2	0.3	0.4～0.5
溶气效率(%)	76	83	80	77	84	81	80	86	83
水温(℃)	20			25			30		
溶气压力(MPa)	0.2	0.3	0.4～0.5	0.2	0.3	0.4～0.5	0.2	0.3	0.4～0.5
溶气效率(%)	85	90	90	88	92	92	93	98	98

（3）接触室表面积 $A_c(m^2)$

$$A_c=\frac{Q+Q_p}{v_c} \tag{4-3}$$

式中　v_c——接触室上升流速，m/h。

接触室的平面尺寸，应考虑施工和释放器布置等因素，并按停留时间大于 60s 复核接触室容积。

（4）分离室表面积 $A_s(m^2)$

$$A_s=\frac{Q+Q_p}{v_s} \tag{4-4}$$

式中　v_s——气浮分离速度，m/h。

矩形分离室的长宽比一般取（1～2）∶1。

（5）气浮池净容积 $W(m^3)$

$$W=(A_c+A_s)H \tag{4-5}$$

式中　H——气浮池有效水深，m。

（6）溶气罐直径 $D_d(m)$

$$D_d=\sqrt{\frac{4\times Q_p}{\pi I}} \tag{4-6}$$

空罐 I 取 1000～2000$m^3/(m^2\cdot d)$，填料罐 I 取 2500～5000$m^3/(m^2\cdot d)$。

（7）溶气罐高 $Z(m)$

$$Z=2Z_1+Z_2+Z_3+Z_4 \tag{4-7}$$

式中　Z_1——罐顶、底封头高度（取罐半径），m；

Z_2——布水区高度，m，一般取 0.2～0.3m；

Z_3——贮水区高度，m，一般取 1.0m；

Z_4——填料层高度，m，当采用阶梯环时，可取 1.0～1.3m。

（8）空压机额定气量 $Q_g'(L/h)$

$$Q_g'=\psi'\times\frac{Q_g}{60\times1000} \tag{4-8}$$

式中　ψ'——安全系数，一般取1.2～1.5。

【例4-1】 某厂电镀车间酸性排水中重金属离子含量为：Cr^{6+} 14.4mg/L，Cr^{3+} 5.7mg/L，总Fe离子10.5mg/L，Cu^{2+} 16.0mg/L。现决定采用的处理工艺是：先向原水中投加硫酸亚铁和氢氧化钠生成金属氢氧化物絮凝体，然后用气浮法分离絮渣。根据小型试验结果，经气浮处理后，出水中各种重金属离子含量均达到了国家排放标准。浮渣含水率在96%左右。采用立式反应-气浮池进行处理，并将气浮设备置于调节池之上，加药设备放在气浮池操作平台上，并采用镀件冲洗水作为溶气水。基本的设计参数为：处理水量 $Q=20m^3/h$；分离室停留时间 $t_s=10min$；反应时间 $t=6min$；溶气水量占处理水量的比值 R 取30%；接触室 V_1、V_2 的上升流速分别为 $v_c=10mm/s$、$v_e=15mm/s$；溶气压力采用0.3MPa；气浮分离速度 $v_s=2.0mm/s$；浮渣层高度 $H_1=5cm$，超高 $H_2=15cm$；填料罐过流密度 $I=3000m^3/(m^2·d)$；试验测得回流比 $R'=30\%$，释放量 $a_c=53\ L/m^3$；水温校正系数 $\psi=1.2$，安全系数 $\psi'=1.4$。试设计计算该反应一气浮池。

【解】 反应-气浮池的计算草图见图4-11。

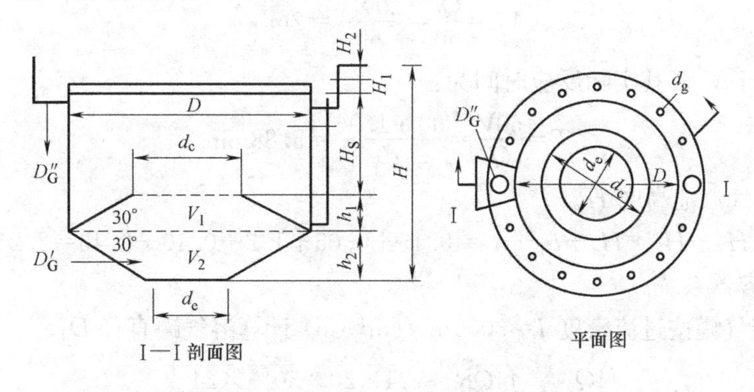

图4-11　反应-气浮池计算草图

(1) 气浮池接触室 V_1 直径 d_c。根据接触室上升流速 $v_c=10mm/s$，得接触室表面积为：

$$A_c=\frac{Q(1+R)}{v_c}=\frac{20\times(1+0.30)}{3600\times10\times10^{-3}}=0.72m^2$$

$$d_c=\sqrt{\frac{4A_c}{\pi}}=\sqrt{\frac{4\times0.72}{3.14}}=0.96m(\text{取}1.0m)$$

同理，求得气浮池接触室 V_2 直径 d_e 为0.78m，取0.80m。

(2) 气浮池直径 D。根据分离速度 $v_s=2.0mm/s$，得分离室表面积为：

$$A_s=\frac{Q(1+R)}{v_s}=\frac{20\times(1+0.30)}{3600\times2.0\times10^{-3}}=3.61m^2$$

$$D=\sqrt{\frac{4(A_c+A_s)}{\pi}}=\sqrt{\frac{4\times(0.72+3.61)}{3.14}}=2.35m(\text{取}2.4m)$$

(3) 分离室水深 H_s。已知分离室停留时间 $t_s=10min$，则：

$$H_s=v_st_s=2.0\times10^{-3}\times10\times60=1.20m$$

(4) 气浮池容积 W。

$$W=(A_c+A_s)H_s=(0.72+3.61)\times1.20=5.20m^3$$

(5) 反应池容积V。

$$V=V_1+V_2$$

其中，圆台V_1的高度h_1为：

$$h_1=\frac{D-d_c}{2}\times\tan30°=\frac{2.4-1.0}{2}\times0.577=0.40\text{m}$$

同理，可求得圆台V_2的高度h_2为0.46m。

则，圆台体积：$V=\frac{1}{3}\pi h\left[\left(\frac{D}{2}\right)^2+\left(\frac{d}{2}\right)^2+\frac{Dd}{4}\right]$，可知：

$$V_1=0.96\text{m}^3$$

$$V_2=1.0\text{m}^3$$

则有：

$$V=V_1+V_2=0.96+1=1.96\text{m}^3$$

根据基本设计数据，反应时间$t=6\text{min}$，反应池体积V应为：

$$V'=\frac{Qt}{60}=\frac{20\times6}{60}=2\text{m}^3$$

现V略小于V'，其实际反应时间为：

$$T=\frac{60V}{Q}=\frac{60\times1.96}{20}=5.88\text{min}$$

(6) 反应-气浮池高度H。

$$H=H_1+H_2+H_s+h_1+h_2=0.15+0.05+1.2+0.40+0.46=2.26\text{m}$$

(7) 加压容器系统。

1) 压力溶气罐按过流密度$I=3000\text{m}^3/(\text{m}^2\cdot\text{d})$计算溶气罐直径$D_d$。

$$D_d=\sqrt{\frac{4Q_p}{\pi I}}=\sqrt{\frac{4QR}{\pi I}}=\sqrt{\frac{4\times20\times30\%\times24}{3.14\times3000}}=0.25\text{m}$$

选用标准直径$D_d=300\text{mm}$，TR-Ⅲ型压力溶气罐一只。

2) 空压机气浮所需用释气量Q_g'。

$$Q_g=QR'a_c\psi=20\times30\%\times53\times1.2=381.6\text{L/h}$$

式中，R'、a_c值均为20℃试验时取得。因试验温度与生产中最低水温相差不甚大，ψ取1.2。

所需空压机额定气量为：

$$Q_g'=\psi'\frac{Q_g}{60\times1000}=1.4\times\frac{381.6}{60\times1000}=0.009\text{m}^3/\text{min}$$

选用Z-0.025/6空压机间歇工作。

4.2 沉　　淀

沉淀是工业水处理中常见的固-液分离技术，是悬浮颗粒在自身重力作用下逐渐从水中析出的过程，依托上述原理进行水质净化的装置或构筑物称为沉淀池。沉淀池按其在水处理流程中的位置，可分为初沉池和二沉池，二者所具有的功能存在一定差异。如，在曝气池前设初沉池可以降低污水中的悬浮固体含量，减轻生物处理的负荷；在曝气池后设二沉池可以截留活性污泥，避免污泥流失，保证出水水质；在絮凝池或絮凝单元后设置的化学沉淀池，可提高悬浮物、难降解有机物、还原性物质和色度等的去除效率。

沉淀池按水流方向又分为平流式沉淀池、辐流式沉淀池、竖流式沉淀池和斜板斜管沉淀池等形式。各种池形的优缺点和适用条件见表4-3。每种沉淀池均包括进水区、沉淀区、缓冲区、污泥区和出水区五个组成部分。在各种池形中，平流式沉淀池的应用范围最广，可用于大、中、小各种规模的包括无机颗粒和微生物絮体在内的各种固体微粒的沉降处理，但占地面积较大。与平流式沉淀池不同，竖流式沉淀池占地面积小，对生物絮体以及无机颗粒均具有良好的沉降去除性能，在用地紧缺的工业企业中的使用比较普遍。

各种沉淀池形的优缺点和适用条件 **表4-3**

池形	优点	缺点	适用条件
平流式	沉淀效果好，对冲击负荷和温度变化的适应能力较强，施工简易，造价较低	池子配水不易均匀。采用多斗排泥时，每个泥斗需要单独设排泥管各自排泥，操作量大；采用链带式刮泥机排泥时，链带的支撑件和驱动件都浸于水中，易锈蚀	适用于地下水位高及地质较差地区；适用于大、中、小型水处理站
竖流式	排泥方便，管理简单，占地面积小	池子深度大，施工困难，对冲击负荷和温度变化的适应能力较差。造价较高，池径不宜过大，否则布水不匀	适用于处理水量不大的小型水处理站
辐流式	多为机械排泥，运行效果较好，管理较简单，排泥设备已定型	机械排泥设备复杂，对施工质量要求高	适用于地下水位较高地区；适用于大、中型污水处理站
斜板斜管	大大提高沉淀效率，缩短沉淀时间，减小沉淀池体积	斜板、斜管易结垢，长生物膜，产生浮渣，维修工作量大，管材、板材寿命低	适用于大、中型给水处理站

4.2.1 平流式沉淀池

平流式沉淀池的结构与平流式沉砂池相近。不同的是，待处理水在平流式沉淀池中的沉淀时间更长，由沉砂池的30～60s增至1.0h以上，水平流速相应的也由0.15～0.30m/s降至5～7mm/s。其中，初沉池中悬浮物的沉降性能相对较好，流速取大值；二沉池中的生物絮体沉降性能较差，流速取小值。与平流式隔油池相比，平流式沉淀池在出水端无集油管，其设计计算过程可参考以上两种构筑物。

设计流量应按分期建设考虑。当污水为自流进入时，应按每期的最大设计流量计算；当污水为提升进入时，应按每期工作水泵的最大流量计算。沉淀池的个数和分格数不小于2个，池体超高至少0.3m，缓冲层高度0.3～0.5m。沉淀池有效水深（H）、沉淀时间（t）与表面负荷（q'）的关系见表4-4。有效水深2～4m。采用重力排泥时应每日排泥，初沉池的静水头不应小于1.5m；二沉池的静水头，生物膜法后不应小于1.2m，曝气池后不应小于0.9m。机械排泥时可连续或间歇排泥。

沉淀池有效水深（H）、沉淀时间（t）与表面负荷（q'）的关系　　表 4-4

q'[m^3/($m^2 \cdot h$)]	t(h)				
	H=2.0m	H=2.5m	H=3.0m	H=3.5m	H=4.0m
3.0			1.0	1.17	1.33
2.5		1.0	1.2	1.4	1.6
2.0	1.0	1.25	1.5	1.75	2.0
1.5	1.33	1.67	2.0	2.33	2.67
1.0	2.0	2.5	3.0	3.5	4.0

4.2.2 竖流式沉淀池

竖流式沉淀池又称立式沉淀池。池体平面为圆形或方形，水由设在池中心的进水管自上而下进入池内，管下设伞形挡板使入流在池中均匀分布后沿整个过水断面缓慢上升，悬浮物沉降进入池底锥形沉泥斗中，清水从池四周沿周边溢流堰流出（图 4-12）。堰前设挡板及浮渣槽，以截留浮渣保证出水水质。池的一边靠池壁设排泥管，靠静水压力定期将泥排出。

在竖流式沉淀池中，水流方向与颗粒沉淀方向相反，其截留速度与水流上升速度相等，上升速度等于沉降速度的颗粒将悬浮在混合液中形成一层悬浮层，对上升的颗粒进行拦截和过滤。因而竖流式沉淀池的效率比平流式沉淀池要高。其优点是占地面积小，排泥容易，缺点是深度大，施工困难，常用于处理水量小于 20000m^3/d 的水和废水处理站。

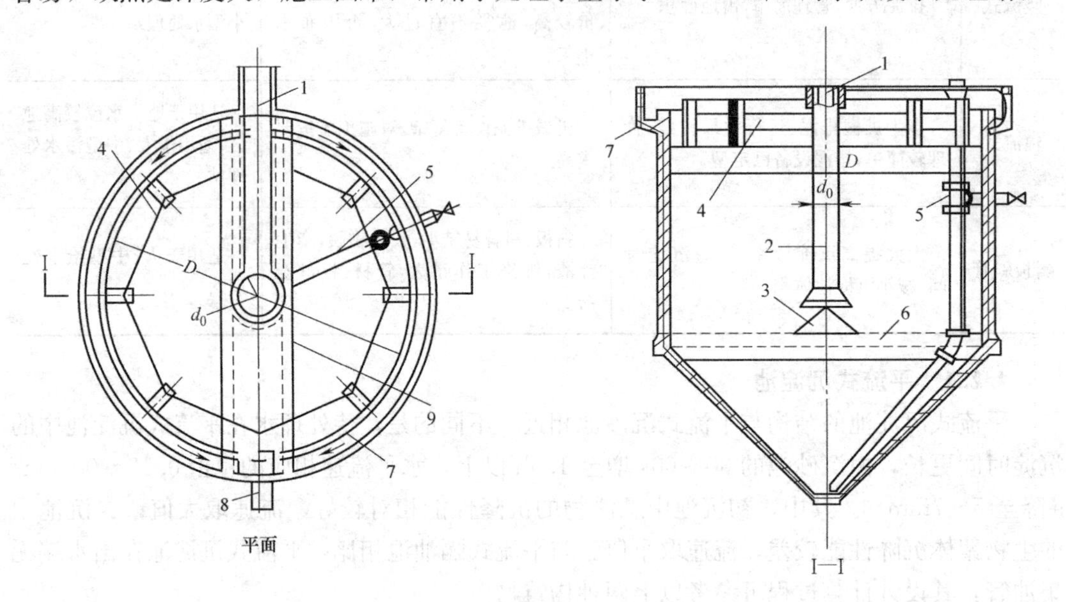

图 4-12　竖流式沉淀池

1—进水槽；2—中心管；3—反射板；4—挡板；5—排泥管；6—缓冲管；
7—集水槽；8—出水管；9—过桥

1. 设计参数

为使水流在沉淀池内分布均匀，池子直径（或正方形边长）与有效水深之比值不宜大于 3。池子直径一般在 4～7m 之间，最大不超过 10m。中心管内流速不大于 30mm/s。中心管下口应设有喇叭口和反射板，具体结构以及各部分尺寸间的关系如图 4-13 所示。其中，中心管下端至反射板表面之间的缝隙高在 0.25～0.5m 时，缝隙内的水流速度，在初沉池中不大于 20mm/s，在二沉池中不大于 15mm/s。

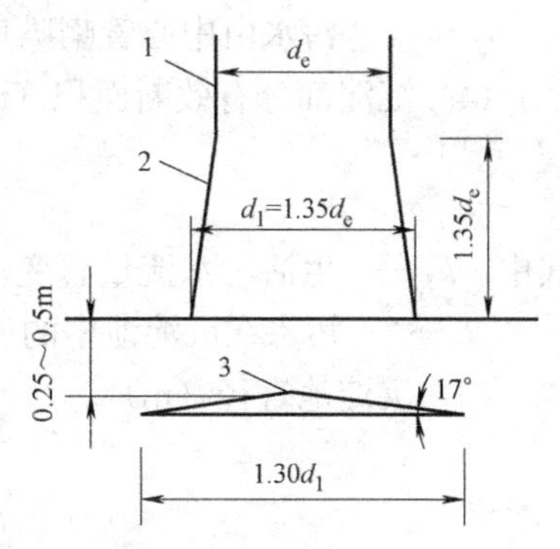

图 4-13　中心管和反射板尺寸

1—中心管；2—喇叭口；3—反射板

排泥管下端距池底不大于 0.2m，上端超出水面不小于 0.4m；浮渣挡板距集水槽 0.25～0.5m，高出水面 0.1～0.15m，淹没深度 0.3～0.4m。当沉淀池直径（或正方形边长）在 7m 以内时，沉淀出水沿池子周边流出；当沉淀池直径在 7m 以上时，应增设辐射式支渠（图 4-14）。

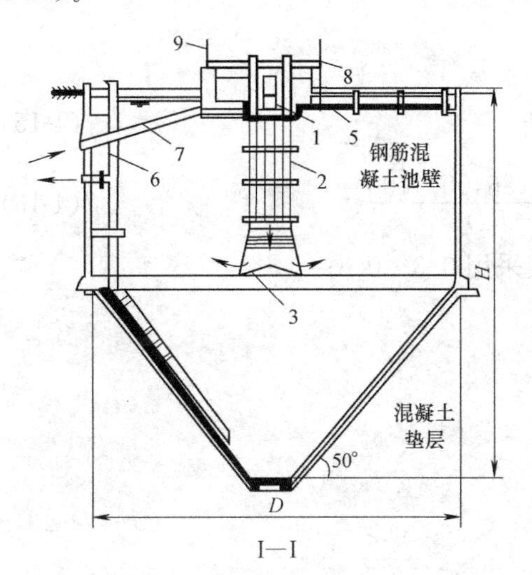

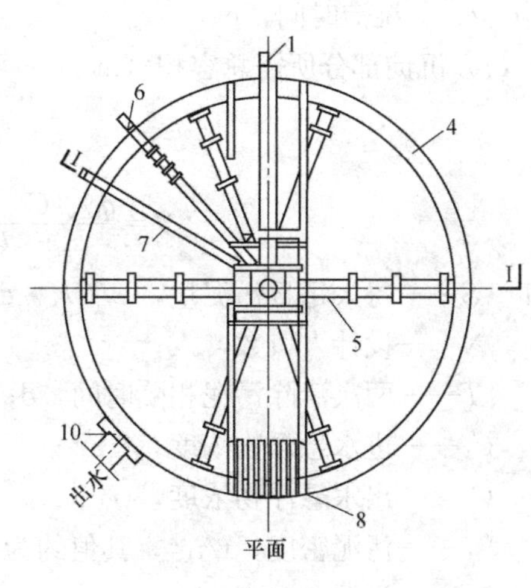

图 4-14　设有辐射式支渠的竖流式沉淀池

1—进水箱；2—中心管；3—反射板；4—集水槽；5—集水支架；6—排泥管；7—浮渣管；8—木盖板；9—挡板；10—闸板

2. 计算公式

（1）中心管面积（m^2）

$$f=\frac{q_{max}}{v_0} \tag{4-9}$$

式中　q_{max}——每池最大设计流量，m^3/s；

v_0——中心管内流速，m/s。

（2）中心管直径（m）

$$d_0=\sqrt{\frac{4f}{\pi}} \tag{4-10}$$

（3）中心管喇叭口与反射板之间的缝隙高度（m）

$$h_3=\frac{q_{max}}{v_1 \pi d_1} \tag{4-11}$$

式中　d_1——管喇叭口直径，m；

v_1——污水由中心管喇叭口与反射板之间的缝隙流出速度，m/s。

（4）沉淀部分有效断面积（m^2）

$$F=\frac{q_{max}}{k_2 v} \tag{4-12}$$

式中 k_2——生活污水流量总变化系数；

v——污水在沉淀池中的流速，m/s。

（5）沉淀池直径（m）

$$D=\sqrt{\frac{4(F+f)}{\pi}} \tag{4-13}$$

（6）沉淀部分有效水深（m）

$$h_A=3600vt \tag{4-14}$$

式中 t——沉淀时间，h。

（7）沉淀部分所需总容积（m^3）

$$V=\frac{SNT}{1000} \tag{4-15}$$

$$V=\frac{q_{max}(C_1-C_2)T\times 86400\times 100}{k_2\rho(100-P_0)} \tag{4-16}$$

式中 S——每人每日污泥量，L/(人·d)，一般采用0.3～0.8；

N——设计人口数，人；

T——两次清除污泥相隔时间，d；

C_1——进水悬浮物浓度，t/m^3；

C_2——出水悬浮物浓度，t/m^3；

ρ——污泥密度，t/m^3，其值约为1；

P_0——污泥含水率，%。

（8）圆截锥部分容积（m^3）

$$V_1=\frac{\pi h_5}{3}(R^2+Rr+r^2) \tag{4-17}$$

式中 R——圆截锥上部半径，m；

r——圆截锥下部半径，m；

h_5——污泥室圆截锥部分的高度，m。

（9）沉淀池高度（m）

$$H=h_1+h_2+h_3+h_4+h_5 \tag{4-18}$$

式中 h_1—超高，m；

h_2——中心管淹没深度，m；

h_4——缓冲层高，m。

【例 4-2】 某工业排水的最大设计流量 $Q_{max}=0.088m^3/s$，进水悬浮物浓度为 3788 kg/m^3，采用4个竖流式沉淀池进行处理，出水悬浮物浓度降低了50%，沉淀池表面负荷 $q'=1.5m^3/(m^2\cdot h)$，水量变化系数 $k_2=1.65$，中心管内流速 $v_0=0.03m/s$，污水在沉淀区的上升流速 $v_t=0.0004m/s$，沉淀时间 $t=2h$，间隙流速 $v_1=0.02m/s$，圆截锥体下底直径为0.4m，超高及缓冲层均为0.3m，排泥时间间隔 $T=2d$，污泥含水率 $P_0=96\%$，污泥

密度 $\rho=1000kg/m^3$。求竖流式沉淀池各部分尺寸。

【解】 计算示意见图 4-15。

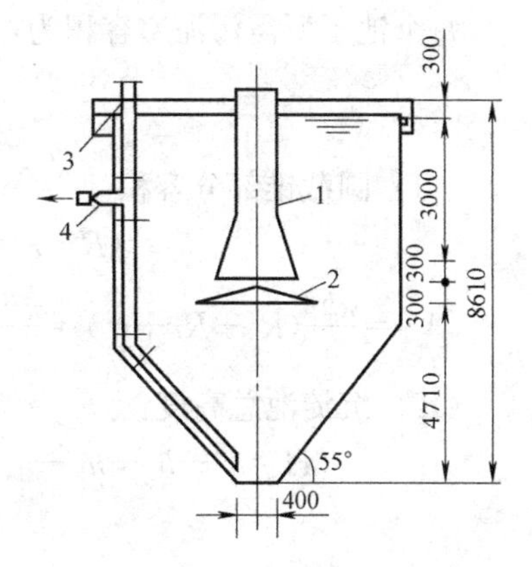

图 4-15 竖流式沉淀池示意图

1—中心管；2—反射板；

3—挡板；4—排泥管

(1) 每池最大设计流量：

$$q_{max}=\frac{Q_{max}}{n}=\frac{0.088}{4}=0.022m^3/s$$

(2) 中心管面积：

$$f=\frac{q_{max}}{v_0}=\frac{0.022}{0.03}=0.73m^2$$

(3) 中心管直径：

$$d_0=\sqrt{\frac{4f}{\pi}}=\sqrt{\frac{4\times0.73}{\pi}}=0.96m$$

取 $d_0=1m$。

(4) 中心管喇叭口直径：

$$d_1=1.35\times1=1.35m$$

(5) 中心管喇叭口与反射板之间的缝隙高度：

$$h_3=\frac{q_{max}}{v_1\pi d_1}=\frac{0.022}{0.02\times\pi\times1.35}=0.26m$$

取 $h_3=0.3m$。

(6) 沉淀部分有效断面积：

$$v=\frac{1.5}{3600}\times1000=0.42mm/s=0.0004m/s$$

$$F=\frac{q_{max}}{k_2 v}=\frac{0.022}{1.65\times0.0004}=33.3m$$

(7) 沉淀池直径：

$$D=\sqrt{\frac{4(F+f)}{\pi}}=\sqrt{\frac{4(33.3+0.73)}{\pi}}$$

采用 $D=7m$。

(8) 沉淀部分有效水深：

$$h_A=v_t\times3600=0.0004\times2\times3600=2.9m$$

取 $h_2=3m$。

$$3h_2=3\times3=9m>7m\ (D)$$

符合要求。

(9) 校核集水槽出水堰负荷：

集水槽每米出水堰负荷为

$$\frac{q_{max}}{\pi D}=\frac{22}{\pi\times7}=11L/(s\cdot m)\ <2.9L/(s\cdot m)$$

符合要求。

(10) 沉淀部分所需总容积：

$$V=\frac{q_{max}\times24(C_1-C_2)100T}{k_2\rho(100-P_0)}=\frac{0.022\times24\times0.5\times3788\times100\times2}{1000\times(100-96)}=50m^3$$

每个池子所需污泥室容积为：

$$\frac{50}{4}=12.5\text{m}^3$$

（11）圆截锥部分容积：

$$h_5=(R-r)\tan 55°=(3.5-0.2)\tan 55°=4.71\text{m}$$

$$V_1=\frac{\pi h_5}{3}(R^2+Rr+r^2)=\frac{\pi\times 4.71}{3}(3.5^2+3.5\times 0.2+0.2^2)=64.0\text{m}^3>12.5\text{m}^3$$

（12）沉淀池总高度：

$$H=h_1+h_2+h_3+h_4+h_5=0.3+3+0.26+0.3+4.71=8.57\text{m}$$

4.3 深层过滤

过滤是去除水中悬浮物的一种有效方法，可分为表面过滤和深层过滤。表面过滤是指待处理水通过一层隔膜，将固体颗粒截留在介质表面的过滤形式，如微滤和超滤。深层过滤是指滤料颗粒之间存在孔隙，将固体颗粒截留在过滤层介质内部的过滤方式。在工业水处理中，深层过滤经常作为混凝一沉淀的后续处理单元，或吸附、离子交换、膜分离技术的预处理单元，也可以作为生化处理后的深度处理单元。常用的深层过滤设施为滤池。按照滤速不同，滤池可分为以下几类：

（1）慢滤池。过滤速度小于 0.4m/h 或负荷在 2.9～7.6$\text{m}^3/(\text{m}^3\cdot\text{d})$ 之间，在机械筛分、生化降解和吸附作用下去除水中悬浮物和部分有机物。其优点是出水水质较好，但滤速慢、生产效率低，工作 1～3 个月以后需换滤砂，且在生物膜稳定之前出水水质较差。

（2）快滤池。滤速介于 4～10m/h 之间或过滤负荷在 120$\text{m}^3/(\text{m}^3\cdot\text{d})$ 左右。快滤池主要以石英砂为滤料，利用接触凝聚原理去除水中悬浮物。一般情况下，原水进入快滤池前需进行混凝和沉淀预处理。

（3）高速滤池。过滤速度介于 10～60m/h 之间。由于滤速大，处理相同水量的条件下所需的滤池个数少，过滤效率高。常用的池型为压力滤池，目前在工业水处理中的应用较多。

此外，按照驱动力不同，滤池可分为重力滤池和压力滤池；按照滤料层组成不同，分为单层滤料、双层滤料和多层滤料滤池；按照滤料冲洗状态不同，分为固定床式和移动床滤池；按照进出水及反冲洗水的供给和排出方式，分为普通快滤池、虹吸滤池和无阀滤池等。

工业企业用水和排水量相对较低，可供使用的场地面积往往十分有限，慢滤池和快滤池等工艺难以适用于工业水的净化处理。相反的，具有高速过滤性能的压力滤池等过滤设备，由于占地面积小、安装使用方便等优点，在工业水和废水的净化中得到了广泛应用。

4.3.1 普通快滤池

快滤池是典型的深层过滤设备，利用滤层中粒状材料所提供的接触面，在接触絮凝、筛滤和沉淀作用下，可实现远小于滤料孔隙尺寸的悬浮杂质的截留去除。普通快滤池是传统的快滤池型，滤料一般为单层细砂滤料或煤-砂双层滤料，滤料采用清水冲洗。

1. 滤池构造

普通快滤池包括滤料层、承托层、配水系统、集水渠和排水槽5个部分（图4-16）。

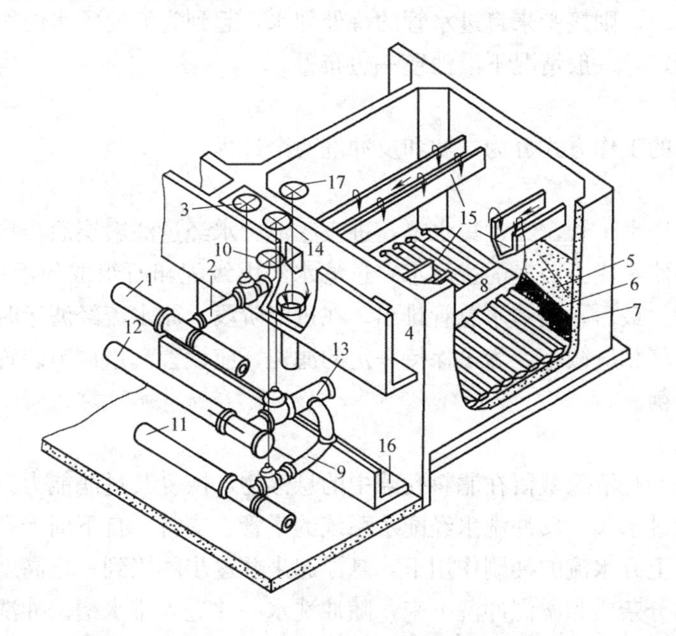

图4-16 普通快滤池构造图

1—进水总管；2—进水支管；3—进水阀；4—浑水渠；5—滤料层；6—承托层；7—配水系统支管；8—配水干渠；9—清水支管；10—出水阀；11—清水总管；12—冲洗水总管；13—冲洗水支管；14—冲洗水阀；15—排水槽；16—废水渠；17—排水阀

（1）滤料层

滤料粒径应满足悬浮物的去除效率要求。此外，其纳污能力和过滤效果还与滤层厚度和滤料级配有关。滤料粒径一定时，滤层厚度越大，去除率也越高。在生产中常利用最大和最小粒径表示滤料的规格。

（2）承托层

承托层也称垫料层，可以防止滤料流失，也可以使配水均匀，一般配合大阻力配水系统使用。承托层的最小粒径一般不小于2mm，其最大粒径以不被常规反冲洗强度下的水流冲动来考虑，一般为32mm。不同粒径的垫料布置和层厚如表4-5所示。

承托层的规格 **表4-5**

层次（自上而下）	粒径(mm)	厚度(mm)	层次（自上而下）	粒径(mm)	厚度(mm)
1	2～4	100	3	8～16	100
2	4～8	100	4	16～32	150

（3）配水系统

配水系统的作用是收集滤后水，并将反冲洗水均匀分布在整个滤池平面上。如果反冲洗水在池内分配不均匀，局部流速过大，滤料流化程度过高，会使这个区域的滤料迁移到流速较低的区域，甚至随反冲洗水流出池外，从而使滤料分层混乱，局部地方滤料厚度减薄，出水水质恶化。因此，配水系统的合理设计是滤池正常工作、保持滤料层稳定的关键。

（4）集水渠及排水槽

集水渠也为进水渠。反冲洗时用于收集排水槽过来的反冲洗水，通过反冲洗排水管排入排水道；过滤时，则接受来自进水管的待处理水，起到为滤池配水的作用。布置形式视滤池面积大小而定，一般情况下沿池壁一边布置。

2. 工作方式

普通快滤池的工作方式分为过滤和反冲洗两个过程。

(1) 过滤

待处理水从进水干管，经过集水渠，进入滤池。水经过滤料层后，将水中的悬浮杂质截留在滤层内，使水成为洁净的过滤水。过滤水经由级配卵石组成的承托层、配水支管，汇集到配水干管。最后，经清水总管排出。在过滤阶段，原水流经滤床时，由于滤层阻力不断增大，滤速将相应减小，为了保持一定的滤速，应设置流量调节装置，以保持滤池进水量与出水量平衡。

(2) 反冲洗

反冲洗的目的是清除截留在滤料孔隙中的悬浮物，恢复其过滤能力。反冲洗时，先关闭进水管道上的进水阀，反冲洗水经配水系统的干管、支管，自下而上高速流过承托层和滤料层，滤料在上升水流的冲刷作用下，悬浮起来并逐步膨胀到一定高度，滤料间不断摩擦碰撞，将大部分杂质和淤泥冲洗下来，随冲洗水一并进入排水槽。冲洗强度一般控制在 $10\sim15L/(s \cdot m^2)$ 之间。

3. 设计计算

(1) 滤池面积

用于给水和清净废水处理时，滤速可采用 5～12m/h；用于工业废水处理时，单层滤料粗砂快滤池的滤速一般在 3.7～37m/h 之间；双层滤料滤池的滤速在 4.8～24m/h 之间；三层滤料滤池的滤速一般与双层滤料滤池的相同。滤池面积按下式计算：

$$F=\frac{Q}{vT} \tag{4-19}$$

式中 F——滤池总面积，m^2；

Q——设计水量，m^3/d；

v——滤速，m/h；

T——滤池的实际工作时间，h。

(2) 滤池个数及尺寸

滤池的个数一般应通过技术经济比较来确定，但不应少于 2 个，每个滤池面积为：

$$f=F/N \tag{4-20}$$

式中 f——单个滤池面积，m^2；

N——滤池的个数。

单个滤池面积不大于 $30m^2$，长宽比一般为 1∶1；当单个滤池面积不小于 $30m^2$ 时，长宽比为 1.25∶1～1.5∶1。当采用旋转式表面冲洗措施时，长宽比为 1∶1、2∶1 或 3∶1。

(3) 滤池深度

普通快滤池深度包括 1500～2000mm 左右的承托层、700～800mm 的滤层、300～400mm 的保护高度，在 3000～3600mm 之间。对于多层滤料滤池，深度一般在 3500～4000mm 之间。

(4) 管廊管线

管廊的作用是把各格滤池的进出水管渠集中布置在一起。双排对称布置的滤池，管廊宽度一般在 8.0～10.0m 之间。单排布置的滤池，其管廊宽度可适当减少。管廊内各管线的尺寸主要由设计流速决定。一般的，浑水进水管（渠）、清水出水管（渠）、反冲洗进水管（渠）和反冲洗排水管（渠）内的水流流速可分别控制在 0.8～1.0m/s、1.0～1.5 m/s、2.0～2.5m/s、1.0～1.5m/s 之间。若采用渠道输水，其流速可适当放小。

(5) 配水系统

普通快滤池多采用大阻力配水系统。系统由干管和支管组成。干管进水口处的流速一般在 1.0～1.5m/s 之间，支管起端流速一般在 1.5～2.0m/s 之间，支管上孔眼的出口流速一般在 5～6m/s 之间。布置时支管间距控制在 0.20～0.30m，支管长度与支管直径之比不大于 60。支管上的孔眼直径取 9～12mm，与垂线呈 45°角向下交错排列，其个数和间距由开孔比确定。

(6) 排水渠和冲洗排水槽

排水渠一般设计成矩形，起端水深可按下式计算：

$$H_q=\sqrt{3}\sqrt[3]{\frac{Q'^2}{gB^2}} \tag{4-21}$$

式中 Q'——滤池冲洗流量，m^3/s；

B——渠道宽度，m；

g——重力加速度，$9.81m/s^2$。

为使排水顺畅，排水渠起端水面需低于冲洗排水槽底 100～200mm。渠底的高度则由排水槽槽底高度和排水渠起端水深决定。

冲洗排水槽在水平面上的总面积一般不大于滤池面积的 25%，以免冲洗时，槽与槽之间水流上升速度会过分增大，以致上升水流均匀性受到影响。槽与槽中心间距一般为 1.5～2.0m。间距过大，从离开槽口最远一点和最近一点流入排水槽的流线相差过远，也会影响排水均匀性。冲洗排水槽高度要适当。槽口太高，废水排除不净；槽口太低，会使滤料流失。槽顶距滤层砂面的高度（H_e）可由下式计算：

$$H_e=eH_2+2.5x+\delta+0.07 \tag{4-22}$$

式中 H_2——滤层的厚度，m；

e——冲洗时滤层的膨胀度，一般取 40%～50%；

x——冲洗排水槽的断面模数；

δ——排水槽槽底厚度，一般取 0.05m；

0.07——冲洗排水槽的超高，m。

4.3.2 压力滤池

压力滤池又称机械过滤器，是一种压力式快速过滤设备，采用单层滤料、下向流设计，能去除细小的胶体颗粒和悬浮物，过滤出水浊度可降至 1 NTU 左右。压力滤池的结构如图 4-17 所示，包括滤料及进水和配水系统。容器外设置各种管道和阀门，在压力下进行过滤。待处理水由泵直接打入，滤后水可借助池内压力直接送到用水装置或后需处理单元。其配水系统常用阻力较小的缝隙式滤头，滤层厚度一般在 1.0～1.2m。压力滤池允许的水头损失可达 5～6m。为提高反冲洗过程中滤料的清洗效果，可以考虑采用压缩空气

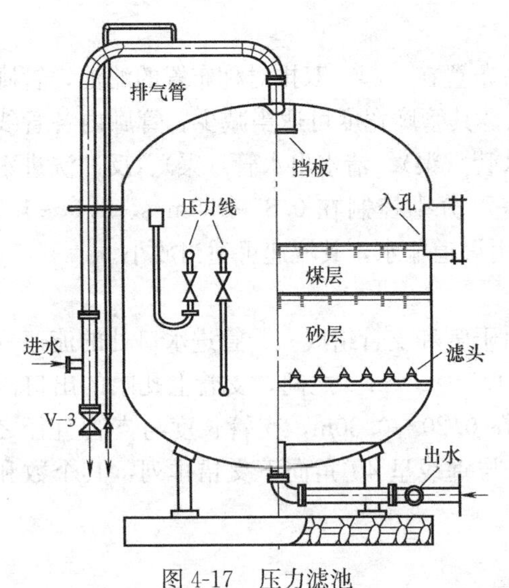

图 4-17 压力滤池

辅助清洗。

依据使用方式不同，压力滤池可分为竖式和卧式两种。竖式滤池有现成的产品，直径一般不超过 3m。卧式滤池的直径一般不超过 3m，但长度可达 10m。压力滤池的特点是可省去清水泵站，运行管理比较方便。同时，由于装卸、移动方便，占地面积小，又有定型产品，可缩短建设周期，在工业水处理以及临时性给水水质净化工程中使用均较广。

1. 设计参数

压力滤池的进水浊度，单层滤料时宜控制在 20mg/L 以内，双层滤料时在 100mg/L 以内。冲洗前的水头损失不宜超过 5～6mH_2O。单层滤料时的冲洗强度一般在 15L/(s・m^2) 左右，冲洗时间 10min；双层滤料时需适当提高冲洗强度，可取 18L/(m^2・s)。当用压缩空气辅助冲洗时，空气压力取 0.098mPa，冲洗强度 20L/(m^2・s)，冲洗时间 3min。当压力滤池内水气较多，应设排气阀、检查口，底部设排水阀及压力计。

2. 设计计算

压力滤池国家已有标准图和定型产品。选用时主要根据处理水量和滤速算出所需过滤面积，确定滤池个数后即可算出每个滤池的直径，然后选定型产品即可。工作周期、滤料级配、冲洗时滤料膨胀率等，可参考普通快滤池采用。对圆形滤池中的穿孔管式大阻力配水系统，为使水流分布的不均匀率在 5%以内，配水孔眼的阻力可用下式计算：

$$h=0.25+3.0\frac{v_1^2}{2g}+18\frac{v_2^2}{2g}-9.0\frac{v_3^2}{2g} \tag{4-23}$$

式中 h——水通过配水孔眼的水头损失，mH_2O；

v_1——配水干管进口处的流速，m/s；

v_2——最长的配水支管起点处流速，m/s；

v_3——最短的配水支管起点处流速，m/s；

g——重力加速度，9.81m/s^2。

配水孔眼（或缝隙）的总面积（m^2），可按照下式计算：

$$f_1=\frac{Q'}{0.7\sqrt{2gh}} \tag{4-24}$$

式中 Q'——滤池冲洗水量，m^3/s。

【例 4-3】 某滤池采用圆形管式大阻力配水系统，其支管排布如图 4-18 所示，每一支管的孔眼数分配见表 4-6，支管按等距离开孔。已知滤池冲洗水量 $Q'=450m^3/h=0.125m^3/s$，配水干管内径 $D=255mm$，配水支管排数 $N=4$ 排，配水支管内径 $d=82mm$。求孔眼直径。

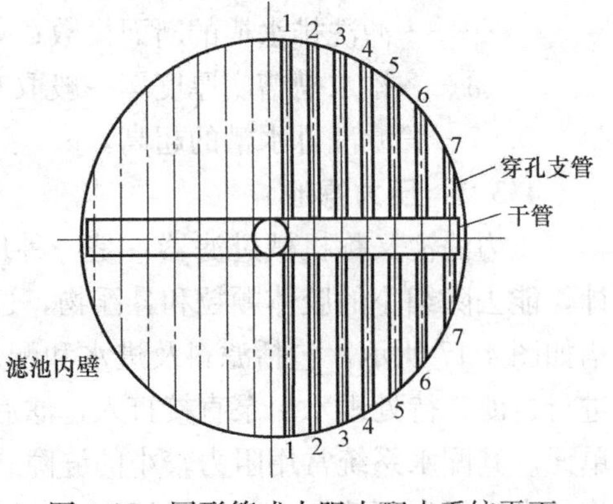

图 4-18 圆形管式大阻力配水系统平面

支管孔眼数 表 4-6

支管排序	孔眼数 n_1	支管排序	孔眼数 n_1
1	42	5	31
2	41	6	27
3	40	7	20
4	35		

【解】

(1) 孔眼总数:

$$n=944\text{个}$$

(2) 支管横截面积:

$$\omega=\frac{\pi}{4}d^2=0.785\times0.082^2=0.00528\text{m}^2$$

(3) 单孔出流量:

$$q_1=\frac{Q'}{n}=\frac{0.125}{944}=0.000132\text{m}^3/\text{s}$$

(4) 每一支管流量:

$$q_{单}=q_1 n_1=0.000132\ n_1\text{m}^3/\text{s}\ (n_1\text{为该支管上孔数})$$

(5) 每一支管始端流速:

$$v_1'=\frac{q_{单}}{\omega}=\frac{q_{单}}{0.00528}=189.4q_{单}\ \text{m/s}$$

各支管的流量 $q_{单}$ 及其始端流速 v_1 的计算结果,列于表 4-7。

支管孔眼数及其始端流速 表 4-7

支管排序	孔眼数 n_1	支管流量(m^3/s)$q_{单}=0.000132n_1$	支管始端流速(m/s) $v_1'=189.4\ q_{单}$
1	42	0.00554	1.05
2	41	0.00541	1.02
3	40	0.00528	1.00
4	35	0.00462	0.88
5	31	0.00409	0.77
6	27	0.00356	0.67
7	20	0.00264	0.50
总数 7×4=28	236×4=944	0.0311×4=0.124	

(6) 孔眼水头损失:

干管横截面积

$$\Omega=\frac{\pi}{4}D^2=0.785\times0.255^2=0.051\ \text{m}^2$$

干管始端流速(进水管接于干管中部)

$$v_1=\frac{Q'}{2\Omega}=\frac{0.125}{2\times0.051}=1.23\text{m/s}$$

由表 4-7 可知，最长支管起点处流速 $v_2=1.05\text{m/s}$，最短支管起点处流速 $v_3=0.5\text{ m/s}$，故：

$$h=0.25+3.0\frac{v_1{}^2}{2g}+18\frac{v_2{}^2}{2g}-9.0\frac{v_3{}^2}{2g}$$

$$=0.25+3.0\frac{1.23^2}{19.6}+18\frac{1.05^2}{19.6}-9.0\frac{0.5^2}{19.6}$$

$$=1.4\text{mH}_2\text{O}$$

(7) 孔眼总面积 f：

$$f_1=\frac{Q'}{0.7\sqrt{2gh}}$$

$$=\frac{0.125}{0.7\times\sqrt{19.6\times1.4}}$$

$$=0.034\text{m}^2$$

(8) 单孔面积：

$$\omega_a=\frac{f_1}{n}=\frac{0.034}{944}=36\times10^{-6}\text{m}^2=36\text{mm}^2$$

孔眼直径：

$$d_a=\sqrt{\frac{4\omega_a}{\pi}}=\sqrt{\frac{4\times36}{3.14}}\approx7\text{mm}$$

4.3.3　纤维滤池

纤维滤池中的填料主要为长纤维。这些纤维多为有机高分子材料，直径在 50 μm 左右，长度超过 1m，纤维下端固定在出水孔板上，上端固定在构件上，纤维装填孔隙率在 90%左右（图 4-19）。上端固定构件可上下移动。当水流自上而下通过纤维层时，在水头阻力作用下，纤维承受向下的纵向压力，且随着深度的增加纤维所受的压力也增大。由于纤维材料的纵向刚度较小，当纵向压力足够大时将产生弯曲而使纤维层整体下移。由于纤维层所受的纵向压力沿水流方向依次递增，所以纤维层沿水流方向被压缩弯曲的程度也依次增大，滤层的孔隙率沿水流方向逐渐减小，这样就达到了理想床层状态。

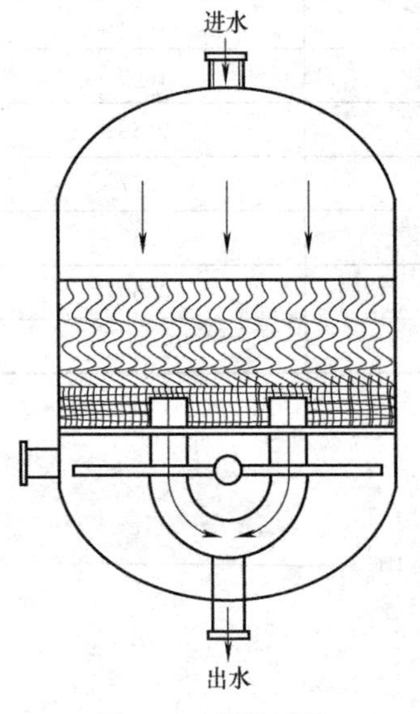

图 4-19　纤维滤池

纤维滤池常做成压力式的。由于纤维过滤池中滤料的孔隙率高，含污能力强，允许滤池以很高的滤速运行，滤速最高可达 50m/h。当系统的进水浊度在 20 NTU 以下时，滤层含污能力可达 15kg/m^3。滤层堵塞后，需及时进行反冲洗。反冲洗时，纤维滤层向上伸展膨胀，需用水与空气联合冲洗，才能将纤维滤层的积泥冲洗干净。目前，纤维滤池在火力发电系统的净水站中应用较多。

4.3.4　连续过滤滤池

连续过滤滤池无单独的反冲洗阶段。以池内进行滤料清洗的连续过滤滤池为例（图 4-20），其工作过程如下：原水经进水管流入滤池，再经中心进水管向下由布水管分布到滤层中，并由下向上通过滤层。此时，原水中的污染物被滤料截留，滤后水由池顶集水槽收集，并经出水管排出。滤池的中心位置有一个气提输砂管。通过向输砂管下部送入压缩空气，形成气水混合液。由于气水混合液密度比水小，在周围水压的作用下经输砂管由下而上高速流动，并在输砂管下端形成负压区，将周围水和滤料带入输砂管。被污染的滤料在输砂管内高速流动，相互碰撞，可剥离其表面大部分污物；气、水和滤料在输砂管上部出口处分离，污物随冲洗水流出池外，滤料则向下沉降进入清洗管。冲洗水排水堰顶部标高比滤后水的出水堰略低，使一部分清水由下向上经清水管流动，同时从输砂管分离出来的滤砂在清水管中与清水逆向流动，从而得到进一步清洗，清洗后的滤料落至滤层顶部，参与过滤过程。过滤过程中，由于滤层下部的滤料不断被气提输砂管吸走，滤层逐渐下移，经过一定时间，整个滤层的滤料可被循环清洗一遍，实现过滤与滤料清洗过程的同步进行。

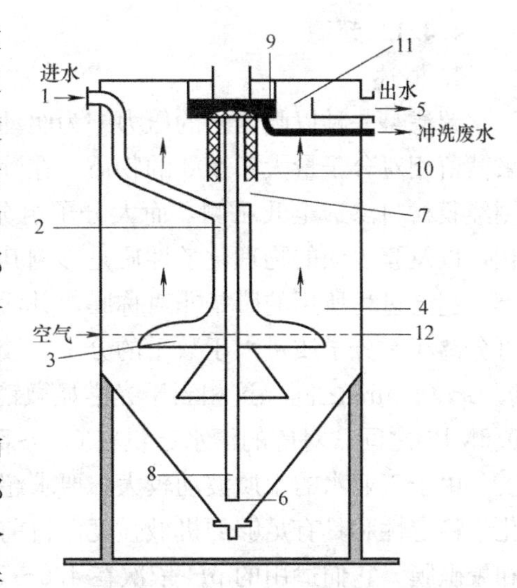

图 4-20　连续过滤滤池

1—原水进水；2—中心水管；3—进水布水器；4—滤床；5—滤后水出水；6—脏砂；7—清洗后清洁砂；8—气提输砂管；9—冲洗废水；10—滤砂清洗管；11—滤后清水；12—补水管

连续过滤滤池由于在过滤过程中滤床不断下移，对过滤出水水质会有一定程度的影响。因此，连续过滤滤池的出水水质不如普通快滤池和压力滤池好，但无需定期进行反冲洗，操作简单，故可用于对水质要求较低的工业水处理过程，也可用于预处理。当原水中的有机物和氨氮含量较高时，连续过滤滤池的滤料表面会附着生物膜，能够在一定程度上降解水中有机物和氨氮，可作为生物滤池使用。此时，需向池中进行适量曝气。除池内进行循环清洗的滤池形式外，有的连续过滤滤池将滤料的循环清洗设于池外，有的则使滤料的循环清洗间歇进行等，构造与工作方式多种多样。

4.4　膜处理技术

膜处理技术是近三十年来发展起来的一项新技术。基本原理是利用污染物透过一层特殊膜层的速度差而实现固液分离、污染物浓缩或脱盐的目的。这层特殊的膜可以是固体，也可以是固定化的液体或溶胀的凝胶，它具有特殊的结构和性能，使其具有对污染物的选择透过性。与深层过滤相比，膜过滤具有能耗较低、单级分离效率高、过程简单、可在常温条件下连续操作等优点。早在 20 世纪 70 年代，反渗透法就开始用于电镀水的处理。根据膜的种类及其功能以及驱动力的不同，目前工业化应用的膜处理技术主要有微滤、超滤、纳滤、反渗透和电渗析等，其中超滤、反渗透和电渗析在工业水处理中的应用最为广泛。

4.4.1 超滤

1. 概述

超滤是一种以膜两侧的压力差为驱动力，以机械筛分为基本原理的分离过程。主要用来截留相对分子量大于500的物质。在静压差的作用下，待处理水中的小分子组分从高压侧经膜材料渗透至低压侧，而大分子组分则被膜材料所阻截。膜材料中孔道的大小和形状，以及膜表面的物理化学性质是影响其选择通过性和分离效果的重要因素。

超滤过程所用的膜是非对称膜，其活性表面层有孔径为1～20nm的微孔。一般来讲，可分离相对分子质量大于数千的分子、胶体物质、蛋白质和微粒等，被分离组分的直径在0.01～0.1μm之间，这相当于光学显微镜的分辨极限。超滤过程的操作压力一般在0.1～0.6MPa之间，对应的清水通量在0.5～5m³/(m²·d)。

由于工业水的水质波动较大，要求超滤膜耐高温，pH适应范围大，对有机溶剂具有化学稳定性和具有足够的机械强度。目前，常用的超滤膜主要为醋酸纤维素膜、聚酰胺膜和聚砜膜，它们适用的pH依次在4.0～7.5、4.0～10.0和1.0～12.0之间。一般以纯水的通量表示超滤膜的透过能力，以截留分子量大小表示超滤膜的截留特性。

在超滤过程中，残留物在滤膜表面聚集，会形成浓差极化现象。由于溶剂和低分子物质不断透过超滤膜，使得溶质或大分子物质在膜表面的浓度不断上升，形成膜表面与主体水流的浓度差；此时，通水量急剧减少。为了减轻浓差极化现象，可采用较浅的浓水侧流道，提高错流速度。同时，适当提高水温，加速被截留物质的反扩散，提高其生成凝胶的临界浓度。

2. 超滤膜组件类型

常用的超滤膜组件主要有管式、板框式、螺旋卷式和中空纤维式四种。

(1) 板框式超滤膜组件

板框式超滤膜组件是由多孔透水板的单侧或两侧贴上超滤膜构成（图4-21）。这些元件紧粘在用不锈钢或环氧玻璃钢制作的承压板两侧，然后将几块或几十块元件成层叠合，固定后装入密封的耐压容器中。这种膜组件结构牢固、能耐高压、占地面积不大；缺点是水流状态差、易造成浓差极化、设备费高、清洗维修不太方便。

(2) 管式超滤膜组件

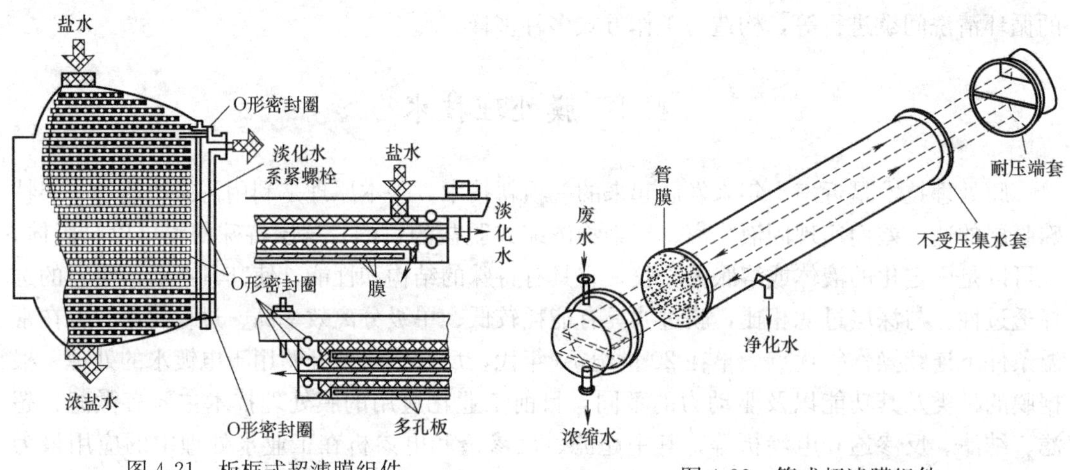

图4-21 板框式超滤膜组件

图4-22 管式超滤膜组件

管式超滤膜组件是由超滤膜和支撑物制成的管状超滤器（图 4-22）。这种膜组件的水力条件好，适当调节水流状态即可防止浓差极化和膜污染，能够处理含悬浮物的溶液，安装、清洗、维修都很方便。缺点是膜面积小，制造和安装费用较高。

（3）卷式超滤膜组件

在两层膜中间夹一层多孔柔性格网，将其三边密封起来，再在下面铺一层供待处理水通过的多孔透水格网；然后，将另一开放边与多孔集水管密封连接，使进水与净化水完全隔开；最后，将它们的一端粘在多孔集水管上，绕管卷成螺旋卷筒便形成卷式超滤膜组件（图 4-23）。这种膜组件的优点是单位体积内膜面积大、占地面积小，但易堵塞、清洗不便。

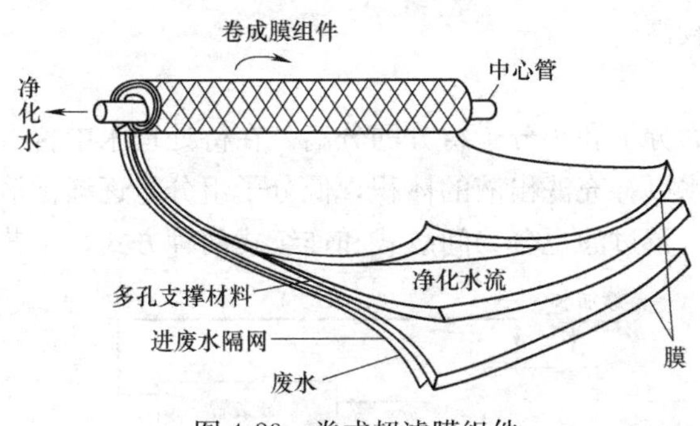

图 4-23　卷式超滤膜组件

（4）中空纤维超滤膜组件

中空纤维管是由制膜液和空心纺丝制成的，外径为 50～100μm，内径为 25～42μm。将数十万根中空纤维膜捆成膜束，弯成 U 字形并装入耐压圆筒容器中，同时将纤维膜开口端固定在环氧树脂管板上制成（图 4-24）。这种膜组件的优点是单位体积的膜表面积大、装置紧凑、不需要膜支撑材料。缺点是装置的制作工艺技术复杂，易堵塞，清洗不便。

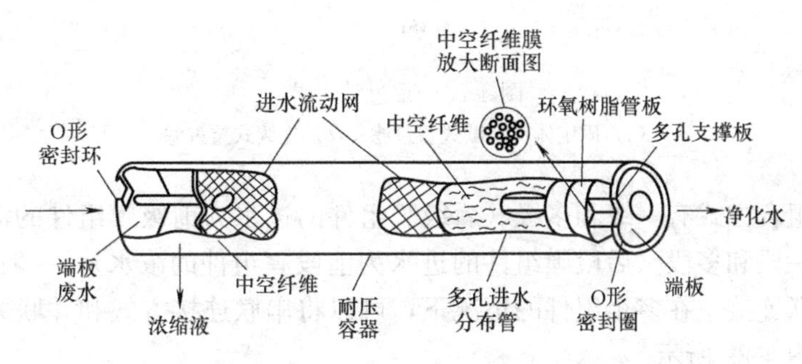

图 4-24　中空纤维超滤膜组件

3. 超滤工艺

超滤工艺按操作方式可以分为间歇操作、连续操作和重过滤。

（1）间歇式操作

小水量工业水的处理及浓缩分离多采用间歇式工艺。间歇操作的主要特点是膜可以保持在一个最佳的浓度范围内运行，在低浓度时，可以得到最佳的膜水通量，见图 4-25。

（2）连续式操作

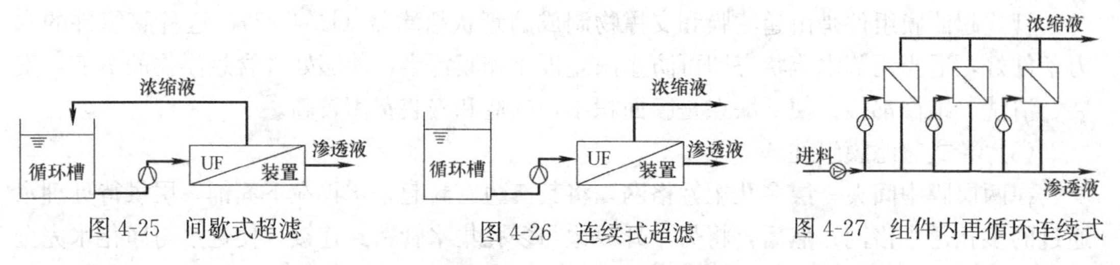

图 4-25 间歇式超滤　　图 4-26 连续式超滤　　图 4-27 组件内再循环连续式

连续式操作适用于大水量（图 4-26）。系统浓缩倍数较高时，浓缩液流量较小。当该流量不能满足组件为控制浓差极化所需要的最小流量时，可在组件内采用部分循环法以提高组件流量和保证膜表面流速（图 4-27），但该工艺由于增加了循环泵，易发生滞留物返混现象，同时能耗也较高。

（3）重过滤

重过滤主要用于大分子和小分子组分的分离。在待处理水中含有各种尺寸分子的混合物，如果不断加入纯水以补充滤出液的体积，低分子组分将逐渐被清洗出去，从而实现大分子和小分子的分离。重过滤也分为间歇式和连续式两种方式，工艺流程如图 4-28 所示。

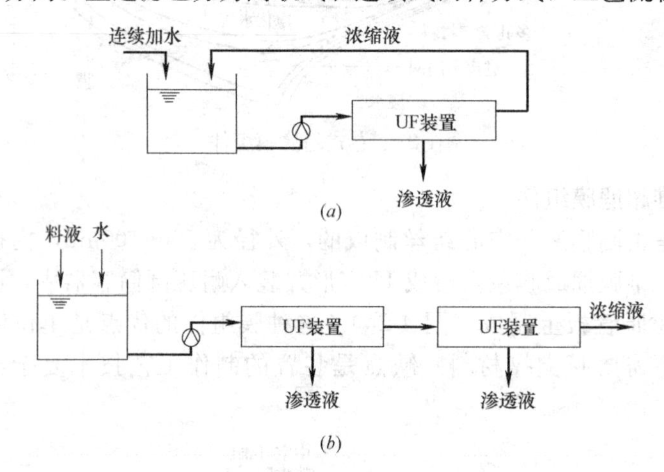

图 4-28 重过滤工艺

（*a*）固定体积间歇式重过滤；（*b*）连续式重过滤

膜组件的组合方式有一级和多级（后级膜组件的进水为前级膜组件的清水），在各个级别中又分为一段和多段（后段膜组件的进水为前段膜组件的浓水）。一般来讲，可将组件串联或者并联连接。在多个组件的情况下，可以将串联连接方式和并联方式结合起来。基本连接法如图 4-29 所示。

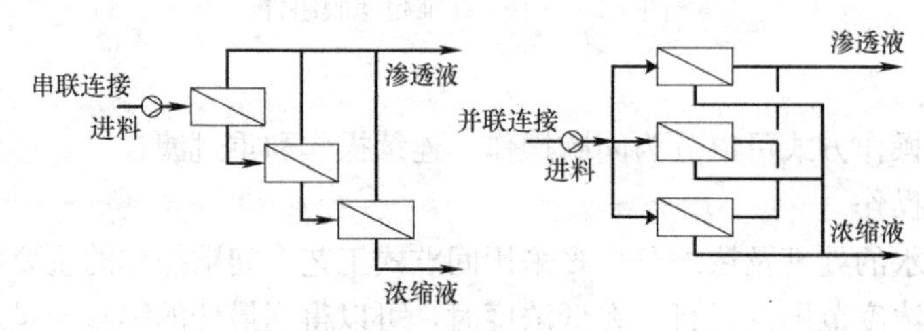

图 4-29 膜组件基本连接方法

4. 设计计算

由于待处理水包括水质较好的天然水（企业水源水）以及各类工业企业排水，其污染物种类、浓度和物理化学性质有较大差异，没有标准超滤工艺流程和工艺参数供直接选用。应根据待处理水的物理化学性能、处理规模和处理程度，选定超滤膜及其组件类型。而后，通过小试或中试试验确定超滤膜的设计水通量、膜面积、组件数以及膜组件的排列和操作流程。

（1）超滤膜和膜组件的选择

应根据待处理水的水质特点选择适合的膜材料。要求选择的超滤膜在截留分子量、允许使用的最高温度、pH 范围、膜通量及膜的耐污染性能等方面满足设计目标要求，同时具有良好的化学稳定性。同样的，根据待处理水的特点选择膜组件。对于高污染的企业排水，为避免浓差极化可考虑选用水流动状态好、易于清洗的膜组件，同时要考虑造价、膜更换和运营费用等问题。

（2）超滤膜水通量的设计

水通量决定了总膜面积、装置规模及投资额。影响水通量的因素主要有操作压力、物质浓度、膜表面流速、水温和清洗周期等。上述参数的最佳组合是保证超滤系统产水量、装置稳定运行的重要条件。对每一种待处理工业水，膜通量与上述参数的关系必须通过试验确定。

（3）膜面积及膜组件数量的确定

在水通量确定后，根据处理规模按下式计算超滤工艺所需的膜面积：

$$S_p=\frac{Q_p}{F_p}\times 1000 \tag{4-25}$$

式中 S_p——所需膜面积总数，m^2；

Q_p——设计产水水量，m^3/h；

F_p——所需超滤膜设计水通量，$L/(m^2 \cdot h)$。

膜组件的个数：

$$N=S/f_p \tag{4-26}$$

式中 N——所需膜组件的个数；

f_p——单根膜组件的膜面积，m^2。

（4）泵的选型

根据工艺操作压力确定泵的扬程。如果采用卷式膜组件，可直接根据单根膜组件的水流量与并联的组件数量的乘积进行选型。卷式膜组件一般都给出单根组件进料流体流量的下限和上限。上限是为了保护第一根膜组件和使组件的压力降趋于合理，下限是为了保证容器末端有足够的横向流速，以避免和减少浓差极化。

如果选用管式、板式或毛细管组件，泵的选型需根据工艺压力和膜表面流速来确定。首先确定泵的扬程，泵的流量按下式计算：

$$Q_n=nvS_{载}\times 3600 \tag{4-27}$$

式中 Q_n——泵流量，m^3/h；

n——膜组件并联个数；

v——膜表面流速，m/s；

$S_{截}$——单根膜组件通过主体溶液的截面积，m^2。

(5) 膜清洗与配套工艺

膜的清洗是膜法分离工艺的最重要环节之一。通过定期清洗保证稳定的水通量和膜使用寿命。膜污染不严重的情况下，可以只采用清水冲洗。膜污染较为严重时，需同时进行化学清洗。化学清洗时，应根据膜的性质和污染类型确定清洗液配方。例如，酶洗剂对蛋白质、多糖类及胶体污染有较好的清洗效果；表面活性剂和碱性水对油类组分有较好的清洗效果；乳胶污染常采用低分子醇及丁酮清洗。

此外，为延缓膜污染、预防膜损伤，在处理工艺前端还需要配套设置相应的预处理单元，如混凝、pH 调节、消毒和活性炭吸附等。在膜处理单元后端需进行后处理，主要是根据清水和浓缩液的使用要求进行进一步的处理。

4.4.2 反渗透

1. 基本原理

反渗透是一种以压力为驱动力，通过选择性膜，将溶液中的溶剂和溶质分离的技术。如图 4-30 所示，当把相同体积的稀溶液和浓溶液分别置于半透膜的两侧时，稀溶液中的溶剂将穿过半透膜自发地向浓溶液一侧流动，这一现象称为渗透。当渗透达到平衡时，浓溶液一侧的液面要高于稀溶液一侧的液面，形成压差。此压差即为渗透压。渗透压的大小取决于溶液的固有性质，即与溶液的种类、浓度和温度有关，而与半透膜的性质无关。若在浓溶液一侧施加一个大于渗透压的压力时，溶剂的流动方向将与原来的渗透方向相反，开始从浓溶液向稀溶液一侧流动，这一过程称为反渗透。反渗透是一种在压力驱动下，借助于半透膜的选择透过作用将溶液中的溶质与溶剂分开的分离方法，它已广泛应用于各种液体的提纯与浓缩，其中最普遍的应用是在水处理中，用反渗透技术将原水中的无机离子、细菌、病毒、有机物及胶体等杂质去除，以获得高质量的纯净水。

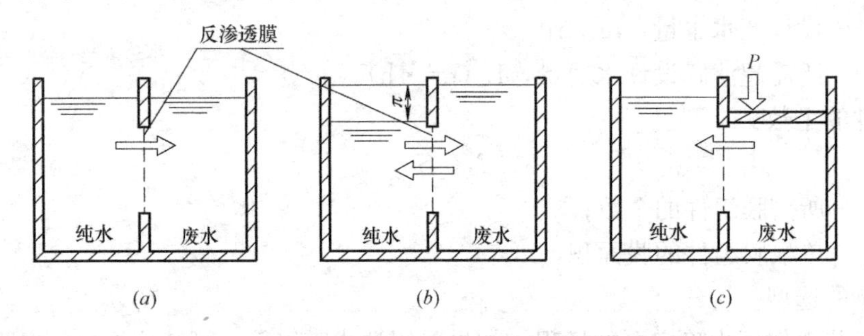

图 4-30 反渗透的原理

(a) 渗透；(b) 渗透平衡；(c) 反渗透

2. 反渗透膜

反渗透膜的种类很多，通常以制膜材料和膜的形式加以命名。良好的反渗透膜应当选择性好，单位膜面积的透水量大，脱盐率高；机械强度高，能抗压、抗拉、耐磨；热和化学稳定性好，能耐酸、碱磨蚀及微生物侵蚀，耐水解、辐射和氧化；结构均匀一致，尽可能地薄，寿命长，成本低。目前，研究和应用比较多的反渗透膜有醋酸纤维素膜（CA 膜）和芳香族聚酰胺膜两种。

(1) CA 膜

CA 膜外观为乳白色、半透明，有一定的韧性，膜厚在 100～250μm 之间。它由致密的表面活性层和多孔支撑层组成。表层为脱盐面，厚 0.25～1.0μm，孔隙率为 12%～14%，微孔孔径小于 10nm。多孔支撑层为海绵状，起支撑表面活性层的作用，孔隙率为 50%～60%，微孔孔径为 10～100nm。CA 膜具有以下特性：

1）方向性。CA 膜是一种不对称膜。在进行反渗透时，需保持活性层与待处理水接触。

2）选择透过性。CA 膜对无机电解质和有机物具有选择透过性。对电解质，离子价越高，透过性越差；水溶性好非解离的有机小分子的透过性能相对较好，而分子量大于 200 的易解离有机物的透过性则较差。

3）压密效应。CA 膜在压力作用下，外观厚度一般减少 1/4～1/2，同时透水性及对溶质的脱除率也相应降低。

4）膜的水解作用和生物分解作用。CA 膜易于水解。同时某些微生物能在 CA 膜体上生长，破坏膜的致密层，使膜的性能变差。

影响 CA 膜工作性能的因素有温度、pH、操作压力、流速和工作周期等。例如，进水温度的升高将使水通量增加。在 15～30℃ 范围内，水温每升高 1℃，透水量约增加 3.5%。但是，温度越高，CA 膜的水解速度就越快。此外，CA 膜的水解速度还与 pH 有关。实际工程中，进水温度一般控制在 20～30℃，pH 在 3～7 之间。

（2）芳香族聚酰胺膜

芳香族聚酰胺膜主要由芳香聚酰胺以二甲基乙酰胺为溶剂，硝酸锂或氯化锂为添加剂制成，是一种非对称膜。它具有良好的透水能力和较高的脱盐率，工作压力低、机械强度好、化学稳定性好、同时适用的 pH 范围广、寿命较长，但抗氧化性较差。

3. 反渗透膜组件

反渗透膜组件有板框式、管式、卷式和中空纤维式四种。各种膜组件的结构和优缺点详见 4.4.1 节。

4. 工艺设计计算

反渗透工艺设计包括预处理、膜装置设计、膜清洗及后处理工艺。

（1）预处理工艺

为保证系统的运行效率与使用寿命，需对反渗透膜进水进行预处理，确保系统进水水质综合指标（污染密度指数，*SDI*）满足要求。一般的，中空纤维膜组件一般要求进水的 *SDI* 值在 3 左右，卷式组件 *SDI* 值在 5 左右。

原水污染密度指数的测定和计算方法如下：用有效直径 42.7mm、平均孔径 0.45μm 的微孔滤膜，在 0.21mPa 的压力下，测定最初 500mL 进水的滤过时间（t_1）。在加压 15min 后，再次测定 500mL 原水的滤过时间（t_2），按下式计算 *SDI* 值：

$$SDI=\frac{(1-t_1/t_2)\times 100}{15} \tag{4-28}$$

除满足上述悬浮物含量的要求外，反渗透系统进水中的硬度形成离子含量也不宜过高。难溶盐类在反渗透系统被浓缩至超过其溶解度极限时，开始在膜面沉积并产生水垢，如硫酸钙和碳酸钙等。因此，需对其浓度限值通过计算加以判断。以碳酸盐为例，一般采用朗格利尔（LangLier）饱和指数法判断：

$$IL = pH_0 - pH_s \tag{4-29}$$

式中 IL——朗格利尔指数，当 $IL>0$ 时，碳酸钙便会析出；

pH_0——水的实测 pH；

pH_s——水在碳酸钙饱和平衡时的 pH。

pH_s 可依据下列公式计算：

$$pH_s = pK_2 - pK_s + p'[Ca^{2+}] + p'[碱度] \tag{4-30}$$

式中 pK_2——碳酸钙第二离解常数的负对数；

pK_s——碳酸钙溶度积的负对数；

$p'[Ca^{2+}]$——水中钙离子含量（g/L）的负对数；

p'[碱度]——水的碱度值（mmol/L）的负对数。

（2）反渗透系统设计

1）工艺参数

$$水通量：Q_p' = A(\Delta p - \Delta\pi) \tag{4-31}$$

$$清水回收率：Y = \frac{Q_p}{Q_f} \times 100\% = \frac{Q_p' \cdot S}{S \cdot Q_p' + Q_m} \times 100\% \tag{4-32}$$

$$浓缩倍数：CF = \frac{Q_f}{Q_m} = \frac{1}{1-Y} \tag{4-33}$$

$$盐分透过率：SP = \frac{C_p}{C_f} \times 100\%（中空纤维式） \tag{4-34}$$

$$SP = \frac{C_p}{(C_f + C_m)/2} \times 100\%（卷式） \tag{4-35}$$

$$脱盐率：R = 1 - SP \tag{4-36}$$

式中 Q_p'——膜水通量，$L/(m^2 \cdot h)$；

A——膜纯水透过系数，$L/(m^2 \cdot h \cdot MPa)$；

S——膜面积，cm^2；

Δp——膜两侧压力差，MPa；

$\Delta\pi$——膜两侧溶液渗透压，MPa；

Q_f、Q_m、Q_p——进水、浓水和淡水流量，L/h；

C_f、C_m、C_p——进水、浓水和淡水含盐量，mol/L。

2）膜组件设计

进行反渗透系统的设计计算，必须掌握工艺的进水水质。根据反渗透是以脱盐为目的、还是以浓缩有用物质为目的来进行设计计算。对以脱盐为目的的工艺，淡水产量和淡水水质一般由设计任务书提出。反渗透装置则是在选用合适的膜和组件类型后，以满足淡水产量和淡水水质为目标，确定所需的膜面积和组件数。计算过程如下：在淡水产量（Q_p）和进水水质（C_{if}）确定后，在反渗透系统允许的水回收率范围内，先假定一个回收率 Y，按下述方法试算在该回收率下装置的产水水质和所需的膜面积：

$$Q_f = Q_m + Q_p \tag{4-37}$$

$$Q_f C_{if} = Q_m C_{im} + Q_p C_{ip} \tag{4-38}$$

$$C_{iM} = \frac{Q_f C_{if} + Q_m C_{im}}{Q_f + Q_m} \tag{4-39}$$

$$C_{ip}=C_{iM}(1-R_i^0) \tag{4-40}$$

式中 C_{if}、C_{im}、C_{ip}——进水、浓水和产品水中 i 组分的浓度，mol/L；

C_{iM}——浓水中 i 组分的平均浓度，mol/L；

R_i^0——i 组分的平均脱盐率。

在假定回收率为 Y 值的条件下，先设式 $C_{ip}=0$，由式（4-38）和式（4-39）可得：

$$Q_f C_{if}=Q_m C_{im}+Q_p C_{ip}=Q_m C_{im} \tag{4-41}$$

$$C_{iM}=\frac{2Q_f C_{if}}{Q_f+Q_m}=\frac{2C_{if}}{2-Y} \tag{4-42}$$

将进水 C_{if}和假定的回收率 Y 值带入上式，可求出 C_{iM}值，将 C_{iM}值代入式（4-40），可求得 C_{ip}值。求得的 C_{ip}值再依次带入式（4-38）、式（4-39）、式（4-40）可求得新的 C_{ip}值。通过若干次反复计算，当带入的 C_{ip}值与求得的 C_{ip}值接近时，即是在假定回收率条件下，反渗透装置产水中 i 组分的浓度。如果计算出来的浓度与设计所要求的不符，则需要重新调整回收率 Y 值后，重复上述计算，直至算出 C_{ip}值与设计要求产品水水质相符为止。水回收率 Y 值确定后，Q_f、Q_m及 CF 等数据均可求出。

按式（4-31）求出产品水的平均通量。公式中的 $\Delta\pi$ 应根据浓水中 i 组分的平均浓度 C_{iM}计算。考虑到膜的压实和污染等因素，一般采用一年运行后的水通量来计算膜面积。在水处理工艺中，膜的压实斜率不能采用经验数据，需通过实际的运转试验数据，经计算后求出 m 值。所使用的膜面积由下式确定：

$$S=Q_p/F_w \tag{4-43}$$

式中 S——所需膜面积总数，m^2；

Q_p——设计提出的水量，L/h；

F_w——膜运行一年后的水通量，$L/(m^2 \cdot h)$。

F_w可由下式求出：

$$F_w=F_1 t^m \tag{4-44}$$

式中 F_1——膜运行 1h 后的水通量，$L/(m^2 \cdot h)$；

t——运行时间，h；

m——膜压实斜率。

膜组件的个数可由下式确定：

$$N=S/F \tag{4-45}$$

式中 N——所需膜组件的个数；

F——单根膜组件的膜面积，m^2/个。

(3) 膜清洗与后处理

与超滤工艺类似，反渗透膜也需要定期清洗以保证稳定的水通量和膜使用寿命。膜污染不严重的情况下，可以只采用清水冲洗。膜污染较为严重时，需同时进行化学清洗。化学清洗时，应根据膜的性质和污染类型确定清洗液配方。在膜处理单元后端需进行后处理，主要是根据清水和浓缩液的使用要求进行的进一步处理。

4.4.3 电渗析

1. 电渗析原理

电渗析是指利用离子交换膜的选择透过性，以电位差作为推动力的一种膜分离技术。

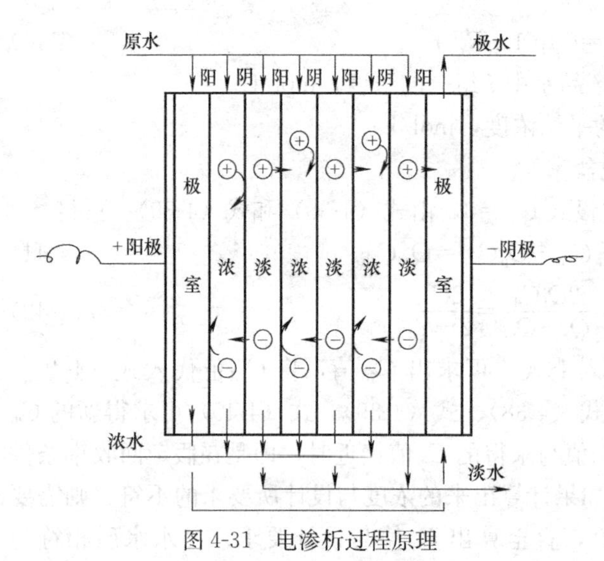

图 4-31 电渗析过程原理

电渗析系统原理如图 4-31 所示。它是由一系列阴、阳膜交替排列于两电极之间，组成许多由膜隔开的水室。当待处理水进入这些水室时，在直流电场的作用下，水中的离子作定向迁移，阳膜只允许阳离子通过，而把阴离子截留下来；阴膜只允许阴离子通过，而把阳离子截留下来。使部分水室中的离子浓度不断降低而成为淡水室，与淡水室相邻的水室则因富集了大量离子而成为浓水室。从淡水室和浓水室可分别得到淡水和浓水，原水中的离子分别得到了分离和浓缩。

在电渗析过程中，除了离子的定向移动和电极反应两个主要的过程之外，还将发生一系列次要过程，如反离子的迁移过程、电解质的浓差扩散过程和水的电离过程等。这些次要过程对水的净化处理往往是不利的。因此，在电渗析器的设计和操作中，必须设法消除或改善这些次要过程的不利影响。

2. 电渗析膜

离子交换膜是一种具有离子交换基团的高分子薄膜，对离子具有选择性透过的特性。按照膜中所含活性基团的种类，可以分为阳离子交换膜、阴离子交换膜和特殊离子交换膜三类。

阳离子交换膜简称阳膜。阳膜中含有酸性活性基团，它能选择透过阳离子而不让阴离子透过。这些酸性基团按离解能力的强弱可以分为：强酸性膜（如磺酸型离子交换膜）、中强酸性膜（如磷酸型离子交换膜）和弱酸性膜（如羧酸型离子交换膜和酚型离子交换膜）。

阴离子交换膜简称阴膜。阴膜中含有碱性活性基团，它能选择性透过阴离子而不让阳离子透过。如强碱性的季胺型离子交换膜，弱碱性的伯胺型、仲胺型、叔胺型等离子交换膜。

特殊离子交换膜即一类有特种性能的离子交换膜，常见的有两极膜、两性膜和表面涂层膜。两极膜由阳膜和阴膜复合组成。工作时，阴膜面向阴极，阳膜面向阳极，相对离子不能透过。利用这一特性，可以进行盐的水解反应。两性膜是膜中同时存在阴离子和阳离子。这类膜对某些离子具有很高的选择性。表面涂层膜是在阳膜或阴膜表面再涂上一层阳、阴离子的交换膜。这种膜对一价阳离子有较好的选择透过性，而能阻止二价阳离子通过。

3. 电渗析器结构组成

电渗析器多采用板框式。组装时左、右两端分别为阴、阳电极室，中间部分自左向右为多个依次由阳膜、淡水室隔板、阴膜、浓缩室隔板构成的组件，阴、阳离子交换膜与相应的浓缩室和淡水室交替排列，用压紧部件将上述组件压紧，构成电渗析器（图 4-32）。

（1）隔板

隔板置于阴膜和阳膜之间，起着支撑和分隔阴膜和阳膜的作用，并构成浓水室和淡水室，形成水流通道。对隔板的要求是使阴膜和阳膜间的距离均一，水流分布均匀，水流保持较高流速和湍流程度。可以在隔板中加各种形状的隔网。

隔板按水流形式有回流式和直流式两种。回流式隔板中水呈折流多次流动，水的流程长、流速大，湍流程度高，浓差极化影响小，一次脱盐效率高；缺点是流动阻力大。直流式隔板中水的流程短、阻力小，但是流速小，易出现污染物沉积结垢以及浓差极化问题。

隔板应采用耐酸碱的非导体和非吸湿性材料制作，有一定弹性以便密封。通常采用聚氯乙烯、聚丙烯和天然橡胶制作。隔板厚度一般为 0.5～2.5mm。

(2) 电极室

电极室置于电渗析器膜对的两侧，由电极与极水隔板组成，电极应该具有良好的化学与电化学稳定性，同时应具有良好的导电与电化学性。常用的电极材料有不锈钢和石墨等。电极的形式有板状、网状和栅状。极水隔板比浓水和淡水室隔板厚，以利于排除废气与废液。为了强化极室中的搅拌，可加鱼鳞状隔网。

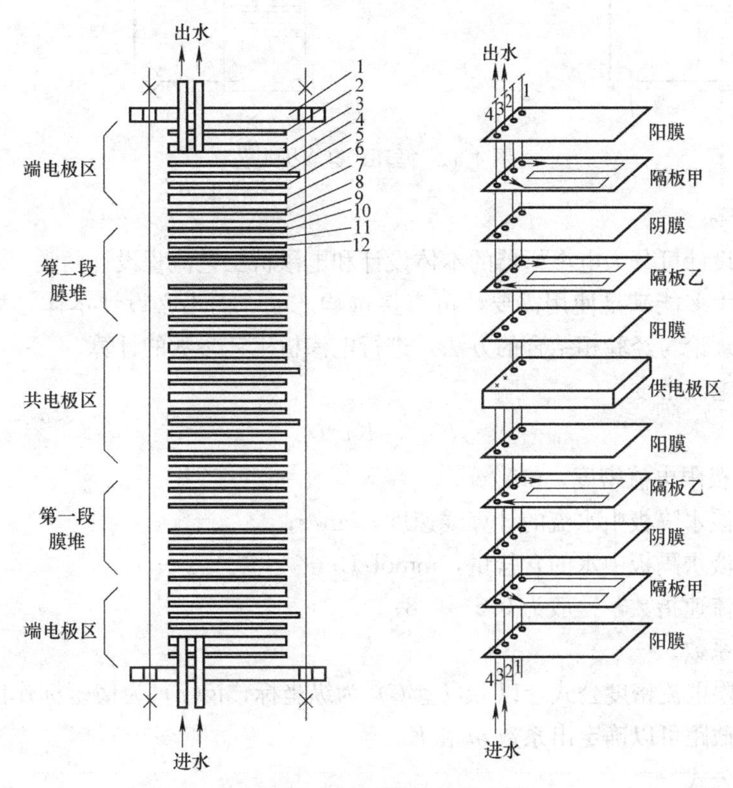

图 4-32　电渗析器结构示意图

4. 电渗析工艺流程

为减轻浓差极化现象，电渗析器淡水室中的电流密度应低于极限电流密度，而水流则应保持较高的速度（5～15cm/s）；水流通过淡水室一次能够除去的盐分是有限的。因此，用电渗析脱盐时应根据原水中的含盐量与脱盐要求采用相应的操作流程。对于待处理水含盐量低且脱盐要求不高的情况，水流通过淡水室一次即可达到净化要求，否则盐水需通过淡水室多次才能达到净化要求，具体操作方式有以下几种：

(1) 二段电渗析

含盐原水经过淡水室脱盐一次后，再串联流经另一组淡水室淡化，以提高脱盐率。

(2) 多台电渗析器串联连续操作

原水在第一台电渗析器脱盐后又继续在第二、三台电渗析器中进一步脱盐，以期达到较高的脱盐率。

(3) 循环式电渗析

原水一次加入循环水槽，用泵送入电渗析器进行处理。电渗析出水回循环槽后，再用泵送入电渗析器。如此原水每经电渗析器一次，去除率提高一步（图 4-33）。循环式电渗析也可以连续操作，此时循环水的一部分作为淡水连续导出，同时连续加入原水。

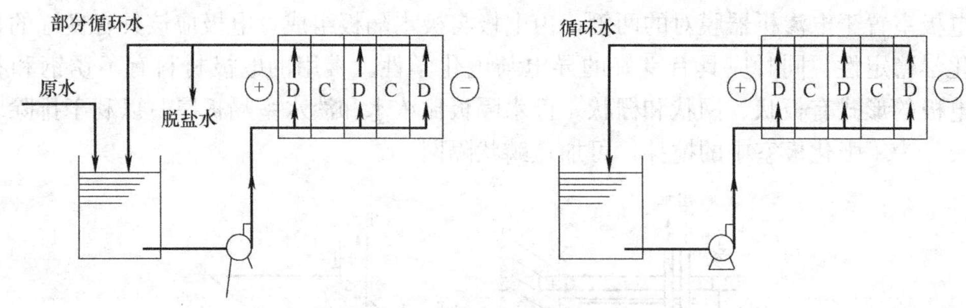

图 4-33 循环式电渗析工艺

5. 设计计算

电渗析的设计可分为电渗析器的本体设计和电渗析工艺流程设计两类。目前，国内制造的电渗析器大多能满足使用需要，可直接选购产品，而不必设计本体，故主体设计从略。往往采用理论与经验相结合的方法，进行电渗析工艺参数的计算。

(1) 极限电流密度

$$i_{\lim}=Kv^{m}C \tag{4-46}$$

式中 $i_{\lim}$——极限电流密度，mA/cm^2；

v——淡水隔板中水流的计算线速度，cm/s；

C——淡水隔板中水的含盐量，mmol/L；

m——流速指数，一般为 0.5～0.8；

K——系数。

由上述极限电流密度公式，以 $\lg(i_{\lim}/C)$ 为纵坐标，$\lg(v)$ 为横坐标作图，通过确定直线的斜率和截距可以确定出系数 m 和 K。

(2) 除盐公式

$$C=C_0\exp\left[-\frac{K\eta x}{Fdv^{(1-m)}}\right] \quad \text{（极化临界状态）} \tag{4-47}$$

式中 C——淡水隔板中距起点 x 距离处水的含盐量，mmol/L；

C_0——淡水隔板中水的起始含盐量，mmol/L；

x——距起始点的除盐流程长度，cm；

η——电流效率；

F——法拉第常数，96487C/mol；

d——淡水隔板的厚度，cm。

由除盐公式可知，当淡水隔板中的流速、隔板流程长度均相等，并在极限临界状态下运转时，电渗析各段流程的含盐量比值是常数，即：

$$\frac{C}{C_0}=\text{常数} \tag{4-48}$$

根据上式，多段串联电渗析器的总除盐率与单段除盐率之间存在如下关系：

$$(1-G)=(1-g)^n \tag{4-49}$$

式中 G——总除盐率，%；

g——一段的除盐率，%；

n——串联的段数。

(3) 电流效率

$$\eta=\frac{(C_{in}-C_{out})Fvd}{iL} \tag{4-50}$$

式中 C_{in}——淡水隔板中入口处水的含盐量，mmol/L；

C_{out}——淡水隔板中出口处水的含盐量，mmol/L；

L——淡水隔板的除盐流程长度，cm；

i——电流密度，mA/cm^2。

(4) 水流速度

指隔板内无填充网时的计算水流速度。一般为 5～10cm/s。

(5) 水头损失

水头损失除与隔板和膜的种类等设备因素有关，还与组装是否整齐、压紧力量的大小、水温、膜和隔板内是否有积泥和水垢等因素有关。经验计算公式如下：

$$\Delta P=aLv^b \tag{4-51}$$

式中 ΔP——除盐流程的综合水头损失，MPa；

L——除盐流程长度，cm；

v——淡水隔板内的计算水流速度，cm/s；

a、b——经验系数，由试验确定。

(6) 电流密度与电压

对于厚度为 0.9mm 网式隔板，国产聚乙烯异相膜，隔板流速为 5～8cm/s 时，可采用以下经验公式确定工作电流密度：

$$i=BC_{in} \tag{4-52}$$

式中 i——电流密度，mA/cm^2；

C_{in}——每段进口处的淡水含盐量，g/L；

B——经验系数，对于天然水来说，可按表 4-8 取值。

B 的取值 **表 4-8**

每段进口处的淡水含盐量(g/L)	0～1	1～10
经验系数 B	2	1.8

在同样条件下，可采用表 4-9 的经验数据来确定膜对的工作电压。

膜对的工作电压 **表 4-9**

每段进口处的淡水含盐量(g/L)	<500	500～5000	>5000
膜对电压(V/膜对)	1.2～1.0	1.0～0.8	0.8～0.6

4.5 冷 却

冷却是利用水和空气的接触，通过蒸发作用散去工业生产废热的一种过程。冷却塔是最主要的冷却设备，可以将携带废热的冷却水在塔内与空气进行热交换，使废热传输给空气。冷却塔主要应用于空调冷却系统、注塑、制革、发泡、发电、汽轮机、铝型材加工和空压机等工业水的冷却。其工作过程如下：干燥的空气和湿热的水分别从冷却塔的底部和顶部进入塔内。当水滴和空气接触时，在空气与水的直接传热以及水蒸气的蒸发作用下，将水中的热量带走，从而达到降温的目的。蒸发降温与空气的温度高低无关，只要水分子能不断地向空气中蒸发，便可使水温下降。然而，当与水接触的空气中的水蒸气达到饱和时，蒸发过程将难以发生。因此，与水接触的空气越干燥，蒸发就越容易进行，冷却效果也越好。

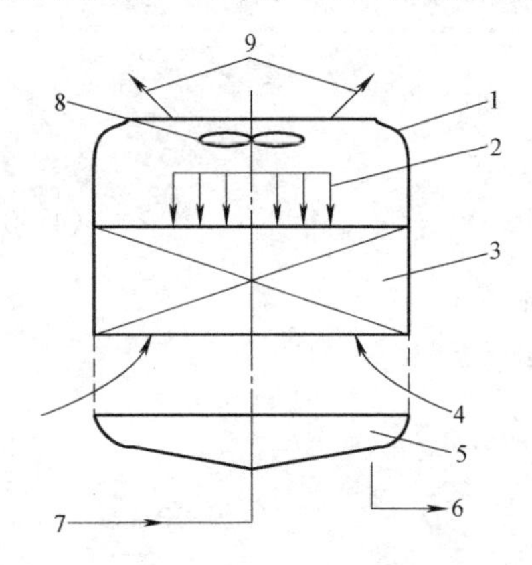

图 4-34 冷却塔结构简图

1—塔体；2—淋水装置；3—填料；4—空气；5—集水池；6—出水管；7—进水管；8—风机；9—热空气和水蒸气

4.5.1 冷却塔结构

冷却塔主要由淋水装置、填料、布水系统、通风系统、收水器、塔体、集水池、输水系统及其他辅助设施组成（图 4-34）。

1. 塔体

冷却塔的外部围护结构。

2. 淋水装置

布水系统的作用在于把热水均匀地分布于整个淋水装置的表面，以充分发挥淋水装置的作用，可分为管式、槽式和池式布水系统。各类系统优缺点见表 4-10。

管式、槽式和池式布水系统优缺点对比 **表 4-10**

配水系统形式	优 点	缺 点
管式	配水均匀，水滴细，冷却效果好，易于保证安装质量，管内不易生长藻类	喷嘴要求供水压力较大，水质差时会堵塞管道
槽式	供水压力低，清理较方便	槽内易淤积及生长藻类，构造复杂，气流阻力较大
池式	配水均匀，清理方便，供水压力低，构造简单	池内易淤积及生长藻类

3. 填料

淋水填料的作用是使进入冷却塔的热水尽可能地形成细小的水滴或薄的水膜，以增加水与空气的接触面积和接触时间，有利于水和空气的热量交换。一般要求淋水装置比表面积大、空气阻力小、亲水性好、水流在填料中流程较长、化学稳定性好、取材容易、造价低。根据水在其中呈现的形状，淋水装置分为点滴式、薄膜式及点滴薄膜式三种。填料的材质常采用木质板条、纸蜂窝、石棉水泥板、塑料板和钢丝水泥网格板等。

4. 通风系统

通风系统包括风机、空气分配装置和通风筒。其中，风机用以产生较高的空气流速和稳定的空气流量，提高冷却效率及保证冷却效果。入塔气流在进风口、百叶窗和导风板等空气分配装置的导流作用下均匀分布于冷却塔整个截面上。通风筒的作用是创造良好的空气动力条件，减少通风阻力，并将排出冷却塔的湿热空气送往高空，减少湿热空气回流。

5. 除水器

除水器的作用是降低冷却塔出流空气中的含水量。空气流过淋水材料和配水系统后，携带大量细小水滴，在排出冷却塔之前，需要用除水器进行回收，以减少冷却水的损失量。

6. 集水池

设于冷却塔底部，汇集经淋水填料落下的冷却水。有时集水池还具有一定的储备容积，起水量调节的作用。

7. 输水系统

进水管将热水送到布水系统，进水管上设置阀门，以调节冷却塔的进水量。出水管将冷却后的水送往用水设备或循环水泵。在集水池还装设补水管、溢流管和放空管等。

8. 其他设施

冷却塔辅助部分包括检修门、检修梯、照明、电气控制、避雷装置、必要时设置的飞行障碍标志以及在线监测仪器仪表等。

4.5.2 冷却塔类型

目前，市场上常用冷却塔的基本结构相近，但形式多样。按照通风方式可分为自然通风冷却塔和机械通风冷却塔。按照热水和空气的流动方向可将冷却塔分为逆流式冷却塔（气、水流动方向相反）、横流式冷却塔（气、水流动方向垂直）和混流式冷却塔。按热水和空气的接触方式分为湿式冷却塔、干式冷却塔和干湿式冷却塔。对于机械通风式冷却塔，按照风机的安装位置，又可分为抽风式冷却塔和鼓风式冷却塔。

（1）自然通风冷却塔

建有较高的塔体。水经过淋水装置喷淋而下，与从百叶窗中进来的空气相遇，完成热交换过程。具有冷却效果稳定，运行费用低，故障少，易维护，飘滴和雾气对环境影响小等优点。然而，该塔型的冷却效果取决于环境风力和气温，只适用于传热要求很低、水温变化不大的系统。

（2）鼓风式冷却塔

由安装在冷却塔底部的风机将低温空气压入塔中，与热水逆流通过填料层进行传热和传质。优点是风机的位置低，维护方便；风机工作不受湿热空气的影响，可避免风机的腐蚀，使用寿命长。缺点是塔内空气处于正压状态，不利于蒸发，吸入口受湿热空气回流影响时，冷却效果明显降低。在相同冷却效果时，要有更高的塔高。

（3）抽风式冷却塔

风机安装在塔顶（图 4-35）。抽风时，塔内空气成负压，有利于水的蒸发散热，冷却效果优于鼓风式冷却塔。该塔型允许有较大水温差，占地面积小，工程造价低，在气温较高、湿度较大的地区也能很好地使用。但风机消耗较大的电能，塔身较低时，排出塔顶的湿热空气容易造成部分回流，影响冷却的效果。

图 4-35　抽风式冷却塔

(4) 横流式冷却塔

该塔型气流由填料一侧进入塔体，与塔内自上而下流动的水流垂直相遇，进行热交换。整个过程通风阻力小、进风均匀；与逆流式相比，不需设置专门进风口、塔体低、配水方便、水泵扬程小；但单位体积填料的冷却效率低于逆流式冷却塔，因此占地面积较逆流式大。

(5) 干式冷却塔

干式冷却塔中，水或蒸汽与空气间接接触进行热交换，不发生质交换。与湿式冷却塔相比，该塔型不存在冷却水的蒸发损失和飘散损失，水质相对稳定，不需补水和排水，主要用于缺水地区及特殊场合。但热交换效率一般比较低，并且投资大、耗能高。

目前，市场上常用冷却塔以玻璃钢材质为主，已有系列化产品，常用于一些中小型化工厂、化肥厂、制药厂、宾馆等单位改建、扩建或新建循环冷却水系统。根据冷幅在 4～25℃范围内变化，可以制造成低温、中温、高温不同型号的冷却塔。单塔的处理水量一般在 8～500m^3/h 之间。在水量较大的场合也可选用钢筋混凝土材料冷却塔，其强度和使用寿命均较高。

4.5.3　敞开式循环冷却水系统

用水来冷却工艺介质的系统称为冷却水系统。冷却水系统通常有两种：直流式冷却水系统和循环冷却水系统。在直流式冷却水系统中，冷却水仅通过换热设备一次就被排掉，冷却水用量大，操作费用高，不符合国家产业政策，已淘汰。循环冷却水系统又分为封闭式循环冷却水系统和敞开式循环冷却水系统。封闭式系统的冷却水在循环利用过程中并不与大气直接接触，其水量和离子浓度在完成工艺换热后基本不发生变化，冷却水的降温一般是在另一台换热设备中进行的（图 4-36）。这种系统主要用于发电机和内燃机。

敞开式循环冷却水系统中冷却水的降温主要是通过冷却塔进行的，在工业企业中的应用也最为普遍（图 4-37）。其工艺过程如下：冷却水由循环泵送往换热器，以冷却热工艺介质。这一过程中冷却水本身温度升高变成热水，而后将其送往冷却塔，由布水管道喷淋到塔内填料上。空气则由塔底进入塔内并在风机的抽吸或鼓吹作用下上升，与落下的水滴和填料上的水膜相遇进行热交换，水滴和水膜则在下降过程中逐渐变冷，当到达集水池时，水温恰好符合工艺冷却的要求。空气在上升过程中则逐渐变热，最后由塔顶逸出并带走水蒸气。降温处理后的冷却水由循环水泵再次送入待

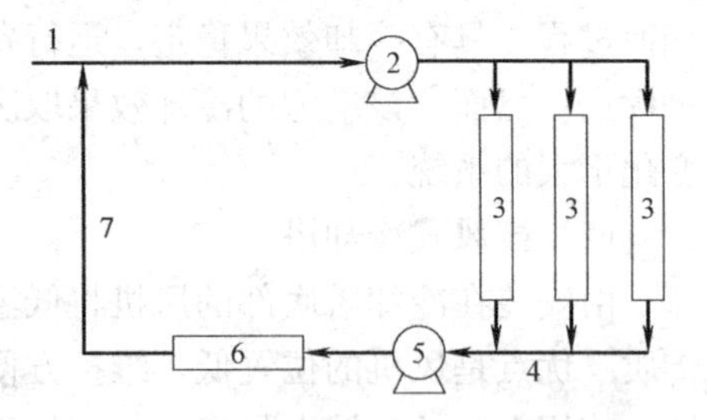

图 4-36　封闭式循环冷却水系统

1—冷却水；2—冷却水泵；3—冷却工艺介质换热器；4—热水；5—热水泵；6—冷却热水的冷却器；7—冷水

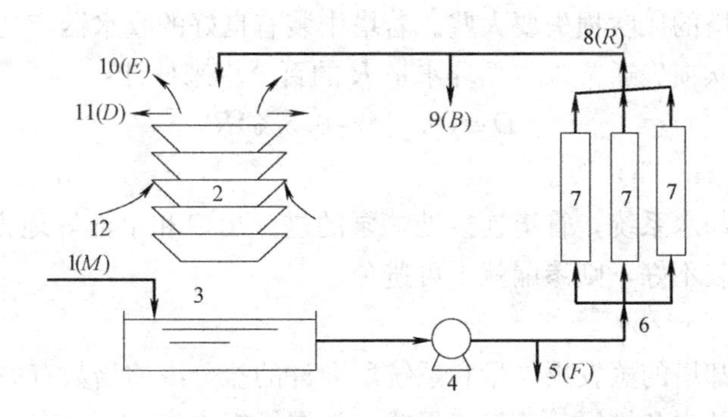

图 4-37　敞开式循环冷却水系统

1—补充水（M）；2—冷却塔；3—集水池；4—循环水泵；5—渗漏水（F）；6—冷却水；7—冷却用换热器；8—热水（R）；9—排污水（H）；10—蒸发损失（E）；11—风吹损失（D）；12—空气

冷却的工艺单元。

与封闭式循环冷却水系统相比，敞开式循环冷却水系统中的冷却水在循环过程中要与空气接触，在通过冷却塔时存在大量蒸发损失。与此同时，系统的补充水中还或多或少地存在一定浓度的盐分。这将导致循环冷却水中的溶解性固体含量在长期运行过程中不断上升，加速管道系统的老化腐蚀，一些溶解度相对较小的盐分还将出现结垢、沉积、甚至堵塞问题。为维持系统中的溶解性固体含量在合理水平，需要对系统进水进行软化预处理，同时通过定期排水的形式去除系统中过量的盐分。

4.5.4　敞开式循环冷却水系统分析

1. 水量分析

敞开式循环冷却水系统在运行过程中存在水的损失或人为排放，为明确系统补水量和排水量，有必要进行水量分析。依据水量平衡原理，系统的补水量应为各项损失水量和排水量的总和。损失水量则主要由冷却水的蒸发损失（E）、风吹损失（D）和渗漏损失（F）三部分组成。各项损失水量的计算方法如下。

（1）蒸发损失量（m^3/h）

冷却塔中，循环冷却水因蒸发而损失的水量与气候和冷却幅度有关，进入冷却塔的水量愈大，E 值也就愈高。通常以蒸发损失率 a 来表示：

$$E=a(R-B) \tag{4-53}$$

$$a=e(t_1-t_2) \tag{4-54}$$

式中　a——蒸发损失率；

R——系统中循环水量，m^3/h；

B——系统中排污水量，m^3/h；

t_1、t_2——循环冷却水进、出冷却塔的温度，℃；

e——损失系数，与季节有关，夏季（25～30℃）时为 0.15～0.16；冬季（−15～10℃）时为 0.06～0.08；春秋季（0～10 ℃）时为 0.10～0.12。

（2）风吹损失量（m^3/h）

风吹损失除与当地的风速有关外，还与冷却塔的形式和结构有关。一般自然通风冷却塔比机械通风冷却塔的风吹损失要大些。若塔中装有良好的收水器，其风吹损失比不装收水器的要小些。风吹损失通常以占循环水量 R 的百分率来估计：

$$D=(0.2\%\sim0.5\%)R \tag{4-55}$$

（3）渗漏损失（m^3/h）

良好的循环冷却水系统，管道连接处，泵的进、出口和水池等地方都不应该有渗漏。但因管理不善，安装不好，则渗漏就不可避免。

（4）排污水量（m^3/h）

排污水量与冷却塔的蒸发损失量和系统所允许的盐分浓缩倍数有关。假设循环冷却水系统中，除了系统补水和排污、蒸发、风吹、渗漏等损失外，再没有其他的水流或溶质加入或排出，对循环水中某些不受加热、沉淀等干扰的溶质，如 Cl^-、K^+、Na^+ 等作物料衡算，则有：

$$MC_M=BC_E+BC_R+DC_R+FC_R \tag{4-56}$$

式中　C_M——补充水中某种溶质的浓度；

C_E——水蒸气中某种溶质的浓度；

C_R——循环水中某种溶质的浓度；

M——系统补充水量。

蒸发时，溶质不会随水蒸气逸出，所以实际上 C_E 等于零；当系统中管道连接紧密，不发生渗漏时，则 $F=0$；当冷却塔收水器效果较好时，风吹损失 D 很小，如略去不计，则上式可简化为：

$$(B+E)C_M=BC_R \tag{4-57}$$

定义 K 为循环冷却水系统的浓缩倍数，则：

$$K=\frac{C_R}{C_M} \tag{4-58}$$

则式（4-57）可转化为：

$$B=\frac{E}{K-1} \tag{4-59}$$

因此，循环冷却水系统运行时，只要知道了系统中循环水量和浓缩倍数 K，就可以估算出蒸发量 E、排污水量 B 以及补充水量 M 等操作参数。控制好这些参数，循环冷却水系统的运行也就能正常进行。

2. 离子浓度变化特性分析

敞开式循环冷却水系统在运行时，不断加入补充水和排出浓缩水。因此，在循环冷却水系统改变浓缩倍数时，循环水中的离子浓度随着运行时间的推移会发生变化。设补充水中某稳定离子的浓度为 C_M，而循环水中该离子的浓度 C 只是随着补充水量和排污水量的变化而变化，那么对系统中该离子浓度的瞬时变化可作如下的分析：

$$\text{某离子的瞬时变化量}=\mathrm{d}(VC) \tag{4-60}$$

式中　V——系统中水的总容量，m^3；

C——系统中某离子的瞬间浓度，g/m^3。

$$\text{某离子随补充水的加入而引起的瞬时增加量}=MC_M\mathrm{d}t \tag{4-61}$$

式中　M——补充水量，m^3/h；

C_M——补充水中某离子浓度，g/m³。

$$\text{某离子随排污水的排出而引起的瞬时减少量} = BC\mathrm{d}t \tag{4-62}$$

式中　B——排污水量，m³/h；

C——排污水中某离子的瞬时浓度，g/m³。

根据物料衡算的概念，系统中离子瞬间变化量应该等于进入系统的瞬时量和排出系统的瞬时量的代数和，如下：

$$\mathrm{d}(VC) = MC_M\mathrm{d}t - BC\mathrm{d}t \tag{4-63}$$

$$\frac{\mathrm{d}C}{\frac{MC_M}{V} - \frac{BC}{V}} = \mathrm{d}t \tag{4-64}$$

设系统在 t_0 时，某离子的浓度为 C_0，经 t 时间后，某离子的浓度变为对上式积分：

$$\int_{C_0}^{C} \frac{\mathrm{d}C}{\frac{MC_{CM}}{V} - \frac{BC}{V}} = \int_{t_0}^{t} \mathrm{d}t \tag{4-65}$$

经整理后可得下式：

$$C = \frac{MC_{CM}}{B} + \left(C_0 - \frac{MC_{CM}}{B}\right)e^{-\frac{B}{V}(t-t_0)} \tag{4-66}$$

此关系式描述了循环水系统运行条件发生变化时，冷却水中某离子浓度变化的规律。当系统在降低浓缩倍数下运转时，随着运转时间的延长，则 $e^{-\frac{B}{V}(t-t_0)}$ 项的值接近于零。如以 C 对 t 作图，则某离子浓度的变化由起始浓度 C_0 逐渐下降，并趋向这个定值，如图4-38所示。当系统在提高浓缩倍数下运行时，则系统中某离子浓度的变化是由起始浓度逐渐升高，随着运转时间的延长，也是趋向这个定值，如图 4-39 所示。当然，图 4-38 和图 4-39 中 $\frac{MC_M}{B}$ 的绝对值是不相等的。

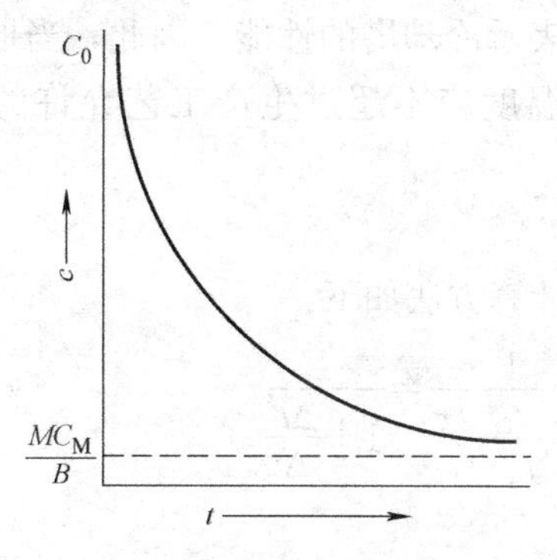

图 4-38　降低浓缩倍数时水中离子浓度变化曲线

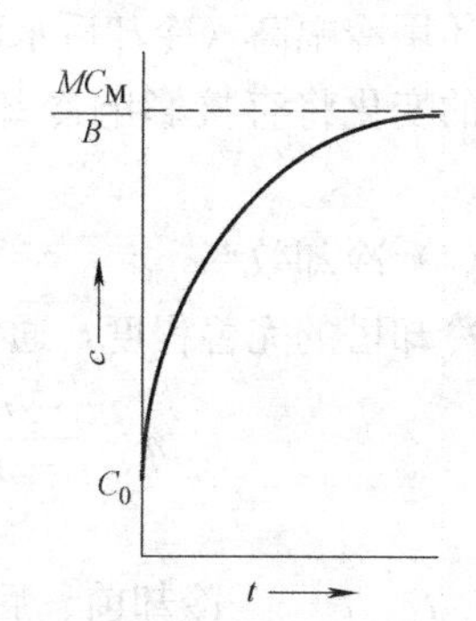

图 4-39　提高浓缩倍数时水中离子浓度变化曲线

由上述分析可知，不论系统中某离子的初始浓度是多少，随着运行时间的推移，其最终的浓度总是浓缩倍数和补充水中离子浓度的乘积，即 $\frac{MC_M}{B} = KC_M$。由此，进一步证明了控制好补水量和排污水量能使系统中某些离子浓度稳定在特定数值上，防止其浓度过高而引发管道腐蚀和结垢等问题。

4.5.5 冷却塔设计计算

冷却塔的计算内容包括冷却塔类型选择、工艺计算以及冷却塔平面、高程、管道和循环水泵站的设计。与其他工业水处理技术相比，冷却塔工艺计算过程最为复杂。实际工程中需要依据规定的冷却任务，选定淋水装置，然后通过热力、空气动力和水力计算，确定冷却塔的具体尺寸，选定塔数、风机、配水系统和循环水泵等。然而，目前市场上已有系列化产品。对于特定型号的产品，其达到特定冷却要求时的处理水量、冷却塔的结构尺寸、填料的种类尺寸以及与之相配套的风机尺寸和功率等都是确定的。实际操作中只需依据单台冷却塔的冷却能力以及待处理总水量计算出需要配备的冷却塔个数，并进行冷却塔出水温度校核即可。本节内容重点介绍冷却塔选型以及相关工艺参数的确定方法。

1. 冷却塔选型原则

目前，中小型冷却塔大多数已经作为成套产品供应，选型时应注意以下原则：热力性能应满足使用要求；塔体应结构稳定，防大气和水腐蚀，经久耐用；配水均匀，壁流较少，不易堵塞；除水效能正常，水滴飞溅少；淋水填料、喷溅装置及除水器应不易软化变形，不易破碎、破裂，具有足够的刚度、强度及良好的耐老化性能，而且具有良好的阻燃性能，满足国家和地方的有关标准、规定。

2. 设计参数的确定

(1) 冷却水量

冷却塔设计时需将理论冷却水量乘以适当的安全系数，一般为1.1～1.3。

(2) 进塔水温

工业用冷却塔设计工况一般分65～45℃、43～33℃、40～32℃等几档，进出塔温差达8～20℃。

(3) 出塔水温

冷却塔进水与出水温度之差称为冷幅宽，主要取决于周围空气的湿球温度。此外，设计中还用冷幅高（冷却后水温与当地湿球温度之差）表示冷却塔的性能。因此，当地湿球温度的变化将直接影响冷却塔的冷却效果。出塔水温度应不超过生产工艺允许的最高水温。

(4) 冷却效率

冷却塔的完善程度，通常用效率系数η来衡量，计算方法如下：

$$\eta=\frac{t_1-t_2}{t_1-\tau}=\frac{t_1-t_2}{(t_1-t_2)+(t_2-\tau)}=\frac{1}{1+\dfrac{t_2-\tau}{t_1-t_2}}=\frac{1}{1+\dfrac{\Delta t'}{\Delta t}} \tag{4-67}$$

式中 t_1、t_2——冷却前、后水温，℃；

τ——当地湿球温度，℃；

$\Delta t'$——冷幅高，$\Delta t'=t_2-\tau$；

Δt——冷幅宽，t_2-t_1。

当Δt一定时，η是Δt和$\Delta t'$的函数。Δt越大，$\Delta t'$越小，塔的冷却效率则越高。

(5) 淋水密度

冷却塔每平方米有效面积上所能冷却的水量，计算方法如下：

$$q=Q/(F_m) \tag{4-68}$$

式中　Q——冷却塔冷却流量，m^3/h；

F_m——冷却塔冷却面积，m^2。

冷却塔的淋水密度也称为水负荷［$m^3/(m^2 \cdot h)$］。其与热负荷 H［冷却塔每平方米有效面积上所能散发的热量，$kJ/(m^2 \cdot h)$］间存在如下关系：

$$H=(C_w Q\Delta t \cdot 10^3)/F_m=\left(\frac{Q}{F_m}\right)C_w\Delta t \cdot 10^3=qC_w\Delta t \cdot 10^3=4187\Delta tq \tag{4-69}$$

思考题与习题

1. 加压溶气气浮的常见工艺流程有几种，各有什么特点？

2. 拟采用平流式部分回流式压力溶气气浮法处理某造纸工业排水，设计处理水量（包括回流水量）为 $Q=4000m^3/d$。设：气浮区水平流速 $v=5mm/s$；絮体载气浮升分离速度 $u=2.5mm/s$；溶气水量回流比 $a=10\%$；原水温度 $T=0\sim22℃$。试进行气浮池设计计算。

3. 某工厂最高时排水量 $Q_{max}=150L/s$，无污水试验资料，试根据经验选用设计参数计算竖流式沉淀池尺寸。

4. 简述普通快滤池的主要构造与功能。

5. 简述反渗透组件的类型与各自的优缺点。

6. 试述反渗透技术的适用条件、进水水质对反渗透系统运行的影响及对应的解决方案。

7. 简述电渗析的工作原理及常用电渗析膜的类型。

8. 简述冷却塔的工作过程。

9. 某钢厂 A 目前采用直流式水冷系统。出于节约水资源、降低工厂购水成本的需要，拟将现有的工艺冷却方式改为敞开式的循环水冷系统，循环水量 $2000m^3/d$。依据现有供水含盐量和冷却循环水系统防腐-防结垢的生产需求，确定系统的浓缩倍数 K 为 6.0，冷却塔的目标冷却效果为 $\Delta t=10℃$。作为钢厂 A 的技术改造负责人，试确定敞开式冷却循环水系统的补充水量 M 和排放水量 B。

第5章 工业水化学处理技术

工业水化学处理技术主要指采用各种化学方法将待处理水中所含的有毒有害物质分离出来，或将其转化为无毒无害的物质，保证达到工业用水或企业排水的水质要求。与后续章节将要介绍的生物处理技术相比，化学处理技术能够更为快速、有效地去除更多的污染物。在实际应用中，常用的化学处理技术有酸碱中和、化学沉淀、氧化还原、离子交换和消毒等。它们常设置在物理或生物处理单元之后，用于二级和深度处理。近年来，随着各种新型水处理药剂如催化剂、氧化剂、还原剂、离子交换树脂和消毒剂的开发与推广应用，化学处理技术在工业水处理中的应用也越来越广泛，下面就主要的化学处理单元技术进行介绍。

5.1 酸碱中和

一般将用与其组分相反的药剂去除水中过量的酸度或碱度的方法称为酸碱中和。酸碱中和反应的实质是：H^+ 和 OH^- 结合生成 H_2O。

酸碱水在工业排水中十分常见，且来源较广。化工厂、电镀厂、炼油厂及金属酸洗车间等都会排出酸性水；造纸厂、印染厂、金属加工厂产生的排水则多为碱性水，多数情况下碱性水含有的碱性物质为无机碱。这些酸性与碱性水的随意排放会对环境造成严重的破坏，同时也是一种资源浪费。因此，对酸、碱废水首先应考虑回收和综合利用。当酸、碱排水浓度较大，达到3%～5%以上时，往往存在回收和综合利用的可能，可用于制造硫酸亚铁、硫酸铁、石膏、化肥等；当酸、碱废水浓度不高，小于2%时，回收利用经济意义不大，可以考虑进行中和处理。另外，对于受酸雨等影响比较严重地区的工业用水以及经净化处理后 pH 过高或过低的企业排水，在使用或排放之前都需要进行酸碱中和处理。

中和反应可在调节池进行，或者单独设置中和池。当酸性水或碱性水的流量和浓度变化较大时，应该先进入水质均质调节池进行均化，再进入中和池。为了使酸碱中和反应进行得较完全，中和池内要设搅拌器进行混合搅拌。当水质水量较稳定或后续处理对 pH 要求较宽时，可直接在集水槽、管道或混合槽中进行中和。

酸性水的中和方法可分为酸性水与碱性水互混中和、药剂中和、过滤中和 3 种方法。碱性水的中和处理方法与酸性水类似。实际应用中，中和方法的选择需考虑水中所含酸类或碱类物质的性质、浓度、处理水量及反应规律；同时，兼顾经济效益与处理成本，应就地取材，选取合适的中和药剂和滤料，以及接纳排水水体性质、排水管道物理化学条件和后续深度处理对 pH 的要求等。

5.1.1 酸碱废水互混中和法

选择酸碱废水互混中和时，应首先进行中和能力的计算。反应过程应确保酸和碱的当量数相等，即按当量进行计算，公式如下：

$$Q_1C_1 = Q_2C_2 \tag{5-1}$$

式中 Q_1——酸性水流量，L/h；

C_1——酸性水的酸度，mol/L；

Q_2——碱性水流量，L/h；

C_2——碱性水的碱度，mol/L。

酸碱互混中和过程中，酸和碱的当量恰好相等的临界点称为中和反应的等当点。强酸、强碱中和作用生成的盐类较稳定，溶液成中性；若反应发生在强酸与弱碱或者弱酸与强碱之间，生成的盐类易发生水解反应，虽然达到等当点，溶液并非中性，pH 大小取决于生成的盐类的水解程度。

中和设备要根据酸碱水的排放规律及水质变化，按以下原则设定：

(1) 当水质、水量变化较小或后续处理对 pH 要求较宽，可在集水井、管道或者混合槽中进行混合-中和反应。

(2) 当水质、水量变化较大或后续处理对 pH 的要求较高，可设置连续流中和池。中和时间根据水量变化规律确定，一般在 1～2h。有效容积按下式计算：

$$V = (Q_1 + Q_2)t \tag{5-2}$$

式中 V——中和池有效容积，m^3；

Q_1——酸性水设计流量，m^3/h；

Q_2——碱性水设计流量，m^3/h；

t——中和时间，h。

(3) 当水质复杂、水量较小时，连续流往往难以保证出水 pH 要求，或出水中还含有其他杂质或重金属离子时，可考虑采用间歇式中和池，在池内完成酸、碱水的混合、反应、沉淀与排泥等过程。中和池有效容积可按一个排水周期的水量计算，且至少设计两座中和池交替使用。

5.1.2 药剂中和法

药剂中和法可以处理不同浓度、不同性质的酸性水和碱性水，且水中允许有较多的悬浮杂质，对水质、水量的波动具有较强的适应性；中和剂利用率高，且中和过程稳定。但药剂的配制和投加设备较多，基建投资大，产生泥渣多且脱水困难。

采用碱性中和剂中和酸性水是一种应用较广的处理方法。常用的碱性中和剂有石灰、石灰石、白云石、苏打和苛性钠等。此外，还可以选取碱性废渣、废液等作为中和剂，例如电石渣等。

药剂中和的工艺过程包括：中和药剂的制备与投配、混合反应、产物分离和泥渣处理等。有些酸性水在投药前需要进行预处理，以去除悬浮杂质、均和水质水量。前者的目的在于减少投药量，后者则可创造更稳定的反应环境。

药剂中和可在管式混合器和带搅拌功能的反应池中进行。前者混合时间短，仅适用于中和产物溶解度大、反应速度较快的酸性水；后者则通过在池中设置隔板将中和池分成多室以促进反应，其容积通常按 5～20min 的水力停留时间设计。中和过程产生的各种泥渣应该及时进行沉淀或气浮分离。

中和池的搅拌装置可采用水力搅拌、压缩空气搅拌或机械搅拌三种方式。采用石灰中和时，一般选择机械搅拌，搅拌机转速在 20～40r/min。如采用空气搅拌，其强度可采用

8～10L/(m^2·s)。石灰溶解槽内配制40％～50％的乳浊液。投配槽的石灰乳浓度为5％～10％（有效氧化钙）。中和时间一般采用2～5min。当考虑去除重金属或其他有毒有害物，需延长混合反应时间 t（min），可按下式计算：

$$t=\frac{V}{Q}\times 60 \tag{5-3}$$

式中 Q——待处理水的流量，m^3/h；

V——混合反应池容积，m^3。

投药中和酸性水时，投药量 G_b(kg/h) 可按下式计算：

$$G_b=G_a\frac{\alpha k}{a}\times 100 \tag{5-4}$$

式中 G_a——水中的酸含量，kg/h；

α——理论单位消耗量，即中和剂比耗量，见表5-1；

a——中和剂纯度，％，一般生石灰含CaO为60％～80％，熟石灰含 $Ca(OH)_2$ 为65％～75％，电石渣含CaO为60％～70％，石灰石含 $CaCO_3$ 为90％～95％，白云石含 $CaCO_3$ 为40％～50％；

k——反应不均系数，一般取1.1～1.2，石灰乳中和硫酸时取1.1，中和盐酸或硝酸时可取1.05。

碱性中和剂的理论单位消耗量 **表5-1**

酸的种类	中和1g酸所需的碱量(g)				
	CaO	$Ca(OH)_2$	$CaCO_3$	$CaCO_3\cdot MgCO_3$	$MgCO_3$
H_2SO_4	0.571	0.755	1.0200	0.940	0.860
HCl	0.770	1.010	1.370	1.290	1.150
HNO_3	0.445	0.590	0.795	0.732	0.668
CH_3COOH	0.466	0.616	0.830	—	0.695

药剂中和过程的泥渣产量 ω(kg/h) 可按下式计算：

$$\omega=G_b(B+e)+Q(s-c-d) \tag{5-5}$$

式中 G_b——投药量，kg/h；

Q——待处理水量，m^3/h；

B——消耗单位药剂所产生的盐量，kg/m^3，见表5-2；

e——单位药剂中杂质含量，kg/m^3；

s——原水中悬浮物含量，kg/m^3；

c——中和后水中溶解盐量，kg/m^3；

d——中和后出水悬浮物含量，kg/m^3。

【例5-1】 某化工厂排出含硫酸水800m^3/d，含硫酸浓度为7g/L。排放前需采取中和措施。可利用厂内软水站产生的碱渣进行中和，该软水站用石灰乳软化河水，每天生产软水2000m^3，河水的重碳酸盐硬度［以 $Ca(HCO_3)_2$ 计］为2.27mmol/L。请问：(1) 碱渣中和处理后，废水能否直接排入水体？(2) 若采用投药进行补加中和处理，药剂选用石灰，其成分为含CaO 70％，有效的 $CaCO_3$ 15％，惰性杂质15％。计算实际的石灰用量和每天的沉渣量。

化学药剂中和产生的盐量　表 5-2

酸的种类	化学药剂	中和单位酸产生的盐量 B
H_2SO_4	$Ca(OH)_2$	$CaSO_4$　1.39
	$CaCO_3$	$CaSO_4$　1.39，CO_2　0.45
	NaOH	$NaSO_4$　1.45
HNO_3	$Ca(OH)_2$	$CaSO_4$　1.30
	$CaCO_3$	$Ca(NO_3)_2$　1.30，CO_2　0.35
	NaOH	$NaNO_3$　1.45
HCl	$Ca(OH)_2$	$CaSO_4$　1.53
	$CaCO_3$	$CaCl_2$　1.53，CO_2　0.61
	NaOH	NaCl　1.61

【解】 石灰乳软化河水的过程产生 $CaCO_3$ 碱渣，其反应式如下：

$$\underset{74}{Ca(OH)_2}+\underset{162}{Ca(HCO_3)_2}=\underset{200}{2CaCO_3}\downarrow+2H_2O$$

由上式可知，每一份 $Ca(HCO_3)_2$ 相当于 1.24（200/162）份的 $CaCO_3$。$Ca(HCO_3)_2$ 的相对分子质量 162。因此，每 $1m^3$ 河水含 $2.27\times162=368g$ $Ca(HCO_3)_2$，每天产生的碱渣数量为 $368\times1.24\times2000=913kg/d$。该数量的 $CaCO_3$ 可中和硫酸量为 $913\div1.02=895$ kg/d，每天排出的含酸水中共有硫酸 $800\times7=5600kg/d$，经过碱渣中和后，水中剩余的硫酸量为 $5600-895=4705kg/d$。

由此可见，此含酸水经过软化站碱渣中和后，在排入水体前应补加中和处理。

设需要 CaO 的理论数量为 X（t/d），计算如下：

$$\frac{0.7X}{0.67}+\frac{0.15X}{1.02}=4.705$$

$$X=3.95t/d$$

实际石灰用量取理论用量的 1.1 倍：

$$1.1\times3.95=4.35t/d$$

由于中和结果，生成硫酸钙数量为：

$$4.705\times(136/98)=6.53t/d$$

折算为石膏（$CaSO_4\cdot2H_2O$），其数量为：

$$6.53\times(172/136)=8.26t/d$$

石灰中惰性杂质含量 $4.35\times15\%=0.65t/d$，即每天的沉渣量为：

$$8.26+0.65=8.91t/d$$

5.1.3　过滤中和法

过滤中和法操作简单，出水 pH 稳定，与石灰中和法相比沉渣量少，但是也具有一定的局限性。该法仅适用于硫酸含量不大于 2～3 g/L 和生成易溶盐的各种酸性水的中和处理，且需要定期倒床，劳动强度较高。酸性水流过碱性滤料时与滤料发生中和反应。常用的碱性滤料主要有石灰石、大理石和白云石等。中和滤池主要有普通中和滤池、升流式膨胀中和滤池和滚筒中和滤池。

1. 普通中和滤池

虽然过滤中和法操作简单、运行费用低，但待处理水中不宜有浓度过高的金属离子或惰性物质，要求重金属含量小于 50mg/L，以免在滤料表面长久沉积，形成覆盖层而阻碍反应，导致滤料失效。根据上述要求，极限浓度可根据试验确定，采用石灰石作为滤料，进水硫酸浓度应小于 2g/L。对于硝酸及盐酸含量较高的水，滤料消耗过快，将给处理造成一定的困难，极限浓度可采用 20g/L。含 HF 的水，因 CaF_2溶解度小，酸浓度要求小于 0.3，如浓度超过限制，宜采用石灰乳进行中和。若出现进水酸浓度短期超限，要及时降低进水量，将多余水量暂时存储于调节池中，同时用清洁水反冲、稀释。当滤料使用年限较长，无效成分过度积累时，可以逐级降低滤速，寻求最高的滤料消耗效率。在日常生产实践中，通常会根据运行经验，总结滤料的补充频率。

采用石灰石作为滤料时，其中和反应原理如下：

$$2HNO_3+CaCO_3 = Ca(NO_3)_2+H_2O+CO_2\uparrow \quad (5\text{-}6)$$

$$H_2SO_4+CaCO_3 = CaSO_4+H_2O+CO_2\uparrow \quad (5\text{-}7)$$

$$2HCl+CaCO_3 = CaCl_2+H_2O+CO_2\uparrow \quad (5\text{-}8)$$

采用白云石作为滤料时，与硫酸的中和反应原理如下：

$$2H_2SO_4+CaMg(CO_3)_2 = CaSO_4+MgSO_4+2H_2O+2CO_2 \quad (5\text{-}9)$$

普通中和滤池的形式为固定床，滤池按照水流方向分为平流式和竖流式两种，目前多采用竖流式。竖流式又可分为升流式和降流式两种，见图 5-1。

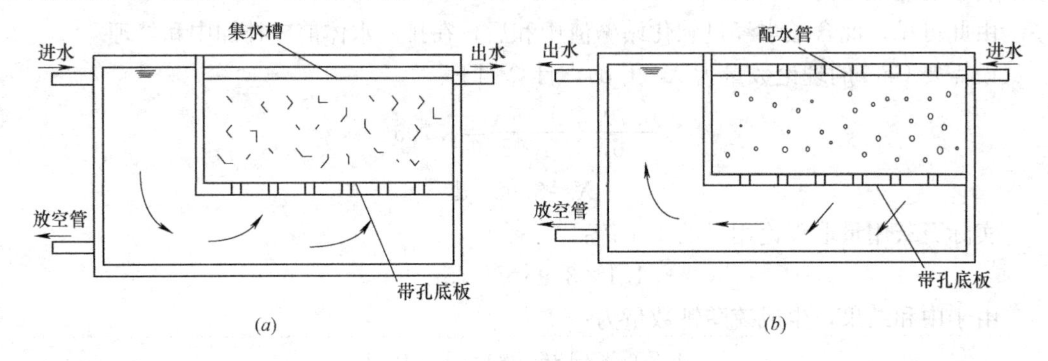

图 5-1 竖流式中和滤池

(a) 升流式；(b) 降流式

普通中和滤池滤料粒径不宜过大，一般为 30～50mm，且不得混有粉料杂质。当原水中含有可能堵塞滤料的杂质时，需要进行预处理。过滤速度一般为 1.0～1.5m/h，不大于 5.0m/h，接触时间不少于 10min，滤床厚度一般为 1.0～1.5m。实践表明，进水硫酸浓度较大时，极易在滤料表面结垢，且较难清洗，会阻碍中和反应，效果相对较差，目前已很少采用。

2. 升流式膨胀中和滤池

待处理水由滤池底部进入，从池顶流出，使滤料处于膨胀状态，加上产生的 CO_2的气提作用，使滤料互相碰撞摩擦，表面不断更新，中和效果良好，如图 5-2 所示。升流式膨胀中和滤池可分为恒滤速和变滤速两种。恒滤速升流式膨胀床中和滤池进水装置可采用大阻力或小阻力布水系统。采用大阻力穿孔管布水系统时，滤池底部装有栅状配管，干管上部和下部开有孔眼，孔径为 9～12mm。滤料层下部为卵石垫层，垫层厚度一般在 0.15～0.2m，粒径在 20～40mm 之间。滤料粒径在 0.3～3.0mm，滤料层高应根据酸性水浓度、滤料粒径、中和时间等因素确定。

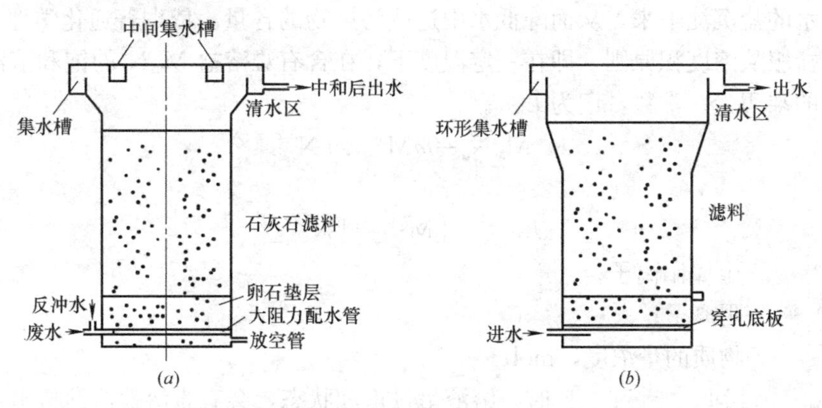

图 5-2 升流式石灰石膨胀中和滤池示意图

(*a*) 升流式膨胀中和滤池；(*b*) 变流速升流式膨胀中和滤池

新的或全部更新后的滤料层高一般为 1.0～1.2m。当滤料层高因惰性物质的积累达到 2.0m 时，应更新全部滤料，运行初期采用 1m，最终换料时一般不小于 2m。中和滤池高度一般为 3.0～3.5m。为确保滤料处于膨胀状态并相互摩擦，不结垢，垢屑随水流出，避免滤床堵塞，流速一般为 60～80m/h，膨胀率保持在 50%左右。中和滤池至少有一备用池，供倒床换料。当滤料量大时，为减轻劳动强度，倒床换料需考虑机械化。滤池出水中的 CO_2用除气塔除去。

变速式升流式膨胀中和滤池见图 5-2（*b*），下部横截面面积小，上部大。下部滤速一般为 130～150m/h，上部为 40～60m/h，使滤层全部达到膨胀，上部出水可少带料，克服了恒速式膨胀滤池下部膨胀不起来、上部带出小颗粒滤料的缺点。滤池出水中的 CO_2用除气塔去除。

3. 滚筒中和滤池

滚筒中和滤池的结构见图 5-3。滚筒用钢板制成，内衬防腐层，筒为卧式，长度一般为直径的 6～7 倍。滚筒线速度在 0.3～0.5m/s 之间，转速为 10～20r/min。筒和旋转轴向出水方向倾斜 0.5～1.0°。滤料粒径可达十几毫米，装料体积占筒体体积一半左右。筒内壁设置竖条纵向挡板，带动滤料不断翻滚。为避免滤料被水带出，在滚筒出水端设穿孔隔板，出水需脱 CO_2。该装置优点是进水硫酸浓度可超过极限值数倍，滤料不必破碎到很小粒径，但是构造较为复杂，

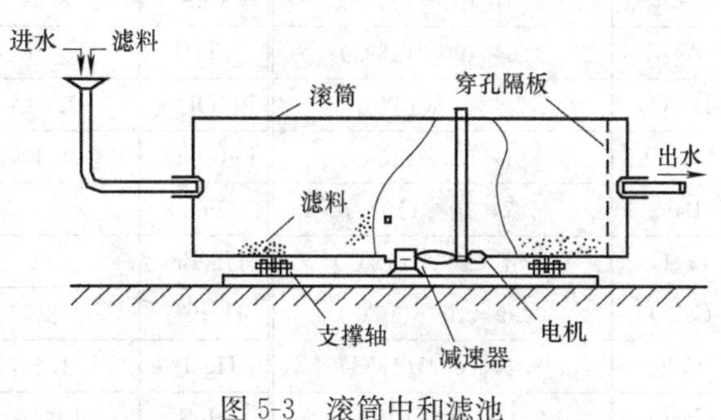

图 5-3 滚筒中和滤池

运行费用较高，运行时设备噪声较大。

5.2 化学沉淀

化学沉淀法是指向水中投加某些化学药剂，使之与溶解态的污染物发生化学反应，形成难溶于水的盐沉淀下来，从而降低水中这些污染物的含量。依据普通化学理论可知，水中的难溶盐服从溶度积原则，即在一定温度下，在含有难溶盐 M_mN_n 的饱和溶液中，各种离子浓度的乘积为一常数，记为 L_{MmNn}：

$$M_mN_n = mM^{n+} + nN^{m-} \tag{5-10}$$

$$L_{M_mN_n} = [M^{n+}]^m [N^{m-}]^n \tag{5-11}$$

式中 M^{n+}——金属阳离子；

N^{m-}——阴离子；

[]——物质的量浓度，mol/L。

当 $L_{M_mN_n} < [M^{n+}]^m [N^{m-}]^n$ 时，溶液呈过饱和状态，会有难溶盐沉淀析出，直到符合 $L_{M_mN_n} = [M^{n+}]^m [N^{m-}]^n$ 为止；如果 $L_{M_mN_n} > [M^{n+}]^m [N^{m-}]^n$，溶液不饱和，难溶性盐可继续溶解，直到符合 $L_{M_mN_n} = [M^{n+}]^m [N^{m-}]^n$ 为止。为去除 M^{n+} 离子，可以向水中投加含 N^{m-} 离子的化合物，使得 $L_{M_mN_n} < [M^{n+}]^m [N^{m-}]^n$，形成 M_mN_n 沉淀。通常称具有这种作用的物质为沉淀剂。为最大限度地使 $[M^{n+}]^m$ 值降低，可以考虑增大 $[N^{m-}]^n$ 值，即增大沉淀剂用量；但是沉淀剂的用量也不宜过高，否则会对反应造成抑制，一般不超过理论用量的 20%～50%。

水中特定离子是否可以采用化学沉淀法去除，首先取决于能否找到合适的沉淀剂，沉淀剂的选择可参考反应产物的溶度积，见表 5-3。一般的，天然水和企业排水中的重金属

溶度积简表 表 5-3

化合物	溶度积	化合物	溶度积	化合物	溶度积
$Al(OH)_3$	1.1×10^{-15}(18℃)	CdS	3.6×10^{-29}(18℃)	$MgCO_3$	2.6×10^{-5}(12℃)
AgBr	4.1×10^{-13}(18℃)	CoS	3×10^{-26}(18℃)	MgF_2	7.1×10^{-9}(18℃)
AgCl	1.56×10^{-10}(25℃)	CuBr	4.15×10^{-8}(18～20℃)	$Mg(OH)_2$	1.2×10^{-11}(18℃)
Ag_2CO_3	6.15×10^{-12}(25℃)	CuCl	1.02×10^{-6}(18～20℃)	$Mn(OH)_2$	4×10^{-14}(18℃)
Ag_2CrO_4	1.2×10^{-12}(14.8℃)	CuI	5.06×10^{-12}(18～20℃)	MnS	1.4×10^{-15}(18℃)
AgI	1.5×10^{-16}(25℃)	CuS	8.5×10^{-45}(18℃)	NiS	1.4×10^{-24}(18℃)
Ag_2S	1.6×10^{-49}(18℃)	Cu_2S	2×10^{-47}(16～18℃)	$PbCO_3$	3.3×10^{-14}(18℃)
$BaCO_3$	7×10^{-9}(16℃)	$Fe(OH)_2$	1.64×10^{-14}(18℃)	$PbCrO_4$	1.77×10^{-14}(18℃)
$BaCrO_4$	1.6×10^{-10}(18℃)	$Fe(OH)_3$	1.1×10^{-36}(18℃)	PbF_2	3.2×10^{-8}(18℃)
BaF_2	1.7×10^{-6}(18℃)	FeS	3.7×10^{-19}(18℃)	PbI_2	7.47×10^{-9}(15℃)
$BaSO_4$	0.87×10^{-10}(18℃)	Hg_2Br_2	1.3×10^{-21}(25℃)	PbS	3.4×10^{-28}(18℃)
$CaCO_3$	0.99×10^{-8}(15℃)	Hg_2Cl_2	2×10^{-18}(25℃)	$PbSO_4$	1.06×10^{-8}(18℃)
CaF_2	3.4×10^{-11}(18℃)	Hg_2I_2	1.2×10^{-28}(25℃)	$Zn(OH)_2$	1.8×10^{-14}(18～20℃)
$CaSO_4$	2.45×10^{-5}(25℃)	HgS	4×10^{-53}～2×10^{-49}(18℃)	ZnS	1.2×10^{-23}(18℃)

(如汞、镉、铅、锌、镍、铬、铁、铜等)、碱土金属（如钙和镁）及某些非金属（如砷、氟、硫、硼）均可通过化学沉淀法去除，部分有机污染物亦可通过化学沉淀法去除。具体工艺过程为，投加沉淀剂与水中污染物反应并生成难溶的沉淀物，而后通过凝聚、沉降、气浮、过滤和离心等方法进行固液分离。同时，考虑泥渣的处理和回收利用。

根据沉淀剂的不同，化学沉淀法可以分为氢氧化物沉淀法、硫化物沉淀法、碳酸盐沉淀法、卤化物沉淀法和钡盐沉淀法等。常用化学沉淀技术介绍如下。

1. 氢氧化物沉淀法

除碱金属和部分碱土金属外，金属的氢氧化物大都是难溶的。因此，可用氢氧化物沉淀法去除水中的重金属离子。沉淀剂为各种碱性药剂，常用的有石灰、碳酸钠、苛性钠、石灰石和白云石等。

对一定浓度的某种金属离子 M^{n+} 来说，是否生成难溶的氢氧化物沉淀，取决于溶液中 OH^- 离子的浓度，即溶液的 pH 是形成氢氧化物沉淀的重要条件。若 M^{n+} 与 OH^- 只生成 $M(OH)_n$ 沉淀，而不生成可溶性羟基络合物，则根据金属氢氧化物的溶度积 K_{sp} 及水的离子积 K_w，可以计算使氢氧化物沉淀的 pH：

$$pH=14-\frac{1}{n}(\lg[M^{n+}]-\lg K_{sp}) \tag{5-12}$$

上式表示与氢氧化物沉淀共存的金属离子浓度和溶液 pH 的关系，可知金属离子的存在状态与溶液 pH 环境线性相关。金属离子浓度 $[M^{n+}]$ 相同时，溶度积 K_{sp} 愈小，则开始析出氢氧化物沉淀的 pH 愈低。同一金属离子，浓度愈大，开始析出沉淀的 pH 愈低。根据各种金属氢氧化物的 K_{sp} 值，可计算出某一 pH 时溶液中金属离子的饱和浓度。以 pH 为横坐标，以 $-\lg[M^{n+}]$ 为纵坐标，可绘出 $-\lg[M^{n+}]$ －pH 曲线并确定金属氢氧化物沉淀的形成条件。

若重金属和氢氧根不仅可以生成氢氧化物沉淀，还可以形成可溶性的羟基络合物（对于重金属离子，这是十分常见的现象），这时与金属氢氧化物共存的溶液中，不仅有游离的金属离子，而且还有处于不同配位程度的羟基络合物。在这种情况下，就需要考虑羟基络合物的溶解平衡反应。

此外，有些金属元素如 Zn、Pb、Cr 和 Al 等的氢氧化物为两性化合物。如 pH 过高，它们会重新溶解。以锌为例，pH 升高时，络合阴离子的增多将使氢氧化锌的溶解度上升。因此，采取氢氧化物沉淀法去除水中的锌离子时，pH 过高或过低都会导致处理失败。氢氧化物沉淀法处理含重金属水常用的沉淀剂是石灰。石灰沉淀法的优点是：去除污染物范围广，不仅可沉淀去除重金属，而且可沉淀去除砷、氟、磷等；来源广、价格低；操作简便、处理可靠且不产生二次污染。缺点是卫生条件差，易结垢堵塞管道，泥渣体积庞大，脱水困难。

石灰沉淀工艺有分步沉淀和一次沉淀两种。分步沉淀分段投加石灰乳，利用不同金属氢氧化物在不同 pH 下沉淀析出的特性，依次沉淀回收各种金属氢氧化物。一次沉淀法是一次投加石灰乳达到高 pH，使水中各种金属离子同时以氢氧化物沉淀析出。投加石灰一般适用于不准备回收的低浓度的工业水处理。

2. 硫化物沉淀法

硫化物沉淀法是向待处理水中加入硫化氢、硫化铵或碱金属的硫化物，使污染物质生成难溶性沉淀，以达到分离纯化的目的。由于大多数过渡金属的硫化物都难溶于水，而且形成沉淀的 pH 范围较宽，所以硫化物沉淀法可以使重金属离子得到较完全的去除。溶液中 S^{2-} 离子浓度受 H^+ 离子浓度的制约，可以通过控制酸度，用硫化物沉淀法把溶液中不同金属离子分步沉淀而分离回收。

在金属硫化物沉淀的饱和溶液中，存在下列关系：

$$MS(s) \rightleftharpoons M^{2+} + S^{2-} \tag{5-13}$$

$$[M^{2+}] = \frac{L_{MS}}{[S^{2-}]} \tag{5-14}$$

各种金属硫化物的溶度积见表 5-4。

金属硫化物溶度积 **表 5-4**

离子	电离反应	pL_{MS}	离子	电离反应	pL_{MS}
Mn^{2+}	$MnS = Mn^{2+} + S^{2-}$	16	Cd^{2+}	$CdS = Cd^{2+} + S^{2-}$	28
Fe^{2+}	$FeS = Fe^{2+} + S^{2-}$	18.8	Cu^{2+}	$CuS = Cu^{2+} + S^{2-}$	36.3
Ni^{2+}	$NiS = Ni^{2+} + S^{2-}$	21	Hg^{+}	$Hg_2S = 2Hg^{+} + S^{2-}$	45
Zn^{2+}	$ZnS = Zn^{2+} + S^{2-}$	24	Hg^{2+}	$HgS = Hg^{2+} + S^{2-}$	52.6
Pb^{2+}	$PbS = Pb^{2+} + S^{2-}$	27.8	Ag^{+}	$Ag_2S = 2Ag^{+} + S^{2-}$	49

值得注意的是，S^{2-} 和 OH^- 离子一样，能够与许多金属离子形成络合阴离子，使金属硫化物的溶解度增大，不利于重金属的沉淀去除。因此，必须控制沉淀剂的投量，不宜过量太多。其他配位体如卤离子、CN^-、SCN^- 等也能与重金属形成各种可溶性络合物，应通过预处理除去。

以硫化氢为沉淀剂时，硫化氢在水中分两步离解：

$$H_2S \rightleftharpoons H^+ + HS^- \tag{5-15}$$

$$HS^- \rightleftharpoons H^+ + S^{2-} \tag{5-16}$$

离解常数分别为：

$$K_1 = \frac{[H^+][HS^-]}{[H_2S]} = 9.1 \times 10^{-8} \tag{5-17}$$

$$K_2 = \frac{[H^+][S^{2-}]}{[HS^-]} = 1.2 \times 10^{-5} \tag{5-18}$$

将以上两式相乘得到：

$$\frac{[H^+]^2[S^{2-}]}{[H_2S]} = 1.1 \times 10^{-22} \tag{5-19}$$

$$[S^{2-}] = \frac{1.1 \times 10^{-22}[H_2S]}{[H^+]^2} \tag{5-20}$$

$$[M^{2+}] = \frac{L_{MS}[H^+]^2}{1.1 \times 10^{-22}[H_2S]} \tag{5-21}$$

在 1atm、5℃条件下，硫化氢在水中的饱和浓度约为 0.1mol/L($pH \leqslant 6$)，$[H_2S] = 1 \times 10^{-1}$ 代入得：

$$[M^{2+}]=\frac{L_{MS}[H^+]^2}{1.1\times10^{-23}} \tag{5-22}$$

由上可知，重金属离子的浓度和 pH 有关，随着 pH 增加而降低。

虽然硫化物沉淀法处理含重金属水，具有去除率高、可分步沉淀、泥渣中重金属含量高、适应 pH 范围宽等优点。但该法处理费用较高，硫化物沉淀困难，常常需要投加混凝剂以强化固液分离效果。此外，当水体酸性增加时，可产生硫化氢气体污染大气，限制了其推广应用。

3. 碳酸盐沉淀法

碱土金属（Ca、Mg 等）和重金属（Mn、Fe、Co、Ni、Cu、Zn、Ag、Cd、Pb、Hg、Bi 等）的碳酸盐溶解度均较小，可用碳酸盐沉淀法将这些金属离子从水中去除。对于不同的处理对象，碳酸盐沉淀法有不同的应用方式。

（1）投加难溶碳酸盐（如碳酸钙），利用沉淀转化原理，使水中重金属离子（如 Pb^{2+}、Cd^{2+}、Zn^{2+}、Ni^{2+} 等）生成溶解度更小的碳酸盐而析出。

（2）投加可溶性碳酸盐（如碳酸钠），使水中金属离子生成难溶碳酸盐而沉淀析出。

（3）投加石灰，可造成水中碳酸盐硬度的 $Ca(HCO_3)_2$ 和 $Mg(HCO_3)_2$，生成难溶的碳酸钙和氢氧化镁而沉淀析出。

例如，处理含锌水，投加碳酸钠与之反应，生成碳酸锌沉淀。沉淀用清水漂洗后，再经真空抽滤筒抽干，可以回收或回用生产；处理含铜水，可以采用碳酸盐沉淀法进行回收；处理含铅水时，对于沉淀下来的废渣，需要送至固体废弃物处理中心或在本单位进行无害化处理，以避免造成二次污染。

4. 卤化物沉淀法

该法主要用于处理或回收水中的银以及氟离子。氯化物的溶解度都很大，唯一例外的是氯化银（$K_{sp}=1.8\times10^{-10}$）。利用这一特点，可以处理和回收水中的银。水中的银离子主要来源于镀银和照相工艺。氰化银镀槽中的银含量高达 13～45g/L。处理时，一般先用电解法回收，将其浓度降至 100～500mg/L，然后再用氯化物沉淀法处理。当水中含有多种金属离子时，可调 pH 至碱性，同时投加氯化物，可形成氢氧化物和氯化银共沉淀。用酸洗沉渣，将金属氢氧化物沉淀溶出，仅剩氯化银。这样可以分离和回收水中的银。采用该法可将水中的银离子含量降至 0.1mg/L 左右。

此外，镀银工艺排水中含有一定量的氰，它会和银离子形成 $[Ag(CN)_2]^-$ 络离子，对沉淀处理不利。一般先采用氯化法氧化氰，放出的氯离子又可以与银离子生成沉淀。根据试验资料，银和氰重量相等时，投氯量为 3.5mg/mg（氰）。氧化 10min 以后，调 pH 至 6.5，使氰完全氧化。继续投氯化铁，以石灰调 pH 至 8，沉淀分离后倾出上清液，可使银离子由最初 0.7～40mg/L 降至 0～8.2mg/L；氰由 159～642mg/L 降至 15～17mg/L。

当水中含有比较单纯的氟离子时，投加石灰，调 pH 至 10～12，生成 CaF_2 沉淀，可使氟离子浓度降至 10～20mg/L。若水中还含有其他金属离子（如 Mg^{2+}、Fe^{3+}、Al^{3+} 等），加石灰后，除形成 CaF_2 沉淀外，还形成金属氢氧化物沉淀。由于后者的吸附共沉作用，可使含氟浓度降至 8mg/L 以下。若加石灰至 pH＝11～12，再加硫酸铝，使 pH＝6～8，则形成氢氧化铝，可使含氟浓度降至 5mg/L 以下。如果加石灰的同时，加入磷酸盐（如过磷酸钙、磷酸氢二钠），则与水中氟形成难溶的磷灰石沉淀：

$$3H_2PO_4^- + 5Ca^{2+} + 6OH^- + F^- = Ca_5(PO_4)_3F + 6H_2O \quad (5\text{-}23)$$

5. 钡盐沉淀法

这种方法主要用于处理水中的六价铬。常用沉淀剂有碳酸钡、氯化钡、硝酸钡和氢氧化钡等。以碳酸钡为例，与铬酸根反应可生成难溶性的铬酸钡沉淀：

$$BaCO_3\downarrow + CrO_4^{2-} = BaCrO_4\downarrow + CO_3^{2-} \quad (5\text{-}24)$$

碳酸钡是一种难溶盐。在碳酸钡饱和溶液中，钡离子的浓度比铬酸钡饱和溶液中钡离子的浓度约大 6 倍。因此，对于碳酸钡为饱和溶液的钡离子浓度，相对于铬酸钡溶液为过饱和。向含有铬酸根的水中投加碳酸钡，可以同时去除钡离子与铬酸根。同时，碳酸钡逐渐溶解，直到铬酸根沉淀完全。这种由一种沉淀转化为另一种沉淀的过程称为沉淀转化。为提高除铬效果，建议投加过量的碳酸钡，反应时间保持在 20～30min。残留的钡离子可通过投加石膏去除。

5.3 硬水化学软化技术

水的硬度一般指溶解在水中的矿物质成分的含量，即水里钙、镁离子浓度总和。水的硬度单位为摩尔每升。通常，如果 1L 水里含有 10mgCaO 或相当于 10mgCaO 的物质，例如 7.1mgMgO，那么这样的水的硬度称为 1 度。通常硬度在 0～4 度称为很软水，4～8 度称为软水，8～16 度称为中硬水，16～30 度称为硬水，30 度以上称为很硬水。

一般而言，水的硬度是暂时硬度和永久硬度的总和。水的暂时硬度是由含有酸式碳酸盐，如碳酸氢钙或碳酸氢镁引起；水的永久硬度则是由钙和镁的盐或氯化物引起。暂时硬度可通过煮沸使水中碳酸氢钙或碳酸氢镁分解成不溶于水的碳酸钙和难溶于水的氢氧化镁沉淀物析出，降低水的硬度；而永久硬度需要其他方法进行软化。

当硬度高、碱度也高的水直接作补充水进入循环冷却水系统后，会使循环水水质处理的难度增大，同时浓缩倍数的提高也受到限制。另外，高硬水也不宜直接作锅炉水的给水。立式水管锅炉、立式火管锅炉及卧式内燃锅炉的给水总硬度要求在 4.0mmol/L 以下。总硬度过高的水不能直接采用离子交换方法达到软化水的要求，经济效果也不好。碱度过高的水，也不能直接作为锅炉的补给水。所以上述这类水质均需在进入冷却水系统、锅炉和离子交换软化系统前，首先采用化学药剂方法进行预处理。

1. 软化方法

通常对硬度和碱度相当的水采用石灰软化法；对硬度高于碱度的水采用石灰-纯碱软化法；而对硬度低于碱度的负硬水则采用石灰-石膏处理法。

（1）石灰软化法

为避免投加生石灰（CaO）产生的灰尘污染，通常先将生石灰制成消石灰 $Ca(OH)_2$（即熟石灰）使用，其反应如下：

$$CaO + H_2O = Ca(OH)_2 \quad (5\text{-}25)$$

消石灰投入高硬水中，会产生下列反应：

$$Ca(OH)_2 + CO_2 = CaCO_3\downarrow + H_2O \quad (5\text{-}26)$$

$$Ca(OH)_2 + Ca(HCO_3)_2 = 2CaCO_3\downarrow + 2H_2O \quad (5\text{-}27)$$

$$2Ca(OH)_2 + Mg(HCO_3)_2 = 2CaCO_3\downarrow + Mg(OH)_2\downarrow + 2H_2O \quad (5\text{-}28)$$

上述过程形成的$CaCO_3$和$Mg(OH)_2$都是难溶化合物，可从水中沉淀析出。但是水中的永久硬度和负硬（指总碱度中除去总硬度的差值）却不能用石灰软化的方法去除，因为镁的永久硬度与负硬会和消石灰产生下列反应：

$$MgSO_4 + Ca(OH)_2 = Mg(OH)_2\downarrow + CaSO_4 \quad (5\text{-}29)$$

$$MgCl_2 + Ca(OH)_2 = Mg(OH)_2\downarrow + CaCl_2 \quad (5\text{-}30)$$

$$NaHCO_3 + Ca(OH)_2 = CaCO_3\downarrow + NaOH + H_2O \quad (5\text{-}31)$$

由反应式可看出，镁的永久硬度全部转化为等量的溶解度很大的钙的永久硬度，而负硬则转化为等量的氢氧化钠的碱度，所以水中的碱度没有除去。

石灰加入量可按下式估算：

$$[CaO] \approx \frac{56}{\varepsilon_1}\{[CO_2] + [Ca(HCO_3)_2] + 2[Mg(HCO_3)_2 + \alpha]\} \quad (5\text{-}32)$$

式中　$[CaO]$——需投加的工业石灰量，mg/L；

$[CO_2]$——原水中CO_2的浓度，mmol/L；

$[Ca(HCO_3)_2]$——原水中$Ca(HCO_3)_2$的浓度［$Ca(HCO_3)_2$计］，mmol/L；

$[Mg(HCO_3)_2]$——原水中［$Mg(HCO_3)_2$］的浓度［$Mg(HCO_3)_2$计］，mmol/L；

ε_1——工业石灰纯度，%；

56——CaO的摩尔质量，g/mol；

α——石灰过剩量，一般为0.1～0.2mmol/L。

（2）石灰-纯碱软化法

石灰软化法只适用于暂硬（碳酸盐硬度）高、永久硬度（钙、镁离子总浓度，不含碳酸盐硬度）低的水质处理。对硬度高碱度低即永久硬度高的水，可采用石灰-纯碱软化法，即加石灰的同时再投加适量的纯碱（Na_2CO_3，又称苏打）。其反应如下：

$$CaSO_4 + Na_2CO_3 = CaCO_3\downarrow + Na_2SO_4 \quad (5\text{-}33)$$

$$CaCl_2 + Na_2CO_3 = CaCO_3\downarrow + 2NaCl \quad (5\text{-}34)$$

$$MgSO_4 + Na_2CO_3 = MgCO_3\downarrow + Na_2SO_4 \quad (5\text{-}35)$$

$$MgCl_2 + Na_2CO_3 = MgCO_3\downarrow + 2NaCl \quad (5\text{-}36)$$

$$MgCO_3 + Ca(OH)_2 = CaCO_3\downarrow + Mg(OH)_2\downarrow \quad (5\text{-}37)$$

经石灰-纯碱软化后的水，其硬度可降为0.15～0.2mmol/L。此外，永久硬度也可以直接用离子交换法除去。

石灰-纯碱加入量可按下列计算式估算：

$$[CaO] = \frac{56}{\varepsilon_1}\left\{[CO_2] + \frac{M}{2} + H_{Mg} + \alpha\right\} \quad (5\text{-}38)$$

$$[Na_2CO_3] = 106(H_{永} + \beta)/\varepsilon_2 \quad (5\text{-}39)$$

式中　M——原水总碱度（H^+计），mmol/L；

H_{Mg}——原水镁硬度（Mg^{2+}计），mmol/L；

ε_1——生石灰的纯度，%；

$[Na_2CO_3]$——纯碱投加量，mg/L；

$H_{永}$——原水永久硬度［$Ca^{2+}+Mg^{2+}$计］，mmol/L；

β——纯碱过剩量，一般取 0.5～0.8mmol/L；

106——Na_2CO_3 的摩尔质量，g/mol；

ε_2——工业纯碱的纯度，%。

(3) 石灰-石膏处理法

对于高碱度的负硬水，即水中总碱度大于总硬度的水，此时水中多余的总碱度常以 $NaHCO_3$ 或 $KHCO_3$ 形式存在，对这些多余的碱度常以石灰-石膏处理法除去：

$$2NaHCO_3 + CaSO_4 + Ca(OH)_2 = 2CaCO_3\downarrow + Na_2SO_4 + 2H_2O \qquad (5\text{-}40)$$

$$2KHCO_3 + CaSO_4 + Ca(OH)_2 = 2CaCO_3\downarrow + K_2SO_4 + 2H_2O \qquad (5\text{-}41)$$

2. 软化的设备

石灰软化设备包括制备消石灰的设备、投加消石灰与原水充分混合的设备，以及生成碳酸钙、氢氧化镁等沉淀物的沉淀和过滤分离设备。图 5-4 和图 5-5 为一般常见的石灰软化系统的流程图。

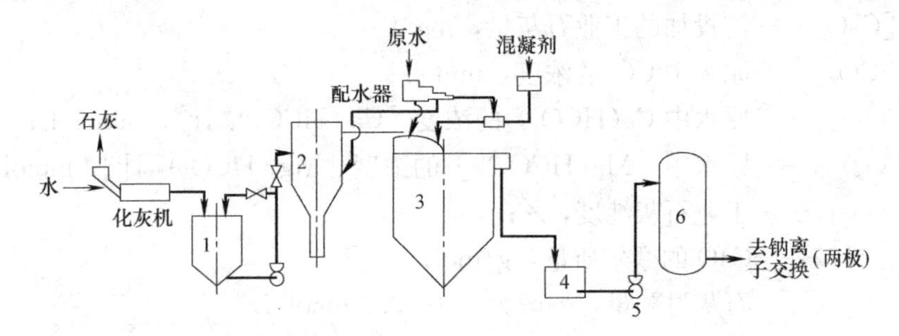

图 5-4　石灰软化系统（机械过滤）流程图

1—石灰乳贮槽；2—饱和器；3—澄清池；4—水箱；5—泵；6—压力过滤器

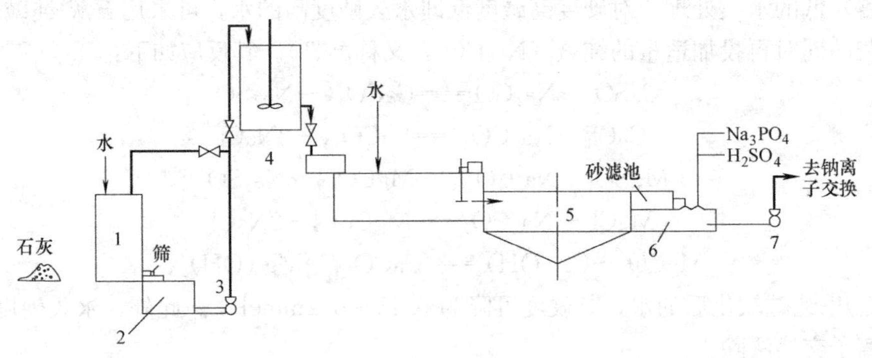

图 5-5　石灰软化系统（平流沉淀池）流程图

1—化灰桶；2—灰乳池；3—灰乳泵；4—混合池；5—平流式沉淀池；6—清水池；7—泵

【例 5-2】 某工业用水采用石灰-苏打软化法进行软化，处理水量 $Q=100m^2/h$，原水水质：钙硬度 $H_{Ca}=1.2$mmol/L，镁硬度 $H_{Mg}=0.55$mmol/L，酚酞碱度 $A_P=0$，甲基橙碱度 $A_M=3.2$mmol/L，游离二氧化碳 $[CO_2]=4$mg/L。工业石灰的纯度取 60%，石灰的过剩量 $\alpha=0.15$mmol/L，工业苏打的纯度取 100%，苏打的过剩量 $\beta=0.75$mmol/L。计算石灰和苏打的用量。

【解】

(1) 石灰的计量：

由 $H_{Ca}+H_{Mg}>\frac{A_M}{2}$

可知 $[CaO]=\frac{A_M}{2}+H_{Mg}+\frac{[CO_2]}{44}+\alpha$

式中，$[CO_2]$ 为水中游离二氧化碳的浓度，mg/L；α 为石灰的过剩量。

$$[CaO]=\frac{3.2}{2}+0.55+\frac{4}{44}+0.15=2.39\text{mmol/L}$$

或 $[CaO]=2.39\times 56=134\text{mg/L}$

（2）石灰的用量：

$$B_{CaO}=\frac{Q[CaO]}{1000C_{CaO}}=\frac{100\times 134}{1000\times 60\%}=22.3\text{kg/h}$$

（3）苏打的计量：

$$[Na_2CO_3]=H_{永}+\beta$$

式中，$H_{永}$ 为原水的永久硬度 $\left(H_{永}=H_{Ca}+H_{Mg}-\frac{A_M}{2}\right)$，mmol/L；$\beta$ 为苏打的过剩量。

$[Na_2CO_3]=0.15+0.75=0.9\text{mmol/L}$ 或 $[Na_2CO_3]=0.9\times 105=95.4\text{mg/L}$

（4）苏打的用量 $B_{Na_2CO_3}$：

$$B_{Na_2CO_3}=\frac{Q[Na_2CO_3]}{1000C_{Na_2CO_3}}=\frac{100\times 95.4}{1000\times 100\%}=9.54\text{kg/h}$$

5.4 氧化还原

对于一些有毒有害物质，当难以用生物法或其他方法处理时，可利用它们在化学反应过程中能被氧化或还原的性质，改变污染物的存在形态，将它们转化为无毒或微毒的新物质，或易与水分离的形态，从而达到水质净化的目的，这种方法称为氧化还原法。

5.4.1 原理

氧化还原反应中，参加反应的原子或离子会发生电子的得失。得到电子的物质为氧化剂，失去电子的物质为还原剂。某种物质能否表现出氧化剂或还原剂的作用，主要由反应双方氧化还原能力的对比情况来决定。氧化还原能力就是指某种物质失去或取得电子的难易程度，可以统一用氧化还原电位表示。水处理中一些常见物质的标准氧化还原电位 E^0 见表 5-5。位置在前者可以作为位置在后者的还原剂，提供电子；而位置在后者可以作为位置在前者的氧化剂，得到电子。氧化剂与还原剂的电位差越大，反应越容易发生，进行的也越完全。

标准电极电位（V） **表 5-5**

元素	电极反应	E^0	元素	电极反应	E^0
Ag	$Ag_2S+2e^-=2Ag+S^{2-}$	−0.7051	Al	$Al(OH)_4^-+3e^-=Al+4OH^-$	−2.35
	$AgI+e^-=Ag+I^-$	−0.1519		$Al^{3+}+3e^-=Al$	−1.66
	$AgBr+e^-=Ag+Br^-$	0.7994	As	$AsO_4^{3-}+2H_2O+2e^-=AsO_2^-+4OH^-$	−0.71
	$AgCl+e^-=Ag+Cl^-$	0.2223		$As+3H^++3e^-=AsH_3$	−0.54
	$Ag^++e^-=Ag$	0.7996		$H_3AsO_3+3H^++3e^-=As+3H_2O$	0.2475

续表

元素	电极反应	E^0
As	$H_3AsO_4+2H^++2e^-=H_3AsO_3+H_2O$	0.57
Au	$Au^{3+}+3e^-=Au$	1.42
Ba	$Ba^{2+}+2e^-=Ba$	−2.9
Br	$BrO^-+H_2O+2e^-=Br^-+2OH^-$	0.76
	$1/2Br_2$(液)$+e^-=Br^-$	1.05
	$HBrO+H^++2e^-=Br^-+H_2O$	1.33
	$BrO_3^-+6H^++6e^-=Br^-+H_2O$	1.44
	$BrO_3^-+6H^++5e^-=1/2Br_2+3H_2O$	1.52
	$HBrO+H^++e^-=1/2Br_2+3H_2O$	1.59
C	$CO_2+2H^++2e^-=HCOOH$	−0.2
	$2CO_2+2H^++2e^-=H_2C_2O_4$	−0.49
Ca	$Ca^{2+}+2e^-=Ca$	−2.87
Cd	$Cd^{2+}+2e^-=Cd$	−0.4026
Cl	$ClO^-+H_2O+2e^-=Cl^-+OH^-$	0.9
	$ClO_3^-+2H^++e^-=ClO_2+H_2O$	1.15
	$ClO_4^-+2H^++2e^-=ClO_3^-+H_2O$	1.19
	$ClO_4^-+8H^++7e^-=1/2Cl_2+4H_2O$	1.34
	$1/2Cl_2$(气)$+e^-=Cl^-$	1.3583
	$ClO_3^-+6H^++6e^-=Cl^-+3H_2O$	1.45
	$ClO_3^-+6H^++5e^-=1/2Cl_2+3H_2O$	1.47
	$HClO+H^++2e^-=Cl^-+H_2O$	1.49
	$HClO+H^++e^-=1/2Cl_2+H_2O$	1.63
	$HClO_2+2H^++2e^-=HClO+H_2O$	1.64
Co	$Co^{2+}+2e^-=Co$	−0.28
Cr	$Cr^{2+}+2e^-=Cr$	−0.91
	$Cr^{3+}+e^-=Cr^{2+}$	−0.41
	$CrO_4^{2-}+4H_2O+3e^-=Cr(OH)_3+5OH^-$	−0.12
	$Cr_2O_7^{2-}+14H^++6e^-=2Cr^{3+}+7H_2O$	1.36
Ni	$Ni^{2+}+2e^-=Ni$	−0.23
O	$O_2+2H_2O+2e^-=H_2O_2+2OH^-$	−0.146
	$O_2+2H_2O+4e^-=4OH^-$	0.401
	$O_2+2H^++2e^-=H_2O_2$	0.682
	$H_2O_2+2e^-=2OH^-$	0.88
	$O_2+4H^++4e^-=2H_2O$	1.229
	$H_2O_2+2H^++2e^-=2H_2O$	1.77
	$O_3+2H^++2e^-=O_2+H_2O$	2.07
P	$HPO_3^{2-}+2H_2O+2e^-=H_2PO_2^-+3OH^-$	−1.65
	$PO_4^{3-}+2H^++2e^-=HPO_3^{2-}+3OH^-$	−1.05
	$H_3PO_3+2H^++2e^-=H_3PO_2+H_2O$	−0.5
	$H_3PO_4+2H^++2e^-=H_3PO_3+H_2O$	−0.276
Pb	$Pb^{2+}+2e^-=Pb$	−0.126
	$PbO_2+H_2O+2e^-=PbO+2OH^-$	0.28
	$PbO_2+4H^++2e^-=Pb^{2+}+2H_2O$	1.46
	$PbO_2+4H^++SO_4^{2-}+2e^-=PbSO_4+2H_2O$	1.685
Cu	$Cu(CN)_2^-+e^-=Cu+2CN^-$	−0.43
	$[Cu(NH_3)_4]^++e^-=Cu+4NH_3$	−0.12
	$[Cu(NH_3)_4]^{2+}+e^-=[Cu(NH_3)_2]^++2NH_3$	−0.01
	$Cu^{2+}+2e^-=Cu$	0.3402
	$Cu^++e^-=Cu$	0.522
F	$1/2F_2+e^-=F^-$	2.87
Fe	$Fe^{2+}+2e^-=Fe$	−0.44
	$Fe^{3+}+3e^-=Fe$	−0.036
	$[Fe(CN)_6]^{3-}+e^-=[Fe(CN)_6]^{4-}$	0.36
	$Fe^{3+}+e^-=Fe^{2+}$	0.77
H	$1/2H_2+e^-=H^-$	2.23
	$H_2O+e^-=1/2H_2+OH^-$	−0.8277
	$H^++e^-=1/2H_2$	0
Hg	$Hg^{2+}+2e^-=Hg$	0.851
I	$IO_3^-+3H_2O+6e^-=I^-+6OH^-$	0.26
	$IO^-+H_2O+2e^-=I^-+2OH^-$	0.49
	$1/2I_2$(固)$+e^-=I^-$	0.535
	$I_3^-+2e^-=3I^-$	0.5338
	$IO_3^-+6H^++6e^-=I^-+3H_2O$	1.085
	$IO_3^-+6H^++5e^-=1/2I_2+3H_2O$	1.195
	$HIO+H^++e^-=1/2I_2+H_2O$	1.45
K	$K^++e^-=K$	−2.924
Li	$Li^++e^-=Li$	−3.045
Mg	$Mg^{2+}+2e^-=Mg$	−2.375
Mn	$Mn^{2+}+2e^-=Mn$	−1.029
	$MnO_4^-+e^-=MnO_4^{2-}$	0.564

续表

元素	电极反应	E^0	元素	电极反应	E^0
Mn	$MnO_4^- + 2H_2O + 3e^- = MnO_2 + 4OH^-$	0.588	S	$SO_4^{2-} + H_2O + 2e^- = SO_3^{2-} + 2OH^-$	−0.92
	$MnO_2 + 4H^+ + 2e^- = Mn^{2+} + 2H_2O$	1.208		$2SO_3^{2-} + 3H_2O + 4e^- = S_2O_3^{2-} + 6OH^-$	−0.58
	$MnO_4^- + 8H^+ + 5e^- = Mn^{2+} + 4H_2O$	1.51		$S + 2e^- = S^{2-}$	−0.508
				$S_2^{2-} + 2e^- = 2S^{2-}$	−0.48
	$MnO_4^- + 4H^+ + 3e^- = MnO_2 + 2H_2O$	1.679		$S + H_2O + 2e^- = HS^- + OH^-$	−0.478
N	$N_2O + 4H^+ + H_2O + 4e^- = 2NH_2OH$	−0.05		$S_4O_6^{2-} + 2e^- = 2S_2O_3^{2-}$	0.08
				$S + 2H^+ + 2e^- = H_2S$	0.141
	$NO_3^- + H_2O + 2e^- = NO_2^- + 2OH^-$	0.01		$S_2O_8^{2-} + 2e^- = 2SO_4^{2-}$	2
	$NO_3^- + 2H^+ + e^- = NO_2 + H_2O$	0.8	Sn	$Sn(OH)_6^{2-} + 2e^- = Sn(OH)^{3-} + 3OH^-$	−0.96
	$NO_3^- + 3H^+ + 2e^- = HNO_2 + H_2O$	0.94		$Sn(OH)_3^- + 2e^- = Sn + 3OH^-$	−0.79
	$NO_3^- + 4H^+ + 3e^- = NO + 2H_2O$	0.96		$Sn^{2+} + 2e^- = Sn$	−0.136
	$HNO_2 + H^+ + e^- = NO + H_2O$	0.99		$Sn^{4+} + 2e^- = Sn^{2+}$	0.15
	$2HNO_2 + 4H^+ + 4e^- = N_2O + 3H_2O$	1.27	Zn	$[Zn(CN)_4]^{2-} + 2e^- = Zn + 4CN^-$	−1.26
Na	$Na^+ + e^- = Na$	−2.714		$Zn(OH)_4^{2-} + 2e^- = Zn + 4OH^-$	−1.216
Pt	$Pt^{2+} + 2e^- = Pt$	102		$Zn^{2+} + 2e^- = Zn$	−0.763

标准氧化还原电位，是物质的氧化态和还原态浓度均为 1.0mol/L 时所测得的值，以 E^0 表示。氧化还原反应总是朝着使电位值较大的一方得到电子，而使电位值较小的一方失去电子的方向进行。当溶液中氧化态和还原态物质的浓度并不是 1.0mol/L 时，该体系的氧化还原电位 E(V) 可用能斯特方程式计算：

$$E = E^0 + \frac{0.0591}{n}\ln\left(\frac{[\text{氧化态}]^a}{[\text{还原态}]^b}\right) \tag{5-42}$$

式中 n——反应中转移的电子数；

E^0——标准氧化还原电位；

a——参与反应的氧化态化学计量数；

b——参与反应的还原态化学计量数。

对于有机物的氧化还原过程，往往难以用电子的转移判断。因为碳原子经常是以共价键的形式与其他原子相结合的，其价键数保持为 4。可用加氧或去氢的反应称为氧化，或者有机物与强氧化剂相作用生成 CO_2、H_2O 等的反应判定为氧化反应；加氢或去氧的反应称为还原反应。

影响氧化还原反应的因素有：溶液的 pH、温度和污染物浓度等。pH 决定着溶质的电离强度和存在形态。例如，采用高锰酸盐氧化氰化物为氰酸盐时，pH=9 左右的氧化速度最高，而在酸性范围内，氰化物主要以 HCN 分子形态存在，氧化反应基本上停止。另外，H^+ 和 OH^- 还起着催化剂的作用。因此，氧化还原反应中必须严格控制溶液的 pH。

从理论上说，按照氧化还原反应电位序列，每种物质都可相对地成为另一种物质的氧化剂或还原剂。但在工业水和废水处理实践中，应当考虑下列诸因素来选择适宜的氧化剂或还原剂：

（1）对水中希望去除的污染物质有良好的氧化还原作用。

（2）反应后的生成物应当无害，避免造成二次污染。

（3）价格便宜，来源可靠。

（4）常温下能有较快的反应速度，尽量避免加热。

（5）反应时所需 pH 不宜过高或过低。

5.4.2 氧化剂和还原剂

工业水处理中常用的氧化剂有：

（1）在接受电子后被还原为中性的原子，如气态的 O_2、Cl_2 和 O_3 等。

（2）化合价为正的离子，接受电子后还原成化合价为负的离子。例如，在碱性介质中，漂白粉的氯酸根 OCl^- 中的 Cl 接受电子还原成 Cl^-，次氯酸钠也类似。

（3）化合价为正的离子，接受电子后还原成带较低正化合价的离子，例如高锰酸盐 MnO_4^- 中的 Mn(Ⅶ) 接受电子后还原成 Mn(Ⅳ)。

工业水处理中常用的还原剂有：

（1）给出电子后氧化成带正电荷离子的中性原子，例如铁屑、锌粉等。

（2）带负电荷的离子，给出电子后氧化成带正电荷的离子。例如，硼氢化钠中的 BH^{4-}，其中的 B 为负五价，在碱性条件下可以将汞离子还原成金属汞，同时自身被氧化成正三价。

（3）金属或非金属的带正电荷的离子，给出电子后氧化成带有较高正电荷的离子。例如，$FeSO_4$、$FeCl_2$ 中的 Fe^{2+}，给出一个电子后，氧化成 Fe^{3+}。

5.4.3 氧化法处理工业水

向水中投加氧化剂如 O_3、H_2O_2、高锰酸盐、ClO_2、Cl_2 或 HOCl 以及 O_2 等，氧化水中的有害物质，使其转变为无毒无害的或毒性小的新物质的方法称为氧化法。在工业水处理领域，常用的化学氧化技术有氯化氧化法、空气氧化法和臭氧氧化法等。

1. 氯化氧化法

在水处理中氯化氧化法主要用于氰化物、硫化物、酚、醇、醛、油类的氧化去除，及脱色、脱臭、杀菌和防腐等过程。氯化氧化法处理常用的药剂有液氯、漂白粉、次氯酸钠和二氧化氯等。氯化氧化主要在反应池内进行，并伴有压缩空气搅拌或水泵循环搅拌。当待处理水量小、浓度变化大、要求处理程度较高时，一般采用间歇式处理法，设两个反应池，交替地进行间歇处理。当水量较大、污染物浓度变化较小时，采用连续式处理法。当采用漂白粉或液氯加石灰时，应设置沉淀池和污泥干化场。

（1）氰化物的氯化氧化

采用氯化氧化氰化物是分阶段进行的。在一定的反应条件下，第一阶段将 CN^- 氧化成氰酸盐。如采用漂白粉，反应过程如下：

$$Ca(ClO)_2 + 2H_2O = 2HOCl + Ca(OH)_2 \tag{5-43}$$

$$HOCl = H^+ + OCl^- \tag{5-44}$$

$$CN^- + OCl^- + H_2O = CNCl + 2OH^- \tag{5-45}$$

$$CNCl + 2OH^- = CNO^- + Cl^- + H_2O \tag{5-46}$$

如采用液氯，也将首先形成次氯酸：

$$Cl_2 + H_2O = HOCl + HCl \tag{5-47}$$

在氧化过程中，pH环境起重要作用。第一阶段要求pH在10～11之间。中间产物CNCl是挥发性物质，其毒性和HCN相等。在酸性介质中，CNCl稳定，难以进一步转化为CNO^-；在pH<9.5时，转化反应仍不完全，且需要几个小时以上。在pH=10～11时，反应速率明显提升，只需1.0～1.5min即可完成。

虽然氰酸盐CNO^-的毒性只有HCN的千分之一，但从保证水体安全出发，应进行第二阶段处理，以完全破坏碳一氮键，过程如下：

$$2CNO^- + 3OCl^- = CO_2\uparrow + N_2\uparrow + 3Cl^- + CO_3^{2-} \tag{5-48}$$

该反应在pH=8～8.5时最有效，这样有利于形成CO_2气体逸出水面，促进氧化过程的进行。如pH>8.5，CO_2将形成半化合状或化合状CO_2，不利于反应向右移动。在pH=8～8.5时，完全氧化反应需要半小时左右。

【例5-3】 采用氯化氧化法处理含氰水，已知水量为$300m^3/d$，CN^-浓度为30mg/L，若使出水浓度低于0.05mg/L，计算氯气最小的消耗量。

【解】 碱性氯化法处理含氰水所发生的反应如下：

$$Cl_2 + H_2O = HCl + HClO$$

$$CN^- + OCl^- + H_2O = CNCl + 2OH^-$$

$$CNCl + 2OH^- = OCl^- + Cl^- + H_2O$$

可知氯气与氰反应的物质的量之比为1∶1，所以可知最小消耗量为：

$$\frac{30-0.05}{27} \times 71 \times 300 = 23.6kg/d$$

(2) 硫化物的氯化氧化

氯化氧化硫化物的反应如下：

$$H_2S + Cl_2 = S + 2HCl \tag{5-49}$$

$$H_2S + 3Cl_2 + 2H_2O = SO_2\uparrow + 6HCl \tag{5-50}$$

部分氧化成硫时，1mg/L H_2S需2.1mg/L的氯，完全氧化成SO_2时，1mg/L H_2S需6.3mg/L氯。

(3) 酚的氯化氧化

利用液氯或漂白粉氧化酚，所用氯量必须过量数倍，否则将产生氯酚，发出不良气味。酚的氯化反应为：

$$C_6H_5OH + 8Cl_2 + 7H_2O = \begin{matrix} CH-COOH \\ | \\ CH-COOH \end{matrix} + 16HCl + 2CO_2 \tag{5-51}$$

如用ClO_2处理，则可能使酚全部分解，而无氯酚味；但费用较氯更为昂贵。

(4) 有机污染水脱色

氯有较好的脱色效果，如采用液氯，沉渣还很少；但氯的用量大，余氯多。如用R—CH=CH—R′表示发色的有机组分，脱色反应如下：

$$R-CH=CH-R' + HClO = R-\underset{\displaystyle Cl}{\underset{|}{CH}}-\underset{\displaystyle Cl}{\underset{|}{CH}}-R' \tag{5-52}$$

氯脱色效果与 pH 有关，一般发色有机物在碱性条件下易被破坏，因此碱性脱色效果好。pH 相同时，用次氯酸钠比氯更为有效。

(5) 氯化消毒

企业用水和排水中通常都含有大量细菌。以冷却水为例，微生物在循环管路中的大量繁殖将引起管道堵塞、输水能力下降以及管道腐蚀等问题。企业排水，尤其是医院排水中含有大量肠道传染病菌，如伤寒、痢疾和霍乱等；此外，由肠道病毒引起的传染病如肝炎等和结核病也能随水传播。这些水在使用或排入天然水体前需要进行消毒处理。

目前，市场上常用消毒剂及使用条件如表 5-6 所示。

消毒剂的优缺点及选择 表 5-6

名称	优点	缺点	使用条件
液氯	效果可靠，投配设备简单，投量准确，价格便宜	氯化形成的余氯及其含氯化合物低浓度时对水生生物有毒害；当工业水比例大时，氯化可能生成致癌物质	适用于大、中型污水处理站
次氯酸钠	用海水或浓盐水作为原料，产生次氯酸钠，可以在现场产生并直接投配，使用方便，投量容易控制	需要有次氯酸钠发生器与投配设备	适用于中、小型污水处理站
臭氧	消毒效率高并能有效地降解水中残留有机物、色、味等，pH与温度对消毒效果影响小，不产生难处理或生物积累性残余物	投资大，成本高，设备管理较复杂	适用于出水水质较好、排放水体的卫生条件要求高的污水处理站
紫外线	是紫外线照射与氯化共同作用的物理化学方法，消毒效率高	电耗能量较多	适用于小型污水处理站

氯价格便宜，消毒可靠又有成熟的经验，是在全世界使用最普遍的一种消毒剂。氯可以以气体或液体的状态存在。氯气呈黄绿色，为空气质量的 2.48 倍。液氯为黄绿色透明液体，沸点−34.6℃，熔点为−103℃，在常压下即汽化成气体，有剧烈刺激作用和腐蚀性且在常温常压下易溶解于水。氯的一般特性见表 5-7。

氯的性质 表 5-7

性质	单位	数值
分子量	g	70.91
沸点(液态)	℃	−33.97
熔点	℃	−100.98
汽化潜热(0℃时)	kJ/kg	253.6
液体密度(15℃时)	kg/m^3	1422.4
水中溶解度(15.5℃时)	g/L	7.0
液体相对密度(0℃时)，水＝1	无量纲	1.468
蒸汽密度(0℃时，1atm)	kg/m^3	3.213

续表

性　质	单　位	数　值
蒸汽密度比干空气（0℃时，1atm）	无量纲	2.468
蒸汽比容（0℃时，1atm）	m^3/kg	0.3112
临界温度	℃	143.9
临界压力	kPa	7811.8

就氯消毒而言，液氯、二氧化氯和氯胺作为氧化消毒剂，其消毒效率顺序为二氧化氯＞液氯＞氯胺，消毒持久性顺序为氯胺＞二氧化氯＞液氯，成本费用顺序为二氧化氯＞氯胺＞液氯，在水处理过程中都会产生各自的副产物，因此对消毒剂的选择应该综合考虑。

氯消毒存在的主要问题是会产生三卤甲烷和卤乙酸等有毒的消毒副产物；二氧化氯消毒产生的亚氯酸盐等对人体的危害也较大；氯胺的杀菌效果较差，不宜单独作为消毒剂使用，但若将其与其他消毒剂结合使用，既可以保证消毒效果，又可以减少氯化消毒副产物的形成，且可延长在配水管网中的作用时间，是值得推广的消毒技术。

2. 空气氧化法

所谓空气氧化法，就是利用空气中的氧作为氧化剂来氧化分解水中有毒有害物质的一种方法。

（1）空气氧化法除铁

地下水及某些工业水中往往含有溶解性的 Fe^{2+}，可以通过曝气的方法利用空气中的氧将 Fe^{2+} 氧化成 Fe^{3+}，而 Fe^{3+} 很容易与水中的碱度作用形成 $Fe(OH)_3$ 沉淀，而得以去除。

上述过程的氧化/还原半反应如下：

$$Fe^{3+}+e^{-}=\!=\!=Fe^{2+}\quad E_1^0=+0.771V \tag{5-53}$$

$$O_2+2H_2O+4e^{-}=\!=\!=4OH^{-}\quad E_2^0=+0.401V \tag{5-54}$$

$E_1^0>E_2^0$，水中的 Fe^{2+} 可以被氧化成 Fe^{3+}。总反应式为：

$$4Fe^{2+}+8HCO_3^{-}+O_2+2H_2O=\!=\!=4Fe(OH)_3\downarrow+8CO_2 \tag{5-55}$$

（2）空气氧化法除硫

含硫水多来源于石油炼厂等化工企业的排放，部分地下水中也含有较高浓度的硫化物。水中硫的浓度在 1000mg/L 以上时应考虑回收利用，低浓度的含硫水可用空气氧化法处理。通过向水中通入空气和蒸汽，硫化物即被氧化成无毒的硫代硫酸盐或硫酸盐，过程如下：

$$2HS^{-}+2O_2=\!=\!=S_2O_3^{2-}+H_2O \tag{5-56}$$

$$2S^{2-}+2O_2+H_2O=\!=\!=S_2O_3^{2-}+2OH^{-} \tag{5-57}$$

$$S_2O_3^{2-}+2O_2+2OH^{-}=\!=\!=2SO_4^{2-}+H_2O \tag{5-58}$$

$$\frac{-d[Fe^{2+}]}{dt}=K[Fe^{2+}][O_2][OH^{-}]^2 \tag{5-59}$$

理论上，氧化 1kg 硫化物生成硫代硫酸盐约需 1kg 的氧，相当于需 $3.7m^3$ 空气，但由于少部分（约 10%）硫代硫酸盐会进一步氧化成硫酸盐，所以实际空气用量偏大。注入蒸汽的目的是加快反应速度，一般需将水温升高到90℃。空气氧化脱硫的过程一般要在密闭的塔内进行。

脱硫的工艺流程如图5-6所示。处理中原水、空气及蒸汽经射流混合器混合后，送至空气氧化脱硫塔。脱硫塔用拱板分为数段，拱板上安装喷嘴。当水和空气以较高的速度冲出喷嘴时，空气被粉碎为细小的气泡，增大气液两相的接触面积，使氧化速度加快，在气液并流上升的过程中，气泡的上升速度较快，并不断产生破裂与合并，当气上升到段顶板时，就会产生气液分离现象。喷嘴底部缝隙的作用就是使气体能够再度均匀地分布在液相中，然后经过喷嘴进一步混合，这样就消除了气阻现象，使塔内压力稳定。

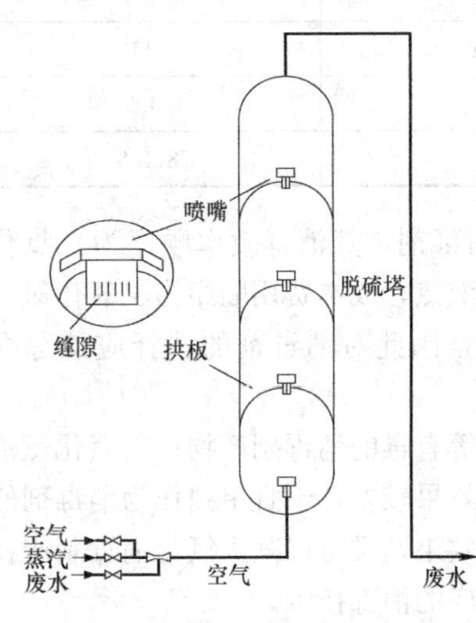

图5-6 脱硫的工艺流程

3. 臭氧氧化法

臭氧在室温下为蓝色气体，具有明显气味。当气态臭氧的浓度达到240g/m³（在空气中有20%的质量比）时具有爆炸性。表5-8总结了臭氧的性质。臭氧在水中的溶解度遵循亨利定律。臭氧氧化法在工业水处理中的应用十分广泛。在杀菌、消毒、脱色、除臭、氧化难降解有机物与改善絮凝效果方面有明显的优势。

臭氧特性 表5-8

性质	单位	数值
分子质量	g	48.0
沸点	℃	−111.9±0.3
溶点	℃	−192.5±0.4
119℃时的蒸发潜热	kJ/kg	14.90
−183℃时的液体密度	kg/m³	1574
0℃和1 atm时的蒸汽密度	g/mg	2.154
20℃时在水中的溶解度	mg/L	12.07
−183℃时的蒸汽压力	kPa	11
0℃和1 atm时的蒸汽密度与干空气之比	无量纲	1.666
0℃和1 atm时的蒸汽的比容	m³/kg	0.464
临界温度	℃	−12.1

（1）除臭脱色。水中的有机和无机氮、硫化物是引起臭味的主要原因。工程经验表明，加入1～2mg/L的低浓度臭氧即可与上述物质充分反应，达到脱除臭味的效果。值得一提的是，臭氧作为除臭剂时，还具有抑制异味再形成的功能。这是由于臭氧在氧化破坏致臭基团的同时自身被还原产物为氧气，水中溶解氧含量的上升，消除了异味物质的滋生环境。类似的，臭氧对水中的色度也有良好的脱除效果。这主要是其对带有不饱和键的多环有机组分具有强氧化性。

（2）有机物氧化降解。臭氧氧化技术最早应用于含氰水和含酚水的处理。氰化物经臭氧氧化后可转变为毒性仅为原来百分之一的氰酸盐，甚至可进一步氧化为无毒无害的组分。但其对铁氰络合物的氧化效果则较弱，实际应用中需排除络合作用的干扰。臭氧与酚类等难降解有机组分的氧化过程已被广泛应用于实际生产中，产物主要为一元醛、二元醛、一元羧酸和二元羧酸等小分子有机组分，虽然未能完全矿化，但将极大提升有机组分的可生化降解性。

（3）杀菌消毒。与氯类似，臭氧也具有良好的杀菌消毒功能，所不同的是臭氧消毒副产物的生成量不论种类或数量均远低于氯消毒，因而在诸多市政用水净化系统以及工业企业用水和排水处理工艺中均采用了臭氧消毒的方法。然而，这种消毒技术不具有持续杀菌功能，使其在市政供水领域的应用受到了一定程度的限制。

此外，经过臭氧氧化脱除有机组分粘附的无机颗粒也将具有更高的混凝效果。这一功能主要用于工业用水的预处理环节，通过臭氧预氧化，在降低原水中有机组分含量、降低后续消毒副产物生成量和消毒剂投加量的同时，可提升悬浮物和胶体在混凝一沉淀或澄清等环节的去除效率。

5.5 离子交换

离子交换是目前最重要和应用最广泛的分离方法之一。它是利用固相离子交换剂功能基团所带的可交换离子，与接触交换剂的溶液中相同电性的离子进行交换反应，以达到离子的置换、分离、去除、浓缩的目的。在工业给水处理中，离子交换法主要用于水质软化和脱盐。在工业排水处理中，则主要用于回收贵重金属，也用于放射性和有机废水的处理。

5.5.1 离子交换剂

1. 离子交换剂的分类

离子交换剂是实现交换功能的最基本物质。根据母体材质的不同，离子交换剂可以分为无机和有机两大类，也可分为天然离子交换剂和人工合成离子交换剂。无机离子交换剂有天然沸石和人造沸石等。有机离子交换剂是高分子聚合物，也称为离子交换树脂，是使用最广泛的离子交换剂，常见的有凝胶树脂、大孔树脂、吸附树脂、氧化还原树脂和螯合树脂等。下面主要介绍离子交换树脂。

按照活性基团中酸、碱的强弱可以将离子交换树脂分为：

（1）强酸性阳离子交换树脂，活性基团一般为$—SO_3H$，也称为磺酸型阳离子交换树脂。

（2）弱酸性阳离子交换树脂，活性基团一般为—COOH，也称为羧酸型阳离子交换树脂。

（3）强碱性阴离子交换树脂，活性基团一般为≡NOH，又称为季胺型阴离子交换树脂。

（4）弱碱性阴离子交换树脂，活性基团一般为$—NH_3OH$，$═NH_2OH$和≡NHOH，分别称为伯胺型、仲胺型和叔胺型离子交换树脂。

离子交换树脂也可以按照树脂颗粒内部的结构特点，分为凝胶型树脂、大孔型树脂、多孔凝胶型树脂、巨孔型树脂（MR 型）和高巨孔型树脂（超 MR 型）。按照其交联度（交联剂含量的百分数）的大小来分类，可以分为低交联度（2%～4%）、一般交联度（7%～8%）和高交联度（12%～20%）三种。实际中常用的是交联度为 7%～12%的树脂。此外，还可以按照活动离子的名称，把离子交换树脂简称为 H 型、Na 型、OH 型和 Cl 型等。

2. 离子交换树脂的性能指标

离子交换树脂的性能对处理效率、再生周期及再生剂的耗量等都有较大影响。用于判断离子交换性能的几个重要指标如下。

（1）树脂的交换选择性

离子交换树脂对水和废水中某种离子优先交换的性能，称为树脂的交换选择性。它用于表征树脂对不同离子亲和能力的差异。这种选择性具有以下特点：①在低浓度和常温下，交换离子与固定离子结合的能力随溶液中离子价数的增加而增加。②在低浓度和常温下，价数相同时，离子的交换能力随原子序数的增加而增加。③交换能力随离子浓度的增加而增大。高浓度的低价离子甚至可以把高价离子置换下来，这就是离子交换树脂能够再生的依据。④H^+离子和OH^-离子的交换能力，取决于它们与固定离子所形成的酸或碱的强度，强度越大，交换能力越小。此外，金属在溶液中以络合阴离子存在时，将降低其交换能力。

根据上述规律，得出各种树脂对离子的选择顺序如下。

1）强酸型阳离子交换树脂的选择顺序为：

$$Fe^{3+}>Al^{3+}>Ca^{2+}>Ni^{2+}>Cd^{2+}>Gu^{2+}>Co^{2+}>Zn^{2+}>Mg^{2+}>Na^{+}>H^{+}$$

2）弱酸型阳离子交换树脂的选择顺序为：

$$H^{+}>Fe^{3+}>Al^{3+}>Ba^{2+}>Sr^{2+}>Ca^{2+}>Ni^{2+}>Cd^{2+}$$
$$>Cu^{2+}>Co^{2+}>Zn^{2+}>Mg^{2+}>K^{+}>Na^{+}$$

3）强碱型阴离子交换树脂的选择顺序为：

$$Cr_2O_7^{2-}>SO_4^{2-}>NO_3^{-}>CrO_4^{2-}>Br^{-}>SCN^{-}>OH^{-}>Cl^{-}$$

4）弱碱型阴离子交换树脂的选择顺序为：

$$OH^{-}>Cr_2O_7^{2-}>SO_4^{2-}>CrO_4^{2-}>NO_3^{-}>PO_4^{3-}>MoO_4^{2-}>Br^{-}>Cl^{-}>F^{-}$$

（2）离子交换树脂的交换容量

离子交换树脂的交换能力是以交换容量来衡量的。它表示的是树脂能交换的离子数量。可以用重量法和容积法两种方法表示。重量法是指单位质量的干树脂中离子交换基团的数量，用 mmol/g 或 mol/g 树脂表示。容积法是指单位体积的湿树脂中离子交换基团的数量，用 mmol/L 或 $mmol/m^3$ 树脂表示。由于树脂一般在湿态下使用，因此常用的是容积法。常用的离子交换容量有全交换容量、平衡交换容量和工作交换容量。

全交换容量指离子交换树脂内全部可交换的活性基团的数量。取决于树脂内部组成，与外界环境无关，通常用滴定法测定。平衡交换容量指在一定的外界溶液条件下，交换反应达到平衡状态时，交换树脂所能交换的离子数量，其值随外界条件变化而异。工作交换容量指在特定的应用条件下，树脂表现出来的交换容量。例如，在离子交换柱运行过程中，当出水中开始出现需要脱除的离子时，交换树脂所达到的实际交换容量。

在上述三种交换容量中，全交换容量最大，平衡容量次之，工作交换容量最小。

(3) 树脂的溶胀性

当树脂由一种离子形态转变为另一种形态时所发生的体积变化称为溶胀性。树脂溶胀的程度以溶胀率来表示。品种不同的树脂具有不同的溶胀率；同一种树脂，活动离子的形式不同，其体积也不相同，所以当树脂在转形时就会发生体积改变。

(4) 树脂的含水率

由于树脂具有亲水性，因此它总会有一定量的水分，称为含水率。含水率通常以每克湿树脂（去除表面水分后）所含水分的百分数来表示（一般在50%左右），也可以折算成相当于每克干树脂的百分数表示。

(5) 树脂的物理化学稳定性

树脂的物理稳定性是指树脂受到机械作用时的磨损程度，还包括温度变化时对树脂影响的程度。树脂的化学稳定性包括承受酸碱度变化的能力、抵抗氧化还原的能力等。树脂稳定性是选择和使用树脂时必须注意的因素。

(6) 耐酸碱性

一般无机离子交换树脂是不耐酸碱的，只能在 pH＝6～7 条件下使用。有机合成强酸、强碱性树脂可在 pH＝1～14 环境下使用。弱酸阳树脂可在 pH≥4 时使用，弱碱阴树脂应在 pH≤9 时使用。一般树脂的抗酸性优于抗碱性。无论是阳树脂还是阴树脂，当在碱的浓度超过 1mol/L 时，都会发生分解。

(7) 抗氧化性能

各种氧化剂如氯、次氯酸、双氧水、氧和臭氧等会对树脂有不同程度的破坏作用，在使用前需除去。不同类型的树脂，受到损坏的程度不同。就其抗氧化的能力来讲，交联度高的树脂优于交联度低的树脂；聚苯乙烯类树脂优于酚醛类树脂；钠型树脂优于氢型树脂；氯型树脂优于氢氧型树脂；大孔树脂优于凝胶树脂。

(8) 树脂的粒度、密度

树脂的粒度对水流分布、床层压力有很大影响。粒度越小，表面积越大。但粒度过细不仅增大液体在树脂层内的阻力，而且也会影响树脂的机械强度，降低使用寿命。通常树脂粒径在 0.2～0.8mm 之间。离子交换树脂的相对密度有三种表达方法，分别为干密度、湿真密度和湿视密度。干密度是在温度 115℃真空干燥后的密度。湿真密度是指树脂在水中充分膨胀后的质量与自身所占体积（不含树脂颗粒之间的孔隙）之比值（g/cm^3）。不同类型树脂，湿真密度不同。即使同一类型的阳树脂或阴树脂，由于所含交换离子种类不同，湿真密度大小也不相同。其大小顺序为：阳树脂 $R—H < R—NH_4 < R—Ca < R—Na$；阴树脂 $R—OH < R—Cl < R—CO_3 < R—SO_4$。湿视密度又称堆积密度，是指树脂在水中充分溶胀后，单位体积树脂所具有的质量。密度对交换柱设计、反洗强度以及混合床再生前分层分离状况等都有影响。

树脂的骨架是靠交联剂连接在一起的。交联度是指交联剂所占有的份数，一般用交联剂占单体质量百分数来表示。例如，聚苯乙烯树脂用二乙烯苯作交联剂，其用量占单体总料量的8%时，则这种树脂的交联度为8%。交联度直接影响树脂的性能。交联度越高，树脂的机械强度就越大，对离子的选择性越强，但离子的交换速度就越慢。这是因为交联度高，表明树脂的结构紧密，孔隙率低，同时树脂在水中溶胀率也低，因而水中的离子在树脂内扩散速度小，影响了离子间的交换能力。

5.5.2 离子交换的基本原理

1. 离子交换过程

离子交换过程可以看作是固相的离子交换树脂与液相中电解质之间的化学置换反应。其反应一般都是可逆的。

离子交换过程通常可以分为五个连续的阶段：

（1）交换离子从溶液中扩散到树脂颗粒表面。

（2）交换离子在树脂颗粒内部扩散。

（3）交换离子与结合在树脂活性基团上的可交换离子发生交换反应。

（4）被交换下来的离子在树脂颗粒内部扩散。

（5）被交换下来的离子在溶液中扩散。

实际上离子交换反应的速度是很快的，离子交换的总速度取决于扩散速度。离子交换树脂达到吸附饱和时，通入某种高浓度的电解质溶液，就可以将被吸附的离子交换下来，从而再生树脂。

2. 离子交换平衡

用质量作用定律可以很好地解释离子交换平衡规律。下面以阳离子交换过程为例，解释离子交换平衡问题。

以 RA 代表阳离子交换树脂，R 表示固定在树脂上地阴离子基团，A 为活动离子，B 为电解质溶液中的阳离子。则离子交换反应为：

$$nR^-A^+ + B^{n+} \longrightarrow R_n^-B^{n+} + nA^+ \tag{5-60}$$

若电解质溶液为稀溶液，各种离子的活度系数接近于 1，假定离子交换树脂中离子活度系数的比值为一常数，则交换反应的平衡关系可用下式表示：

$$K=\frac{[A^+]^n[R_n^-B^{n+}]}{[B^{n+}][R^-A^+]^n} \tag{5-61}$$

式中：右边各项均以离子浓度表示。在活度系数作了上述假定之后，K 值不是一个固定的常数，称为平衡系数。不过在稀溶液的条件下，可以近似看作常数。

上式表明，K 值越大，溶液中的 B^{n+} 离子的去除率就越高。根据 K 值的大小，可以判断交换树脂对某种离子选择性的强弱，所以又把 K 值称为离子交换平衡选择系数。采用离子交换法处理水时，必须考虑树脂的选择性。

3. 影响离子交换速度的因素

从交换过程可知，交换与被交换下来的离子，都要经过穿过树脂表面膜层、在树脂孔隙内扩散、在功能基位置上进行交换这样相同的三个过程。实际上化学交换在瞬间即可完成，因而影响离子交换速度的因素，只能产生于离子在膜层扩散和在树脂孔隙内扩散这两个过程。通常可采取以下措施以改善离子穿过膜层速率：

（1）加快交换体系搅拌速度或提高溶液的过流速度，以减小树脂表面的膜层厚度。

（2）提高溶液中的离子浓度。

（3）增大交换剂的表面积，即减小树脂的粒度。

（4）提高交换体系的温度，以加快扩散速度。

加快离子在树脂孔隙内扩散速度的措施：

（1）降低凝胶树脂的交联度，增加大孔树脂的致孔剂。以此提高树脂的孔隙率、孔度和溶胀度，有利于离子的扩散。

（2）提高交换体系温度，以加快扩散速度。

（3）离子在孔隙内的扩散速度还与离子自身性质有关，离子价数越低或离子半径越小，则其扩散速度越快。

5.5.3　离子交换的工艺过程

离子交换操作是在装有离子交换剂的交换柱中以过滤方式进行的，整个工艺过程包括交换、反洗、再生和清洗等四个阶段。这四个阶段依次进行，形成不断循环的工作周期。

1. 交换阶段

交换阶段是利用离子交换树脂的交换能力，从待处理水中分离脱除需要去除的离子的操作过程，这一过程类似于过滤。交换时树脂不动，则构成固定床操作。现以树脂 RA 交换水中的离子 B 为例进行说明。如图 5-7 所示。

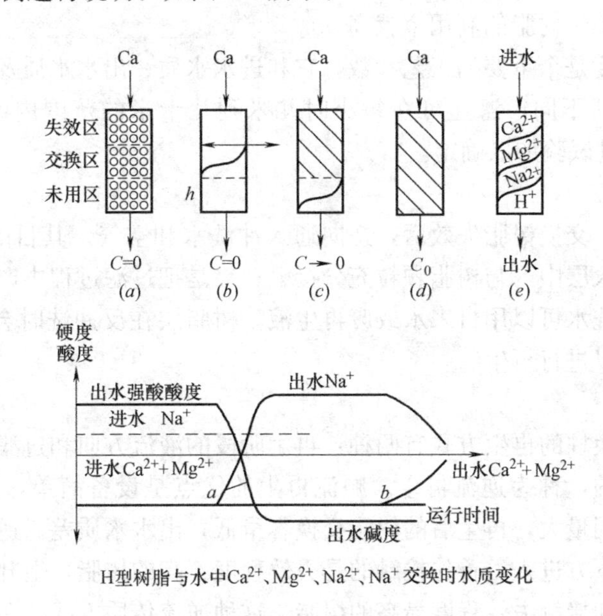

图 5-7　离子交换柱的工作过程

当水进入交换柱后，首先与顶层的树脂接触并进行交换。当达到吸附平衡时，这层树脂被 Ca^{2+} 离子饱和。此时交换作用移至下层交换树脂。水继续流过下层树脂时，水中 Ca^{2+} 离子浓度逐渐降低，而 N_a^+ 离子浓度却逐渐升高。当水流经一段滤层后，全部 Ca^{2+} 离子都被交换成 A 离子，此时出水中 Ca^{2+} 离子的浓度为 0。通常把进行交换作用的这一层树脂称为交换层或工作层。交换层以下的床层为新鲜树脂，并未发挥作用。继续运行时，失效区逐渐扩大，交换区向下移动，未用区逐渐缩小。当交换区下缘到达树脂层底部时见图 5-7（*c*），出水中开始有 Ca^{2+} 离子存在，此时称为树脂层穿透。再继续运行时，出水中 Ca^{2+} 离子的浓度迅速增加，直至与进水的浓度 C_0 相同，全塔树脂饱和。

在一般的工业水处理中，交换柱到穿透点时就停止工作，进行树脂再生。但是为了充分利用树脂的交换能力，可以采用“串联柱全饱和工艺”，即当交换柱达到穿透点时，仍继续工作，只是把该柱的出水引入另一个已经再生后投入工作的交换柱，以便保证出水水质符合要求，该柱则工作到全部树脂都达到饱和后再进行再生。

在床层穿透以前，树脂分属于饱和区、交换区和未用区，真正工作的只有交换区内的树脂。交换区的上断面处液相 Ca^{2+} 的浓度为 C_e，下断面处为 0。如果同时测定各树脂层的液相 Ca^{2+} 浓度，可得交换区内的浓度分布曲线见图 5-7（*b*）。浓度分布曲线也是交换区中树脂的负荷曲线。曲线上面的面积 Ω_1 表示了利用的工作容量，而曲线下面的面积 Ω_2 则表示尚未使用的交换容量。Ω_1 与总交换容量（$\Omega_1+\Omega_2$）之比称为树脂的利用率。

一个交换柱树脂的利用率主要取决于工作层的厚度和整个树脂层的高宽尺寸比例。显然，当交换柱尺寸一定时，工作层厚度越小，树脂利用率越高。工作层的厚度随工作条件而变化，主要取决于离子供应速度和离子交换速度的相互关系。所谓离子供应速度，就是单位时间内通过某一树脂层的离子数量，它又取决于过滤速度。过滤速度大，离子供应速度也大。离子交换速度，就是单位时间内完成交换历程的离子数量。对于给定的数值和废水，交换柱的离子交换速度基本上是一个定值。显然，离子供应速度不大于离子交换速度时，工作层厚度就小，树脂的利用率就高。

离子交换的速度是个重要的工艺参数，它和进水水质、出水水质及阻力损失等因素有关。根据处理条件的不同，滤速可在每小时几米到几十米的范围内波动，一般为 10～30m/h，最好是通过试验加以确定。

2. 反冲洗阶段

反冲洗是在离子交换树脂失效后，逆向通入冲洗水和空气。其目的一是松动树脂层，使再生液能均匀渗入层中，与树脂颗粒充分接触；二是把过滤过程中产生的破碎粒子和截流的污物冲走。冲洗水可以用自来水或废再生液，树脂层在反冲洗时会膨胀 30%～40%。经反冲洗后，便可以进行再生。

3. 再生阶段

（1）固定床交换柱的再生方式有两种：再生阶段的液流方向和过滤阶段相同的称为顺流再生；方向相反的，称为逆流再生。顺流再生的优点是设备简单，操作方便，工作可靠。缺点是再生剂用量大，再生后的树脂交换容量低，出水水质差。逆流再生时，新鲜的再生剂从交换柱的下方进入，首先接触的是失效程度不高的树脂，上升到顶层时，有一定程度失效的再生剂却接触失效程度最高的树脂。这种逆流传质方式，在整个交换柱内比较均匀，比顺流再生有更高的推动力，再生剂用量少。同时，树脂再生度高，获得的工作交换容量大。逆流再生的缺点是：再生时为了避免扰动滤层，限制了再生液的流速，延长了再生时间。

除此之外，还有分流再生、串联再生和体外再生。再生液从交换柱的顶部、底部同时进，从交换柱体的侧面流出叫分流再生；当两个或多个离子交换柱串联使用时，被处理液由柱顶进入底部，再由底部串入下一个柱顶，以此串至最后，从柱底排出。再生液则由最后一个柱顶进入底部排出，然后再串入下一个柱顶，直至首个交换柱底部排出的再生方式叫做串联再生；体外再生则是在阴阳离子混合交换柱中，树脂饱和后，两种树脂全部或只有阴树脂移出交换柱，去进行再生。再生后的树脂再移回到混合交换柱中。

在树脂允许的温度范围内，再生液温度越高，再生效果就越好。为节省运行费用，一般均在常温下再生。为了除去树脂中一些有害物质或再生困难的离子，再生液可加热到 35～40℃。

（2）再生剂的用量和再生率的控制。理论上讲，树脂的交换和再生均按等当量进行。

但是实际上，为了使再生进行得更快更彻底，总是使用高浓度的再生液。当再生程度达到要求后又需将其排出，并用净水将粘附在树脂上的再生剂残液清洗掉。这就造成了再生剂用量的成倍增加。由此可见，离子交换系统的运行费中，再生费占主要部分，这是应用离子交换技术需要考虑的主要经济因素。

当然，交换树脂的再生程度与再生剂的用量并不是直线关系。当再生剂用量增加到一定程度时，再生效率随再生剂用量的增长不大。因此，再生剂用量过高既不经济，也无必要。表 5-9 列出了在工业水处理中，常用树脂所采用的再生剂及其用量。氢型阳树脂可用 HCl 或 H_2SO_4 再生，但用 H_2SO_4 再生时，会产生溶解度小的 $CaSO_4$，沾污树脂、堵塞滤层。所以，当水中含 Ca^{2+} 高时，最好用 HCl 作再生剂。即使含 Ca^{2+} 较低时，所使用的硫酸浓度也不宜高，一般采用 1%～2%。再生液流速涉及再生液和树脂的接触时间，直接影响再生效果。再生液的流速一般是：顺流再生 2～5m/h，逆流再生不大于 1.5m/h。

常用树脂的再生剂用量 **表 5-9**

离子交换树脂及其形式		再生剂及其用量		
种类	离子形式	名称	体积分数(%)	理论用量倍数
强酸性	H 型	HCl	3～9	3～5
	Na 型	NaCl	8～10	3～5
弱酸性	H 型	HCl	4～10	1.5～2
	Na 型	NaOH	4～6	1.5～2
强碱性	OH 型	NaOH	4～6	4～5
	Cl 型	HCl	8～12	4～5
弱碱性	OH 型	NaOH，NH_4OH	3～5	1.5～2
	Cl 型	HCl	8～12	1.5～2

4. 清洗阶段

清洗的目的是洗涤残留的再生液和再生时可能出现的反应产物。通常清洗的水流方向和过滤时一样，所以也称为正洗。清洗的水流速度应先小后大。清洗过程后期应特别注意掌握清洗终点的 pH（尤其是弱性树脂转型之后的清洗），避免重新消耗树脂的交换容量。一般淋洗用水的体积是树脂体积的 4～13 倍，淋洗水速度为 2～4 m/h。

5.5.4 离子交换设备和系统

一个完整的离子交换系统，主要包括预处理单元、离子交换单元、再生单元和电控仪表等。根据离子交换柱的构造、用途和运行方式，离子交换单元装置，常用的离子交换设备主要有固定床、移动床和流化床三种。

固定床在工作时床层固定不变，水流由上而下流动。根据料层的组成，又分为单层床、双层床和混合床三种。单层床中只装一种树脂，可以单独使用，也可以串联使用。双层床是在同一个柱中装两种同性不同型的树脂，由于密度不同而分为两层。当需要对原水进行除盐处理时，则流程中既需要有阳离子交换树脂，又要有阴离子树脂，以除去所有阳离子和阴离子。混合床就是把阴阳离子交换树脂混合装成一床使用。

固定床交换柱的上部和下部设有配水和集水装置，中部装填 1.0～1.5m 厚的交换树脂。这种交换器的优点是设备紧凑，操作简单，出水水质好；不过，再生费用较大、生产效率不够高。但是，目前仍然是应用比较广泛的一种设备。

移动床交换设备包括交换柱和再生柱两个主要部分。工作时，定期从交换柱排出部分失效树脂，送到再生柱再生，同时补充等量的新鲜树脂参与工作。它是一种半连续式的交换设备，整个交换树脂在间断移动中完成交换和再生。移动床交换器的特点是效率较高，树脂用量较少。

流化床交换设备是使交换树脂在连续移动中实现交换和再生。移动床和流化床与固定床相比，具有交换速度快、生产能力大和效率高等优点。但是，由于设备复杂、操作麻烦、对水质水量变化的适应性差，以及树脂磨损大等缺点，限制了它们的应用范围。

在工业水的软化和除盐中，需要根据原水的水质、出水要求、生产能力等来确定合适的离子交换工艺。如果原水碱度不高，软化的目的只是为了降低 Ca^{2+}、Mg^{2+} 含量，则可以采用单级或二级 Na 离子交换系统。单级 Na 离子交换可以将硬度降至 0.5mmol/L 以下，二级则可降至 0.005mmol/L 以下。当原水碱度比较高时，必须在降低 Ca^{2+}、Mg^{2+} 的同时降低碱度。此时，多采用 H—Na 离子器联合处理工艺。利用 H 离子交换器产生的 H_2SO_4 和 HCl 来中和原水或 Na 离子交换器出水中的 HCO_3^-。反应产生的 CO_2 再由除 CO_2 器除去。

离子交换法处理工业排水的主要用途是回收有用金属。图 5-8 是从电镀企业排水中回收铬的代表性流程。含铬水（铬含量为数十到数百毫克）首先经过滤除去悬浮物，再经阳离子（RSO_3H）交换器，除去金属离子（Cr^{3+}、Fe^{3+}、Cu^{2+} 等），然后进入阴离子（ROH）交换器，除去 $Cr_2O_7^{2-}$ 和 CrO_4^{2-}，出水中含 Cr^{6+} 浓度小于 0.5mg/L，可以作为清洗水循环使用。阳树脂用 1mol/L 的盐酸再生，阴树脂用 12%的氢氧化钠再生。阴树脂再生液含铬达到 17g/L，将再生液经过一个 H 型阳离子交换器使转变为铬酸，再经过蒸发浓缩，即可返回电镀槽使用。

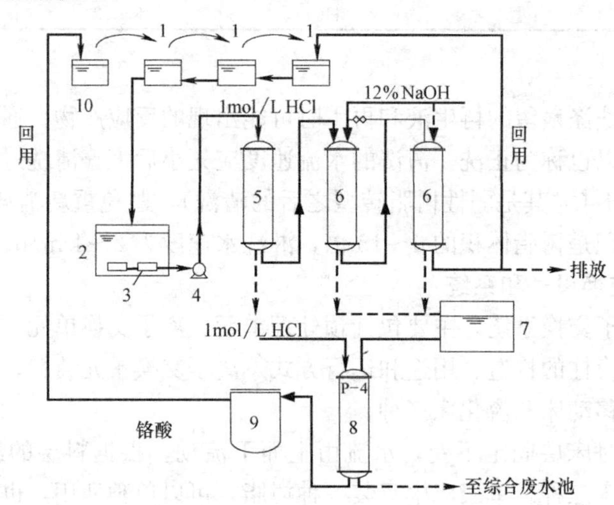

图 5-8　离子交换树脂回收铬酸

1—漂洗槽；2—漂洗水池；3—微孔滤管；4—泵；5、8—阳离子交换塔；6—阴离子交换塔；7—贮槽；9—蒸发器；10—电镀槽

上述流程中，第一个阳离子交换器的作用有两个：一是去除金属离子及杂质，减少对阴树脂的污染，因为重金属对树脂氧化分解可能起催化作用；二是降低 pH，使 Cr^{6+} 以 $Cr_2O_7^{2-}$ 存在。阴离子树脂对 CrO_4^{2-} 的选择性大于对其他阴离子的选择性。而且交换一个 $Cr_2O_7^{2-}$ 除去两个 Cr^{6+}，而交换一个 CrO_4^{2-} 仅除去一个 Cr^{6+}。但由于 $Cr_2O_7^{2-}$ 是强氧化

剂，容易引起树脂的氧化破坏，所以要选用化学稳定性较好的强碱树脂。

思考题与习题

1. 中和法处理酸（或碱）性水可采用哪些方法，应用最多的是何种方法？

2. 某企业排出的含盐酸废水量为 $100m^3/d$，其中盐酸浓度为 5g/L，用石灰进行中和处理，石灰的有效成分占 50%，试求石灰的用量。

3. 某工厂甲车间每天产生含盐酸 0.73% 的废水 $50m^3$，乙车间产生含氢氧化钠 1.6% 的废水，其水质和水量变化较大，拟采用间歇式中和池将酸碱废水互混进行中和处理，若使处理后的废水酸、碱达到完全中和，则乙车间每天排出的碱性废水量应为多少？

4. 化学沉淀法处理的主要对象是哪些污染物，它与重力沉降法相比有什么特点？

5. 某工厂拟采用 Na_2SO_3 去除 $Cr_2O_7^{2-}$，已知水量为 $5000m^3/d$，$Cr_2O_7^{2-}$ 浓度为 10mg/L，要求出水浓度达到 0.05mg/L（均以六价铬计），试计算消耗的 Na_2SO_3 的量，并比较 NaOH 和 CaO（纯度为 50%）分别作为中和沉淀试剂所生成的沉淀物质量。

6. 论述常用的工业用水软化方法及其原理。

7. 工业水的氧化处理法有哪些，各有何特点，适用于何种场合？

8. 某工业水流量为 10000L/d，氰化物（以 CN 表示）含量为 130mg/L，采用氯化氧化法进行处理，假定氧化成 CNO，需要多少 Cl_2？假定完全氧化成 HCO_3^- 和 HCl，各需要多少 Cl_2？

9. 某印染厂用臭氧氧化法处理废水，水量为 $3000m^3/d$，臭氧投加量为 55mg/L，安全系数 k 取 1.06，臭氧接触反应器水力停留时间为 10min，则臭氧需要量和反应器容积各是多少？

10. 论述工业水处理中常见的四种消毒剂的优缺点。

11. 离子交换树脂的工作原理是什么，为什么工业水处理中多采用弱酸性阳离子交换剂？

第6章　工业水物理化学处理技术

物理化学处理技术系运用物理和化学的综合作用使受污染水得到净化的方法，既可用于简单的初级处理，也可用于高级处理。它的去除对象主要是水中无机的或者有机的难于生物降解的溶解性物质或胶体物质。本章后续内容将对工业水处理中常用的物理化学处理单元，包括混凝、澄清、吸附和电解技术进行详细介绍。

6.1　混　　凝

混凝是工业水处理中的常用方法，用以去除水中细小的悬浮物和胶体。在造纸、钢铁、纺织、煤炭、选矿、化工、食品等工业用水和排水的净化处理中均有着广泛的应用。除了用于去除水中的悬浮物和胶体物质外，还可用于除油和脱色。

6.1.1　混凝机理

1. 胶体的凝聚机理

胶体是一种具有高分散性的分散系统。在该系统中，分散相粒子半径在 10^{-9}～10^{-7}m 之间的为胶体，粒子半径在 10^{-7}～10^{-5}m 之间时则称为粗分散系统，如泥浆悬浮液、牛奶乳状液等。胶体具有多相性，是多相系统，其中的粒子和介质是两个不同的相，这是它与真溶液的主要区别之一。由于胶体的高度分散性，使它具有很大的相界面和界面能，因而表现出很强的吸附性能。它可以选择性地吸附介质中的某种离子，形成带电的胶体粒子。胶粒带电的原因主要是：①因吸附其他离子而带电。胶粒一般优先吸附与它有相同化学元素的离子。②电离作用使胶粒带电。有些胶粒与分散介质接触时，固体表面分子会发生电离，使一种离子进入液相，而本身带电。因此，胶体粒子呈双电层结构。

在胶体中心，是由数百以至数万个分散相固体物质分子组成的胶核。在胶核表面，有一层带同号电荷的离子，称为电位离子层，电位离子层构成了双电层的内层，电位离子所带的电荷称为胶体粒子的表面电荷，其电性正负和数量多少决定了双电层总电位的符号和胶粒的整体的电性。为了平衡电位离子所带的表面电荷，液相一侧必须存在众多电荷数与表面电荷相等而电性与电位离子相反的离子即反离子。

反离子层构成了双电层的外层，其中紧靠电位离子的反离子被电位离子牢固吸引着，并随胶核一起运动，称为反离子吸附层。

吸附层的厚度一般为几纳米，它和电位离子层一起构成胶体粒子的固定层。固定层外围的反离子由于受电位离子的引力较弱，受热运动和水合作用的影响较大，因而不随胶核一起运动，并趋于向溶液主体扩散，称为反离子扩散层。扩散层中，反离子浓度呈内浓外稀的递减分布，直至与溶液中的平均浓度相等。

固定层与扩散层之间的交界面为滑动面。当胶核与溶液发生相对运动时，胶体粒子就沿滑动面一分为二，滑动面以内的部分是一个作整体运动的动力单元，称为胶粒。由于其中的反离子所带电荷数少于表面电荷总数，所以胶粒总是带有剩余电荷。剩余电荷的电性与电位离子的电性相同，其数量等于表面电荷总数与吸附层反离子所带电荷之差。胶粒和扩散层一起构成电中性的胶团。

胶核表面电荷的存在，使胶核与溶液主体之间产生电位，称为总电位或 φ_0 电位。胶粒表面剩余电荷，使滑动面与溶液主体之间也产生电位，称为电动电位或 ζ 电位。φ_0 电位和 ζ 电位的区别是：对于特定的胶体，φ_0 电位是固定不变的，而 ζ 电位则随温度、pH 及溶液中的反离子强度等外部条件而变化，是表征胶体稳定性强弱和研究胶体凝聚条件的重要参数。

根据电学的基本定律，可导出 ζ 电位的表达式为：

$$\zeta=4\pi q\delta/\varepsilon \tag{6-1}$$

式中 q——胶体粒子的电动电荷密度，即胶粒表面与溶液主体间的电荷差；

δ——扩散层厚度，cm；

ε——水的介电常数，其值随水温升高而减小。

由式（6-1）可见，在电荷密度和水温一定时，ζ 电位取决于扩散层厚度 δ，δ 值愈大，ζ 电位也愈高，胶粒间的静电斥力就愈大，胶体的稳定性愈强。胶体因 ζ 电位降低或消除，从而失去稳定性的过程称为脱稳。脱稳的胶粒相互聚集为微絮粒的过程称为凝聚。不同的化学药剂能使胶体以不同的方式脱稳和凝聚。按作用机理，脱稳和凝聚可分为压缩双电层、吸附-电性中和、吸附架桥和网捕-卷扫 4 种。

（1）压缩双电层作用

根据 DLVO 理论（胶体粒子之间因为范德华作用而相互吸引，又因为粒子间双电层的交联而产生排斥作用。胶体的稳定性取决于这两种相互对抗的作用能量的相对大小），加入含有高价态正电荷离子的电解质时，高价态正离子通过静电引力进入到胶体颗粒表面，置换出原来的低价正离子，这样双电层仍然保持电中性，但正离子的数量却减少了，也就是双电层的厚度变薄，胶体颗粒滑动面上的 ζ 电位降低，如图 6-1 所示。当 ζ 电位降至 0 时，称为等电状态，此时排斥势垒完全消失，胶体颗粒即发生聚集作用。但双电层压缩机理不能解释加入过量高价反离子电解质引起胶体颗粒电性改变符号而重新稳定的现象，也解释不了与胶体颗粒带相同电荷的聚合物或高分子有机物也有好的聚集效果的现象。

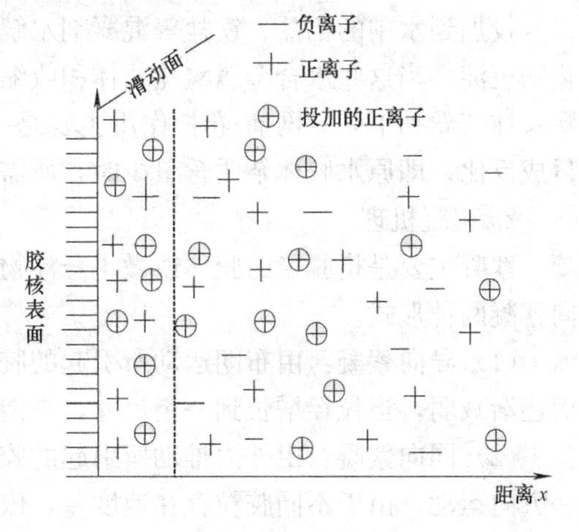

图 6-1 压缩双电层

（2）吸附-电性中和

胶体颗粒表面吸附异号离子、异号胶体颗粒或带异号电荷的高分子，从而中和了胶体颗粒本身所带部分电荷，减少了胶粒间的静电引力，使胶体颗粒更易于聚沉。驱动力包括静电引力、氢键、配位键和范德华力等。可以解释水处理中胶体的再稳定现象。

(3) 吸附架桥作用

不仅带异性电荷的高分子物质与胶体具有强烈的吸附作用，不带电甚至带有与胶体同性电荷的高分子物质与胶体粒子也有吸附作用。拉曼等通过对高分子物质吸附架桥作用的研究认为：当高分子链的一端吸附了某一胶粒后，另一端吸附另一胶粒，形成“胶粒-高分子-胶粒”的絮凝体，见图6-2。高分子物质在这里起了胶粒与胶粒之间的连接作用，称为吸附架桥作用。

吸附架桥作用的三种类型：

1) 胶粒与不带电荷的高分子物质发生架桥，涉及范德华力、氢键、配位键等吸附力。

2) 胶粒与带异号电荷的高分子物质发生架桥，除范德华力、氢键、配位键外，还有电中和作用。

3) 胶粒与带同号电荷的高分子物质发生架桥。

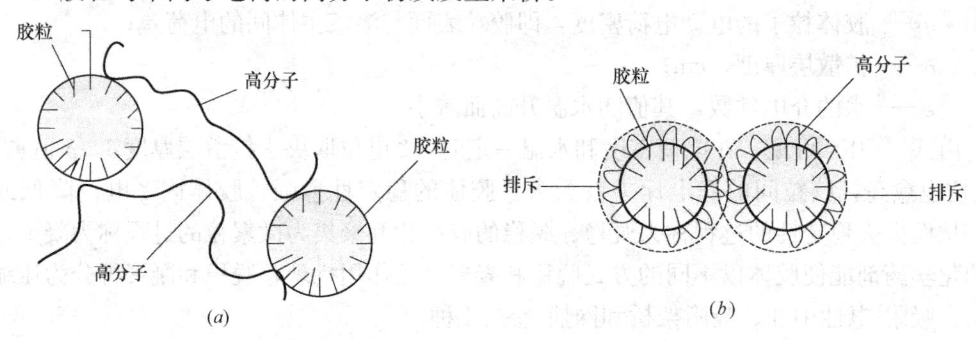

图6-2 吸附架桥模型及胶体保护示意图

(4) 网捕-卷扫

投加到水中的铝盐、铁盐等混凝剂水解后形成大量的具有三维立体结构的水合金属氧化物沉淀，当这些水合金属氧化物体积收缩沉降时，像筛网一样将水中胶体颗粒和悬浊质颗粒捕获卷扫下来。网捕-卷扫作用主要是一种机械作用，所需要混凝剂量与原水杂质含量成反比，即原水胶体杂质含量少时，所需要混凝剂量多，反之亦然。

2. 絮凝机理

絮凝主要是指脱稳的胶体或微小悬浮物聚集成大的絮凝体的过程，包括异向絮凝和同向絮凝两种形式。

(1) 异向絮凝：由布朗运动所引起的胶体颗粒碰撞聚集。布朗运动随着颗粒粒径增长而逐渐减弱，当粒径增长到一定尺寸，布朗运动不再起作用。

(2) 同向絮凝：由外力推动所引起的胶体颗粒碰撞聚集。胶体颗粒在外力作用下向某一方向运动，由于不同胶粒存在速度差，依次完成颗粒的碰撞聚集。

6.1.2 混凝的影响因素

1. 水的性质

水中杂质浓度、pH、水温及共存离子等都会不同程度地影响混凝效果。

(1) 胶体杂质浓度过高或过低都不利于混凝。用无机金属盐作混凝剂时，胶体浓度不同，所需脱稳的 Al^{3+} 和 Fe^{3+} 的用量亦不同。

(2) pH也是影响混凝的重要因素。采用某种混凝剂对任一类型原水的混凝，都有一个相对最佳pH，使混凝反应速度最快，絮体溶解度最小，混凝作用最大。一般通过试验得到最佳 pH。表 6-1 列出了不同混凝剂对应的最佳 pH。

不同混凝剂最佳 pH **表 6-1**

混凝剂	除浊	除色度
硫酸铝	6.5～7.5	4.5～5.5
三价铁盐	6.0～8.4	3.5～5.0

(3) 水温的高低对混凝也有一定的影响。水温高时，黏度降低，布朗运动加快，碰撞的机会增多，从而提高混凝效果，缩短混凝沉淀时间。但温度过高（超过 90℃）时，易使高分子混凝剂老化，反而降低混凝效果。

(4) 共存离子的种类和浓度。研究表明，磷酸根、亚硫酸根、高级有机酸根等共存离子可能阻碍高分子的絮凝作用。另外，氯、螯合物、水溶性高分子物质和表面活性物质都不利于混凝的进行。除硫、磷化合物以外的其他各种无机金属盐均能压缩胶体粒子的扩散层厚度，促进胶体粒子凝聚。离子浓度越高，促进能力越强，并可使混凝范围扩大。

2. 混凝剂的影响

(5) 无机金属盐混凝剂。无机金属盐水解产物的分子形态、荷电性质和荷电量等对混凝效果均有影响。

(6) 高分子混凝剂。其分子结构和分子量均直接影响混凝效果。一般线状结构较支链结构的混凝剂为优，分子量较大的单个链状分子的吸附架桥作用比小分子的好，但水溶性较差，不易稀释搅拌。分子量较小时，吸附架桥作用差，但水溶性好，易于稀释搅拌。因此，分子量应适当，不能过高或过低，一般以 $300\times10^4 \sim 500\times10^4$ 左右为宜。此外还要求沿链状分子分布且有足够的发挥吸附架桥作用的官能基团。高分子混凝剂链状分子上所带电荷量越大，电荷密度越高，链状分子越能充分伸展，吸附架桥的空间作用范围也就越大，混凝作用就越好。

6.1.3 工业水处理中常用的混凝剂和助凝剂

1. 混凝剂

(1) 无机混凝剂

水处理中应用最广的是硫酸铝 $Al_2(SO_4)_3 \cdot 18H_2O$，它可以是固体，也可以是液体。当碱度足够时，铝盐投入水中后发生如下反应：

$$Al_2(SO_4)_3 \cdot 18H_2O + 3Ca(OH)_2 = 3CaSO_4 + 2Al(OH)_3 + 18H_2O \tag{6-2}$$

氢氧化铝实际上以 $Al_2O_3 \cdot xH_2O$ 的形式存在，它是两性化合物，既具有酸性，又具有碱性，既能和酸作用，又能和碱作用。在酸性条件下：

$$0.5Al_2O_3 + 3H^+ = Al^{3+} + 1.5H_2O \tag{6-3}$$

$$[Al^{3+}][OH^-]^3 = 19\times10^3 \tag{6-4}$$

在 pH=4.0 时，溶液中 Al^{3+} 的浓度为 51.3mg/L。

在碱性条件下，水和氧化铝分解：

$$Al_2O_3 + 2OH^- = 2AlO_2^- + H_2O \tag{6-5}$$

$$[AlO^{3-}][H^+]^3 = 4\times10^{-13} \tag{6-6}$$

在 pH=9.0 时，溶液中含铝 10.8mg/L。

当 pH 接近 7.0 时，铝絮凝体溶解的可能性最小；pH＜7.6 时，铝絮凝体带正电；

pH>8.2时，铝絮凝体带负电；pH在7.6~8.2时，铝絮凝体电荷混杂。

铁盐也常作为混凝剂，当pH=3.0~13.0时，会生成水合氧化铁：

$$Fe^{3+}+3OH^{-} \longrightarrow Fe(OH)_3 \tag{6-7}$$

$$[Fe^{3+}][OH^{-}]^3=10^{-36} \tag{6-8}$$

铁混凝体在酸性环境中带正电，在碱性环境中带负电，pH=6.5~8.0时，带有混杂电荷。有效pH范围受水中阴离子的影响。例如，硫酸根离子会增大酸性范围、减小碱性范围，氯离子对酸性和碱性范围都略有增加。另外，石灰不是一种真正的混凝剂，但能与重碳盐碱度起反应生成碳酸钙沉淀。表6-2中列举了一些常用铁、铝盐混凝剂的品种和主要性能。

常用铁、铝盐混凝剂的品种和主要性能 **表6-2**

名称	代号	分子式	主要性能
三氯化铁	FC	$FeCl_3 \cdot 6H_2O$	混凝效果不受水温影响，最佳pH为6.0~8.4，但在4.0~11范围内仍可使用。易溶解，絮体大而密实，沉降快，但腐蚀性大，在酸性水中易生成HCl气体而污染空气
聚合硫酸铁	PFS	$[Fe_2(OH)n(SO_4)_{3-n/2}]_m$	用量小，絮体生成快，大而密实。腐蚀性比$FeCl_3$小，所需碱性助剂量小于PAC以外的铁铝盐。适宜水温10~50℃，最佳pH为5.0~8.5，但在4.0~11范围内仍可使用
精制硫酸铝	AS	$Al_2(SO_4)_3 \cdot 18H_2O$	含$Al_2(SO_4)_3$ 50%~60%。适宜水温20~40℃，最佳pH为6.0~8.5。水解缓慢，使用时需加碱性助剂，卫生条件好，但在水处理中应用较少，在循环水中易生成坚硬的铝垢
聚合氯化铝	PAC	$[Al_2(OH)_n Cl_{6-n}]_m$	对水温、pH和碱度的适应性强，絮体生成快且密实，使用时无需加碱性助剂，腐蚀性小。最佳pH为6.0~8.5，性能优于其他铝盐
聚合硫酸铝	PAS	$[Al_2(OH)_n(SO_4)_{3-n/2}]_m$	使用条件与硫酸铝基本相同，但用量小，性能好。最佳pH为6.0~8.5，使用时一般无需加碱性助剂
聚硫氯化铝	PACS	$[Al_4(OH)_{2n} Cl_{10-2n}(SO_4)]_m$	系新型品种，絮体生成快，大而密实。对水质的适应性强，脱色效果优良。最佳pH为5.0~9.0，消耗水中碱度小于其他铁铝盐，无需加碱性助剂

（2）有机高分子混凝剂

有机高分子混凝剂又分为天然和人工合成两类。在给水处理中，人工合成的有机高分子混凝剂日益增多并居主要地位。这类混凝剂均为巨大的线性分子。每一大分子由许多的链节组成且含带电基团，故又称为聚合电解质。按基团带电情况，又分为以下四种：凡基团离解后带正电荷者称为阳离子型，带负电荷者称为阴离子型，分子中既含有正电基团又含有负电基团者称为两性型，若分子中不含可离解的基团则称为非离子型。工业水处理中常用的是阳离子型、阴离子型和非离子型3种高分子混凝剂，两性型使用较少。

非离子型聚合物主要有聚丙烯酰胺（PAM）和聚氧化乙烯（PEO），前者是使用最为广泛的人工合成高分子混凝剂。阳离子型聚合物通常带有氨基（$—NH_3^+$）、亚氨基（$—CH_2—NH_2^+—CH_2—$）等正电基团。由于水中胶体一般带有负电荷，故阳离子型聚合物均具有优良的混凝效果。由于阳离子型聚合物价格较昂贵，目前市场占有量不及无机混凝剂。

有机高分子混凝剂的毒性是人们关注的问题。PAM 以及 HPAM 的毒性主要在于单体丙烯酰胺。故产品中的单体残留量应严格控制。有的国家规定丙烯酰胺含量不得超过0.2%，有的国家规定不得超过0.05%。

2. 助凝剂

当单独使用混凝剂不能取得预期效果时，需要投加某种辅助药剂以提高混凝效果，这种药剂称为助凝剂。特别是在原水水质状况与混凝剂所要求的适宜条件不相适应的情况下，如 pH 的差异和有干扰物质存在时，就需要添加一些辅助药剂。助凝剂通常是高分子物质。其作用往往是为了改善混凝体结构，促使细小而松散的混凝颗粒变得粗大而密实，作用机理是高分子的吸附架桥作用。例如，对于低温、低浊水，采用铝盐或者铁盐混凝剂时，形成的混凝颗粒往往细小松散，不易沉淀。当投入少量活化硅酸时，混凝体的尺寸和密度就会增大，沉降速度加快。水厂中常用的助凝剂有：骨胶、聚丙烯酰胺及其水解产物、活化硅酸、海藻酸钠等。按其作用，助凝剂主要有以下三类：

（1）pH 调节剂

用于调节或保持 pH 的物质。当原水的 pH 不满足工艺要求，或在投加混凝剂后 pH 将发生较大变化时，就需要投加 pH 调节剂。常用的 pH 调节剂有 H_2SO_4、CO_2 和 $Ca(OH)_2$、NaOH 和 Na_2CO_3 等。

（2）絮体结构改良剂

当生成絮体小、松散且易碎时，可投加絮体结构改良剂改善絮体的结构，增加其粒径、密度和机械强度。常用絮体结构改良剂有水玻璃、活化硅酸、粉煤灰和黏土等。

水玻璃和活化硅酸主要作为骨架物质来强化低温和低碱度下的混凝作用。其中，活化硅酸是一种短链的聚合物，能将微小的水合铝颗粒连接在一起。由于硅的负电性，加量过大反而会抑制絮凝体的形成。通常的剂量为 5～10mg/L。粉煤灰和黏土则作为絮体形成核心来加大絮体密度，改善其沉降性能和污泥的脱水性能。

（3）氧化剂

当原水中的有机物含量较高时，容易形成泡沫，不仅使感观性状恶化，絮凝体也不易沉降。此时，应投加 Cl_2、$Ca(ClO)_2$、NaClO 等氧化剂来破坏有机物结构。当采用 $FeSO_4$ 作混凝剂时，则常用 O_2 和 Cl_2 将 Fe^{2+} 氧化为 Fe^{3+}，以提高混凝效果。

聚合电解质也是一种常用的助凝剂。它含有吸附基团，并能在颗粒或带电絮凝体之间起架桥作用。当以铝盐或氯化铁作混凝剂时，投加少量（1～5mg/L）的聚合电解质，就会形成较大（0.3～1mm）的絮凝体。聚合电解质基本上不受 pH 影响，也可单独用作混凝剂。

3. 混凝剂的选择

混凝剂种类繁多，如何根据原水水质情况和处理后水质目标选用合适的混凝药剂，是十分重要的。通常在选择工业水处理混凝剂时，需要考虑以下因素：

（1）处理效果好。选择的混凝剂要在特定的原水水质、处理后水质要求和特定的处理工艺条件下，可以获得满意的混凝效果。

（2）混凝剂及助凝剂的价格应适当。当有多种混凝药剂及助凝剂品种可供选择时，应综合考虑药剂价格、运输成本与投加量等，进行经济比较分析，在保证处理后水质的前提下，尽可能降低使用成本。

（3）混凝剂的来源可靠、性能比较稳定、易于存放和投加方便等。选择混凝剂时，应对所选用的混凝剂货源和生产厂家进行调研考察，了解货源是否充足、是否能长期稳定供货以及产品质量如何等。

（4）所有的混凝剂都不应对处理出水产生二次污染。

综合以上因素，通常采集实际水样先在试验室开展烧杯试验，对拟采用的混凝剂及投加量进行初步筛选试验。在有条件的情况下，一般还应对初步确定的结果进行扩大的动态连续试验，以取得可靠的设计数据。

6.1.4 混凝设备

1. 混合设备

按照混合方式，工业水处理中的混合设备可分为管式混合、混合池混合、水泵混合和机械混合。各种混合方式的优缺点，如表 6-3 所示。

工业水处理中常用的混合设备　　表 6-3

名　称	优缺点	适用条件
固定混合器(又称静态混合器)	制作简单,有定型产品;不占地,易于安装;混合效果好;水头损失较大	中、小型处理工程(水量<1000m³/d)
涡流混合池(槽)	混合效果较好;小水量时,可以同时完成混合和反应两个过程,在水量较大时,单独作为混合装置使用;易于设备化;水头损失较小	大中型处理工程(水量为 2000～3000m³/d);作为混合与反应装置使用时,适用水量<1500m³/d
机械搅拌混合池(槽)	混合效果好;可以设备化,也可以用混凝土浇筑;水头损失小;有一定的动力消耗,需要定期维修保养	适用于各种规模
穿孔板混合	宜与混合池、沉淀池合建;混合效果一般;有一定的水头损失;常与其他混合装置(如固定混合器)配合使用	大中型处理工程(水量为 1000～3000m³/d)
折板式混合	宜与混合池沉淀池合并设计;混合效果一般;有一定的水头损失;常与其他混合装置(如固定混合器)配合使用	大中型处理工程(水量为 1000～3000m³/d)
水射器混合	制造简单,有定型产品;不占地,易于安装;混合效果好;有一定的水头损失,使用效率很低;可同时作为投药装置使用	小型处理工程(水量<500m³/d)

2. 反应设备与装置

工业水处理中常用的反应设备形式、优缺点和适用条件，如表 6-4 所示。

常用的反应设备形式、优缺点和适用条件　　表 6-4

名　称	优缺点	适用条件
隔板式反应池	反应效果好; 管理维护简单; 常采用钢筋混凝土建造	水量变化不大的各种规模
旋流式反应池	反应效果一般; 水头损失较小; 制作简单,易于管理	中、小型处理工程(水量为 200～3000m³/d)

续表

名称	优缺点	适用条件
涡流式反应池	反应时间短，容积小； 反应效果一般； 易于设备化； 对于小水量工程，可省去混合装置	中、小型处理工程 （水量为 200～3000m^3/d）

6.1.5 设计计算

1. 溶药池的容积计算

溶药池的容积（W，m^3）可按下式计算：

$$W = 24 \times 100aQ/(1000 \times 1000bn) = aQ/417bn \tag{6-9}$$

式中 a——混凝剂最大用量，mg/L；

Q——处理水量，m^3/h；

b——药液浓度，按药剂固体质量分数计算，一般取 10%～20%；

n——每天配制溶液次数，一般 2～6 次。

2. 混合池、反应池设计计算

（1）涡流式混合池设计

该池形适合于中小型水处理工程。进水口处上升流速一般 1～1.5m/s；圆锥部分其中心角 θ 可取 30°～45°（图 6-3）；上口圆柱部分流速取 25mm/s；总的停留时间不大于 2min，一般取 1～1.5min。

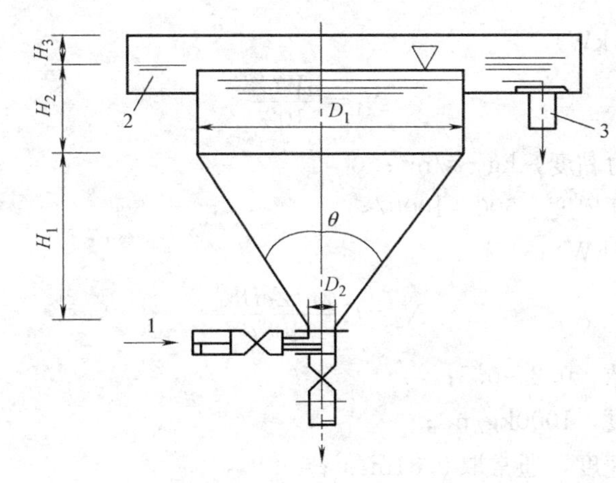

图 6-3 涡流混合池

1—进水管；2—出水渠道；3—出水管

（2）折板式混合池设计

该池形一般设计成有三块以上隔板的窄长形水槽，两道隔板间的距离为槽宽的 2 倍。最后一道隔板后的槽中水深不应小于 0.4～0.5m，该处槽中流速按 0.6m/s 设计。缝隙处的流速按 1m/s 设计，每道缝隙处的水头损失约为 0.13m，一般总水头损失在 0.4m 左右。为避免进入空气，缝隙应设在淹没水深 0.1～0.15m 以下。

（3）机械混合池设计

为加强混合效果，除池内设有快速旋转桨板外，还可在周壁上加设固定挡板四块，每

块宽度 b 采用（1/12～1/10）D（混合池直径），其上、下离静止液面和池底皆为 $1/4D$。混合池内一般设带两叶的平板搅拌器，搅拌器距离池底（0.5～0.75）D_0（D_0为搅拌器直径）。

当 H（有效高度）：$D \leqslant 1.2$ 时，搅拌器可以设 1 层；

当 $H:D>1.3$ 时，搅拌器可设置 2 层；

当 $H:D$ 很大时，则可多设几层。

每层间距（1.0～1.5）D_0，相邻两桨板采用 90°交叉安装。搅拌器的直径 $D_0=(1/3\sim2/3)D$；搅拌器的宽度 $B=(0.1\sim0.25)D$。

1）混合池容积（m^3）

$$W=\frac{QT}{60n} \tag{6-10}$$

式中 Q——设计流量，m^3/h；

T——混合时间，min，可采用 1min；

n——池数，个。

2）垂直轴转速（r/min）

$$n_0=\frac{60v}{\pi D_0} \tag{6-11}$$

式中 v——桨板外缘线速度，1.5～3min/s；

D_0——搅拌器直径，m。

3）轴功率

① 需要轴功率（kW）

$$N_1=\frac{\mu WG^2}{102} \tag{6-12}$$

式中 μ——水的动力黏度，$kg \cdot s/m^2$；

G——设计速度梯度，500～1000/s。

② 计算轴功率（kW）

$$N_2=C\frac{\gamma\omega^3 ZeBR_0^4}{408g} \tag{6-13}$$

式中 C——阻力系数，0.2～0.5；

γ——水的密度，$1000kg/m^3$；

g——重力加速度，通常取 $9.81m/s^2$；

ω——旋转的角速度，rad/s，$\omega=2v/D_0$；

Z——搅拌器叶数；

e——搅拌器层数；

B——搅拌器宽度，m；

R_0——搅拌器半径，m。

调整，使 $N_1 \approx N_2$，如 N_1 与 N_2 相差甚大，则需改用推进式搅拌器：

$$N_3=\frac{N_2}{\sum\eta_n} \tag{6-14}$$

式中 N_3——电动机功率，kW；

$\sum\eta_n$——传动机械效率，一般取0.85。

(4) 隔板式反应池设计

隔板式反应池一般不少于2个，反应时间为20～30min，色度高、难于沉淀的细颗粒较多时宜采用较高值。池内流速应按照变速设计，进口流速一般为0.5～0.6m/s，出口流速一般为0.2～0.3m/s，通过调整隔板的间距可改变流速的要求。隔板间净距应大于0.5m，小型池子当采用活动隔板时可以适当减小。进水口应设置挡水措施，避免水流直冲隔板。反应池超高一般采用0.3m。隔板转弯处的过水断面面积，应为廊道断面面积的1.2～1.5倍。池底坡到排泥口的坡度，一般为2%～3%，排泥管直径不应小于100mm。

反应效果亦可用速度梯度（G）和反应时间（T）来控制，当水中悬浮固体含量较低、平均G较小或速度梯度处理要求较高时，可适当延长反应时间，以提高GT值改善反应效果。

1）总容积（m^3）

$$W=\frac{QT}{60} \tag{6-15}$$

式中 Q——设计水量，m^3/h；

T——反应时间，min。

2）每池平面面积（m^2）

$$F=\frac{W}{nH_1}+f \tag{6-16}$$

式中 H_1——平均水深，m；

n——池数，个；

f——每池隔板所占面积，m^2。

3）池子长度（m）

$$L=\frac{F}{B} \tag{6-17}$$

式中 B——池子宽度，一般采用与沉淀池等宽，m。

4）隔板间距（m）

$$a_n=\frac{Q}{3600nv_nh} \tag{6-18}$$

式中 v_n——该段廊道内流速，m/s；

h——池内平均水深，m。

5）各段水头损失（m）

$$h_n=\zeta S_n\frac{v_0^2}{2g}+\frac{v_n^2}{C_n^2R_n}I_n \tag{6-19}$$

式中 v_0——该段隔板转弯处的平均流速，m/s；

S_n——该段廊道内水流转弯次数；

R_n——廊道断面的水力半径，m；

C_n——流速系数，根据R_n及池底、池壁的粗糙系数等因素确定；

ζ——隔板转弯处的局部阻力系数，往复隔板为3.0，回转隔板为1.0；

I_n——该段廊道的长度之和，m。

6）总水头损失（m）

$$h=\sum h_{n} \tag{6-20}$$

式中 h——反应池总水头损失，m，按各廊道内的不同流速，分成数段分别进行计算后求和。

7）平均速度梯度

$$G=\sqrt{\frac{\gamma h}{60\mu T}} \tag{6-21}$$

式中 G——速度梯度，1/s；

γ——水的密度，1000kg/m^3；

μ——水的动力黏度，kg·s/m^2，见表6-5。

水的动力黏度 **表6-5**

水温 t(℃)	μ(kg·s/m^2)	水温 t(℃)	μ(kg·s/m^2)	水温 t(℃)	μ(kg·s/m^2)
0	1.814×10^{-4}	10	1.335×10^{-4}	20	1.029×10^{-4}
5	1.549×10^{-4}	15	1.162×10^{-4}	30	0.825×10^{-4}

（5）旋流式反应池设计要点

旋流式反应池一般不少于两个，反应时间采用8～15min。池内水深与直径的比 H：D=10：9，喷嘴设置在池底，水流沿切线方向进入，设计时应考虑改变喷嘴方向的可能。

1）总容积（m^3）

$$W=\frac{QT}{60} \tag{6-22}$$

式中 Q——设计水量，m^3/h；

T——反应时间，min。

2）池子直径（根据 $H=10D/9$ 推导）（m）

$$D=\sqrt[3]{\frac{3.6W}{n\pi}} \tag{6-23}$$

式中 n——池数，个。

3）喷嘴直径（m）

$$d=\sqrt{\frac{4Q}{nv\pi}} \tag{6-24}$$

式中 v——喷嘴出口流速，m/s，一般采用2～3m/s。

4）水头损失 h（m）

$$h=h_{1}+h_{2} \tag{6-25}$$

式中 h_1——喷嘴水头损失，m，$h_1=0.06v^2$；

h_2——池内水头损失，m，一般为0.1～0.2m。

（6）涡流式反应池设计

与旋流反应池相比，涡流式反应池的反应时间稍短，多采用6～10min。进水管流速采用0.8～1.0m/s，底部入口处流速采用0.7m/s，上部圆柱部分上升流速采用4～5mm/s，底部锥角采用30°～45°。出水采用淹没式漏斗或淹没式穿孔管等形式，流速采用0.3～0.4m/s；池中每米工作高度水头损失（从进水口到出水口）为0.02～0.05m。

1）圆柱部分面积（m^2）

$$f_1=\frac{Q}{3.6nv_1} \tag{6-26}$$

式中 f_1——圆柱部分面积，m^2；

v_1——上部圆柱部分上升流速，mm/s；

Q——设计水量，m^3/h；

n——池数，个。

2）圆柱部分直径（m）

$$D_1=\sqrt{\frac{4f_1}{\pi}} \tag{6-27}$$

3）圆锥底部面积（m^2）

$$f_2=\frac{Q}{3600nv_2} \tag{6-28}$$

式中 v_2——底部入口处流速，m/s。

4）圆锥底部直径（m）

$$D_2=\sqrt{\frac{4f_2}{\pi}} \tag{6-29}$$

5）圆柱部分高度（m）

$$H_2=\frac{D_1}{2} \tag{6-30}$$

6）圆锥部分高度（m）

$$H_1=\frac{D_1-D_2}{2}\cot\frac{\theta}{2} \tag{6-31}$$

式中 θ——底部锥角。

7）每池容积（m^3）

$$W=\frac{\pi}{4}D_1^2H_2+\frac{\pi}{12}(D_1+D_2)^2H_1+\frac{\pi}{4}D_2^2H_3 \tag{6-32}$$

式中 H_3——池底部立管高度，m。

8）反应时间（min）

$$T=\frac{60W}{q} \tag{6-33}$$

式中 q——每池设计水量，m^3/h。

9）水头损失（m）

$$h-h_0(H_1+H_2+H_3)+\zeta\frac{v^2}{2g} \tag{6-34}$$

式中 h_0——每米工作高度的水头损失，m；

ζ——进口局部阻力系数；

v——进口流速，m/s。

【例 6-1】 某大型钢厂工业用水设计流量（包含自耗水量）$Q=120000m^3/d=5000m^3/h$，采用 2 个往复式隔板反应池，每个反应池的廊道内流速采用 6 档，$v_1=0.5m/s$，$v_2=0.4m/s$，$v_3=0.35m/s$，$v_4=0.3m/s$，$v_5=0.25m/s$，$v_6=0.2m/s$，每一种

间隔采取3条，隔板厚0.2m；反应时间 T=20min；池宽 B=20.4m；池内平均水深 H_1=2.4m；超高 H_2=0.3m；反应池粗糙系数 n_1=0.013；水温 t=20℃。试进行往复式隔板反应池的设计计算。

【解】 总容积：

$$W=\frac{QT}{60}=\frac{5000\times20}{60}=1667\text{m}^3$$

每池净平面面积：

$$F'=\frac{W}{nH_1}=\frac{1667}{2\times2.4}=348\text{m}^2$$

池子长度（隔板间净距之和）：

$$L'=\frac{F'}{B}=\frac{348}{20.4}=17.1\text{m}$$

隔板间距按廊道内流速不同分为6档：

$$a_1=\frac{Q}{3600nv_1H_1}=\frac{5000}{3600\times2\times0.5\times2.4}=0.58\text{m}$$

取 a_1=0.6m，则实际流速 v_1'=0.482m/s

$$a_2=\frac{Q}{3600nv_2H_1}=\frac{5000}{3600\times2\times0.4\times2.4}=0.72\text{m}$$

取 a_2=0.7m，则实际流速 v_2'=0.413m/s

按上法计算得：

$$a_3=0.8\text{m},\ v_3'=0.362\text{m/s}$$

$$a_4=1.0\text{m},\ v_4'=0.29\text{m/s}$$

$$a_5=1.15\text{m},\ v_5'=0.25\text{m/s}$$

$$a_6=1.45\text{m},\ v_6'=0.20\text{m/s}$$

廊道总数为18条，水流转弯次数为17次。则池子长度（隔板间净距之和）：

$$L'=3(a_1+a_2+a_3+a_4+a_5+a_6)=3\times(0.6+0.7+0.8+1.0+1.15+1.45)=17.1\text{m}$$

池子总长为：

$$L=17.1+0.2\times(18-1)=20.5\text{m}$$

水头损失按廊道内的不同流速分为6段进行计算：

$$R_1=\frac{a_1H_1}{a_1+2H_1}=\frac{0.6\times2.4}{0.6+2\times2.4}=0.27\text{m}$$

前5段内水流转弯次数 S_n 均为3，则前5段各段廊道长度为：

$$I_n=3B=3\times20.4=61.2\text{m/s}$$

反应池第一段的水头损失：

$$h_1=\frac{\zeta S_1v_0{}^2}{2g}+\frac{v_1{}^2}{C_1{}^2R_1}I_1=\frac{3\times3\times0.402^2}{2\times9.81}+\frac{0.482^2}{63.2^2\times0.27}\times61.2=0.087\text{m}$$

各段水头损失计算结果见表6-6所示。

各段水头损失计算 **表 6-6**

段数	S_n	I_n	R_n	v_0	v_n	C_n	h_n
1	3	61.2	0.270	0.402	0.482	63.2	0.087

续表

段数	S_n	I_n	R_n	v_0	v_n	C_n	h_n
2	3	61.2	0.305	0.344	0.413	64.4	0.063
3	3	61.2	0.343	0.302	0.362	65.6	0.047
4	3	61.2	0.414	0.242	0.29	67.5	0.030
5	3	61.2	0.464	0.208	0.25	68.7	0.022
6	2	40.8	0.557	0.167	0.20	70.6	0.009
$h=\sum h_n=0.26m$							

GT 值（$t=20℃$）：

$$G=\sqrt{\gamma h/(60\mu T)}=\sqrt{1000\times 0.26/(60\times 1.029\times 10^{-4}\times 20)}=46/s$$

$$GT=46\times 20\times 60=55200(在10^4\sim 10^5范围内)$$

池底坡度：

$$i=0.26/20.5\times 100\%=1.27\%$$

6.2 澄　　清

澄清实质上相当于“混凝”和“沉淀”两个部分的操作。

6.2.1 澄清池基本原理

工业水和废水的混凝处理工艺包括水和药剂的混合、反应及絮凝体与水的分离三个阶段。澄清池就是完成上述三个过程于一体的设施，即是一种将絮凝反应与沉淀分离综合于一体的构筑物。在澄清池中，沉泥被提升起来并使之处于均匀分布的悬浮状态，在池中形成高浓度的稳定活性泥渣层，该层悬浮物浓度约在3～10g/L。原水在澄清池中由下向上流动，泥渣层由于重力作用可在上升水流中处于动态平衡状态。当原水通过活性污泥层时，利用接触絮凝原理，原水中的悬浮物便被活性污泥渣层阻流下来，使水获得澄清。清水在澄清池上部被收集。

澄清池的工作效率取决于泥渣悬浮层的活性与稳定性。泥渣悬浮层是在澄清池中加入混凝剂，并适当降低负荷，经过一定时间运行后，逐级形成的。为使泥渣悬浮层始终保持混凝活性，必须让泥渣层处于新陈代谢的状态，即一方面形成新的活性泥渣，另一方面排出老化了的泥渣。

广义上讲，澄清池也算沉淀池中的一种，但它又不同于沉淀池。因为沉淀池一般只包括颗粒物在水中由于重力大于浮力而下沉，进而脱离水相的过程。而澄清实际上就相当于“混凝”和“沉淀”两个部分。在澄清池中一般需要加入药剂，生成矾花（这是混凝的过程），然后通过机械或水力搅拌使矾花悬浮，起到一定过滤作用，之后会再将固液通过沉淀的原理分离。

6.2.2 澄清池类型

澄清池基本上可分为泥渣悬浮型澄清池和泥渣循环型澄清池两类。

1. 泥渣悬浮型澄清池

泥渣悬浮型澄清池的工作原理是使上升水流的流速等于絮粒在静水中靠重力沉降的速

度，絮粒处于既不沉淀又不随水流上升的悬浮状态，当絮粒集结到一定厚度时，就构成泥渣悬浮层，原水通过时，水中杂质与絮粒碰撞接触，并被悬浮泥渣层的絮粒吸附、过滤而截留下来，包括悬浮澄清池和脉冲澄清池等。

(1) 悬浮澄清池

如图 6-4 所示，原水由池底进入，靠向上的流速使絮凝体悬浮。因絮凝作用悬浮层逐渐膨胀，当超过一定高度时，则通过排泥窗口自动排入泥渣浓缩室，压实后定期排出池外。进水量或水温发生变化时，会使悬浮层工作不稳定。悬浮澄清池一般适用于中、小处理规模，对进水水量、水温及加药量较敏感，现已很少采用。

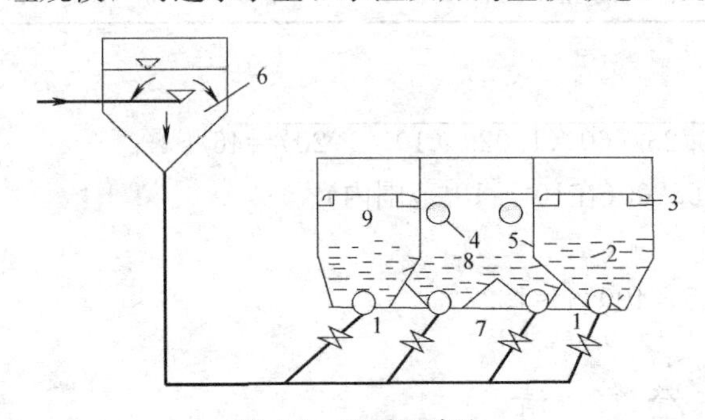

图 6-4 悬浮澄清池

1—穿孔配水管；2—泥渣悬浮层；3—穿孔集水槽；4—强制出水管；5—排泥窗口；6—气水分离器；7—穿孔排泥管；8—浓缩室；9—澄清室

(2) 脉冲澄清池

脉冲澄清池结构如图 6-5 所示。加有药剂的水，由进水管引入真空室。水在真空室内上升，当达到高水位时，液位开关自动打开空气阀，真空室内的水通过底部配水系统支管上的孔眼喷出，进入澄清室内，上升的水流将泥渣层托起。当真空室的水位降至低水位时，液位开关自动关闭空气阀。在真空泵的作用下，进水又沿真空室上升，当水位达到高水位时，空气阀再度打开，水又进入澄清室内，将泥渣又托到原来的高度。这样随着“充水”、“放水”的进行，泥渣层始终处于脉动悬浮状态。

因此，通过配水竖井向池内脉冲式间歇进水。在脉冲作用下，池内悬浮层一直周期地处于膨胀和压缩状态，进行一上一下的运动。这种脉冲作用使悬浮层的工作稳定，断面上浓度分布均匀，并加强颗粒的接触碰撞，改善混合絮凝的条件，从而提高了净水效果。因此，脉冲澄清池澄清效率高，具有脉冲的快速混合、缓慢充分的絮凝、可采用大阻力配水系统而使布水较均匀、水流垂直上升和池体利用较充分等优点。

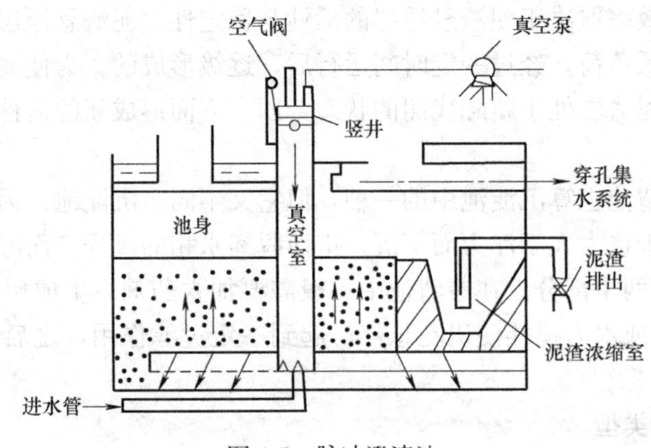

图 6-5 脉冲澄清池

2. 泥渣循环型澄清池

泥渣循环澄清池是利用机械或水力的作用，使部分沉淀泥渣循环回流以增加和水中杂质的接触碰撞和吸附机会，提高混凝的效果，包括机械搅拌澄清池和水力循环澄清池等。

（1）机械搅拌澄清池

机械搅拌澄清池将混合、絮凝及沉淀综合在一个池内，见图 6-6。原水直接进入第一反应室中，在这里由于搅拌器叶片及涡轮的搅拌提升，使进水、药剂和大量回流泥渣快速接触混合，在第一次反应混合区完成机械反应，并与回流泥渣中原有的泥渣再度碰撞吸附，形成较大的絮粒，再被涡轮提升到第二次反应混合区中，再经折流到澄清区进行分离，清水上升由集水槽引出，泥渣在澄清区下部回流到第一次反应混合区，由刮泥机刮集到泥斗，通过池底排泥阀控制排出，达到原水澄清分离的效果。其中，在池中心安置叶轮，转动时可以将原水和加入的药剂同澄清区沉降下来的回流泥浆进行混合，一般通过调节叶轮开启度将泥浆回流量控制为进水量的 3～5 倍，促进较大絮体的形成。在池内设有 1～3 个泥渣浓缩斗，以排出多余的污泥，从而保持池内悬浮物浓度的稳定。因此，这种池形对原水水质（如浊度、温度）和处理水量的变化适应性较强，操作运行比较方便，应用较广泛。

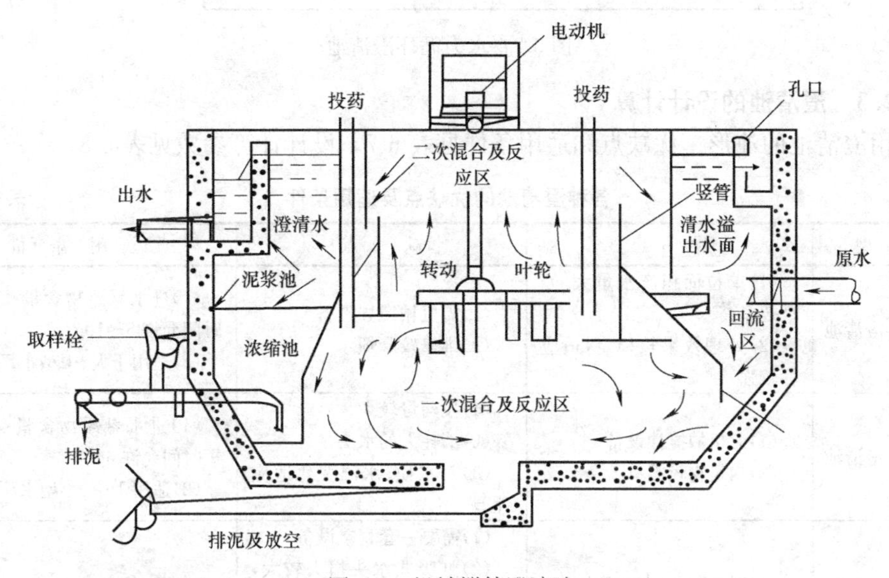

图 6-6　机械搅拌澄清池

（2）水力循环澄清池

水力循环澄清池的工作原理是利用原水的动能，在水射器的作用下，将池中的活性泥渣吸入和原水充分混合，从而加强了水中固体颗粒间的接触和吸附作用，形成良好的絮凝体，加速沉淀速度，使水得到澄清，如图 6-7 所示。

由图可见，喷嘴上面为混合室、喉管和第一反应室。喷嘴和混合室组成一个射流器，当原水由底部进入池内，经喷嘴喷出，高速水流把锥形池底处含有大量絮凝体的水吸进混合室内与进水混合后，经第一反应室喇叭口溢流出来，进入第二反应室中。吸进去的流量称为回流，一般为进口流量的 2～4 倍。第一反应室和第二反应室构成了一个悬浮物区，第二反应室出水进入分离室，相当于进水量的清水向上流向出口，剩余流量则向下流动，经喷嘴吸入与进水混合，再重复上述水流过程。该池优点是无需机械搅拌设备，运行管理方便。

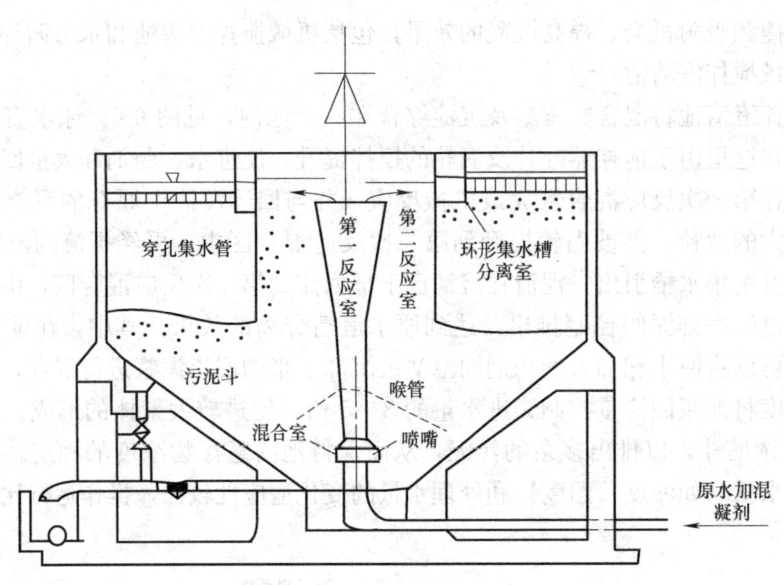

图 6-7　水力循环澄清池

6.2.3　澄清池的设计计算

常用澄清池的池形、优缺点和适用条件见表 6-7，设计计算参数见表 6-8。

各种澄清池的优缺点及适用条件　　表 6-7

类　型	优　点	缺　点	适 用 条 件
机械搅拌澄清池	(1)单位面积产水量大，处理效率高 (2)处理效果较稳定，适应性较强	(1)需机械搅拌设备 (2)维修较麻烦	(1)进水悬浮物含量＜5.0，短时间允许 5～10g/L (2)适用于大、中型水厂
水力循环澄清池	(1)无机械搅拌设备 (2)构筑物较简单	(1)投药量较大 (2)消耗大的水头 (3)对水质、水温变化适应性差	(1)进水悬浮物含量＜2g/L，短时间允许 5g/L (2)适用于中、小型水厂
脉冲澄清池	(1)混合充分，布水较均匀 (2)池深较浅，便于平流式沉淀池改造	(1)需要一套真空设备 (2)虹吸式水头损失较大，脉冲周期较难控制 (3)对水质、水量变化适应性较差 (4)操作管理要求较高	适用于大、中、小型水厂
悬浮澄清池（无穿孔底板）	(1)构造较简单 (2)能处理高浊度水（双层式加悬浮层底部开孔）	(1)需设气水分离器 (2)对水量、水温较敏感，处理效果不够稳定 (3)双层式池深较大	(1)进水悬浮物含量＜3，宜用单池；进水悬浮物含量 3～10g/L，宜用双池 (2)流量变化一般每小时≤10%，水温变化≤1℃

澄清池设计技术参数　　表 6-8

类型	清水区		悬浮层高度(m)	总停留时间(h)
	上升流速(mm/s)	高度(m)		
机械搅拌澄清池	0.8～1.1	1.5～2.0	—	1.2～1.5

续表

<table>
<tr><th colspan="2" rowspan="2">类型</th><th colspan="2">清水区</th><th rowspan="2">悬浮层高度(m)</th><th rowspan="2">总停留时间(h)</th></tr>
<tr><th>上升流速(mm/s)</th><th>高度(m)</th></tr>
<tr><td colspan="2">水力循环澄清池</td><td>0.7～1.0</td><td>2.0～3.0</td><td>3～4(导流筒)</td><td>1.0～1.5</td></tr>
<tr><td colspan="2">脉冲澄清池</td><td>0.7～1.0</td><td>1.5～2.0</td><td>1.5～2.0</td><td>1.0～1.3</td></tr>
<tr><td rowspan="2">悬浮澄清池</td><td>单层</td><td>0.7～1.0</td><td>2.0～2.5</td><td>2.0～2.5</td><td>0.33～0.5(悬浮层)
0.4～0.8(清水区)</td></tr>
<tr><td>双层</td><td>0.6～0.9</td><td>2.0～2.5</td><td>2.0～2.5</td><td>—</td></tr>
</table>

澄清池中各部分是相互牵制、相互影响的，计算往往不能一次完成，需在设计过程中作相应的调整。本节以机械搅拌澄清池为例介绍澄清池的设计计算，其他池形的设计可结合表 6-8 所列参数进行。

设计时，机械搅拌澄清池内叶轮的提升流量可设为进水流量的 3～5 倍。叶轮直径为第二反应室内径的 70%～80%，并应设调整叶轮转速和开启度的装置。原水进水管内流速一般在 1m/s 左右，进水管接入环形配水槽后向两侧环流配水，配水槽断面设计流量按 1/2 计算。配水槽和缝隙的流速均采用 0.4m/s 左右。

(1) 反应室

水在澄清池中的总停留时间一般为 1.2～1.5h。第一、第二反应室停留时间一般控制在 20～30min。第二反应室计算流量为出水量的 3～5 倍（考虑回流）。第一反应室、第二反应室（包括导流室）和分离室的容积比一般控制在 2：1：7。第二反应室和导流室的流速一般为 40～60mm/s。

(2) 分离室

上升流速一般采用 0.8～1.1mm/s。当处理低温、低浊水时可采用 0.7～0.9mm/s。

(3) 集水槽

集水槽用于汇集清水。集水均匀与否，直接影响分离室内清水上升流速的均匀性，从而影响泥渣浓度的均匀性和出水水质。因此，集水槽应避免产生局部地区上升流速过高或者过低现象。在直径较小的澄清池中，可以沿池壁建造环形槽；当直径较大时，可在分离室内加设辐射形集水槽。

辐射槽数大体如下：当澄清池直径小于 6m 时可用 4～6 条，直径大于 6m 时可用 6～8 条。集水方式可选用淹没孔集水槽或三角堰集水槽。孔径为 20～30mm，过孔流速为 0.5～0.6m/s，集水槽中流速为 0.4～0.6m/s，出水管流速为 1.0m/s 左右。

穿孔集水槽的设计流量应考虑流量增加的余地，超载系数一般取 1.2～1.5。其设计计算方法如下：

1) 孔口总面积

根据澄清池计算流量和预定的孔口上的水头，按水力学的孔口出流公式，求出所需孔口总面积：

$$\sum f=\frac{\beta Q}{\mu\sqrt{2gh}} \tag{6-35}$$

式中 $\sum f$——孔口总面积；

β——超载系数；

μ——流量系数，其值因孔眼直径与槽壁厚度的比值不同而异，对薄壁孔口，可采用0.62；

Q——澄清池总流量，即环形槽和辐射槽穿孔集水流量，m^3/s；

g——重力加速度，$9.81m/s^2$；

h——孔口上的水头，m。

选定孔口直径，计算一只小孔的面积 f，按下式算出孔口总数 n：

$$n=\frac{\sum f}{f} \tag{6-36}$$

或按孔口直径，计算已知小孔的面积 f 和孔口上作用水头。

2）穿孔集水槽的起端水流界面为正方形，也即宽度等于水深，代入下式：

$$H=1.73\sqrt[3]{\frac{Q}{gB^2}} \tag{6-37}$$

可得穿孔集水槽的宽度为：

$$B=0.9Q^{0.4} \tag{6-38}$$

式中 Q——穿孔集水槽的流量，m^3/s；

B——穿孔集水槽的宽度，m。

穿孔集水槽的总高度，除了上述起端水深以外，还应加上槽壁孔口出水的自由跌落高度（可取7～8cm）以及集水槽的槽壁外孔口以上应有的水深和保护高度。

（4）泥渣浓缩室

根据澄清池的大小，可设泥渣浓缩斗1～4个，泥渣斗容积约为澄清池容积的1%～4%，小型池可只用底部排泥。进水悬浮物含量大于1g/L或池径不小于24m时，应设机械排泥装置。搅拌一般采用叶轮搅拌。叶轮提升流量为进水量的3～5倍。叶轮直径一般为第二反应室内径的70%～80%。叶轮外缘线速度为0.5～1.5m/s。

【例6-2】 某冷却水补给水处理工艺拟采用澄清池去除原水中的部分悬浮物和胶体物质。已知：供水量为$800m^3/h$，水厂本身用水量占供水量的5%，进水悬浮物含量小于1000mg/L，出水悬浮物含量小于10mg/L；采用2座机械搅拌澄清池，第二反应室流速$v=50mm/s$，第二反应室停留时间为8min，溢流速度为0.05m/s，上升流速为1.1mm/s；澄清池停留时间为1h，池结构所占体积为$15m^3$，筒形高为1.76m，斜壁角度为45°，池底坡度为5%，超高0.3m；第一反应室的伞形板坡度为45°；澄清池池壁设有环形集水槽和8条辐射式集水槽，后者两侧开孔，前者一侧开孔，孔口中心线上的水头为0.05m，孔口直径为25mm，环形集水槽所占宽度0.38m，辐射槽所占宽度0.32m；环形槽内水流从两个方向汇流至出口，槽外超高为0.1m，槽内跌落水头为0.08m，槽内水深为0.15m。计算澄清池尺寸。

【解】（1）流量计算

每池设计流量$Q=800/2\times1.05=420m^3/h$或$0.1165m^3/s$。

各部分设计流量见图6-8。

（2）澄清池面积和高度

该室为圆筒形，根据$Q'=5Q=0.583m^3/s$，流速$v=50mm/s$，算得面积为$11.7m^2$，直径为3.86m。考虑导流板所占体积及反应室壁厚，取第二反应室内径为3.9m，外径为

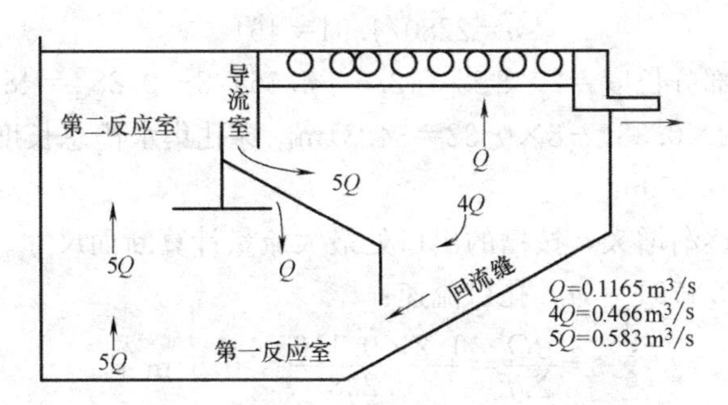

图 6-8 机械搅拌澄清池各部分设计流量图

4.0m。根据第二反应室停留时间和回流泥渣量 $5Q$，算得容积为 $28m^3$ 和高度为 $H_1=2.39m$，内径为 5.56m，外径为 5.66m。水流从第二反应室出口溢入导流室，算得周长为 12.56m，结合溢流速度，得反应室壁顶以上水深为 0.93m。

根据上升流速和设计流量 Q' 得环形面积 $106m^2$。澄清池总面积为（第二反应室、导流室、分离室之和）$129.4m^2$，内径为 12.8m。澄清池计算草图见图 6-9。

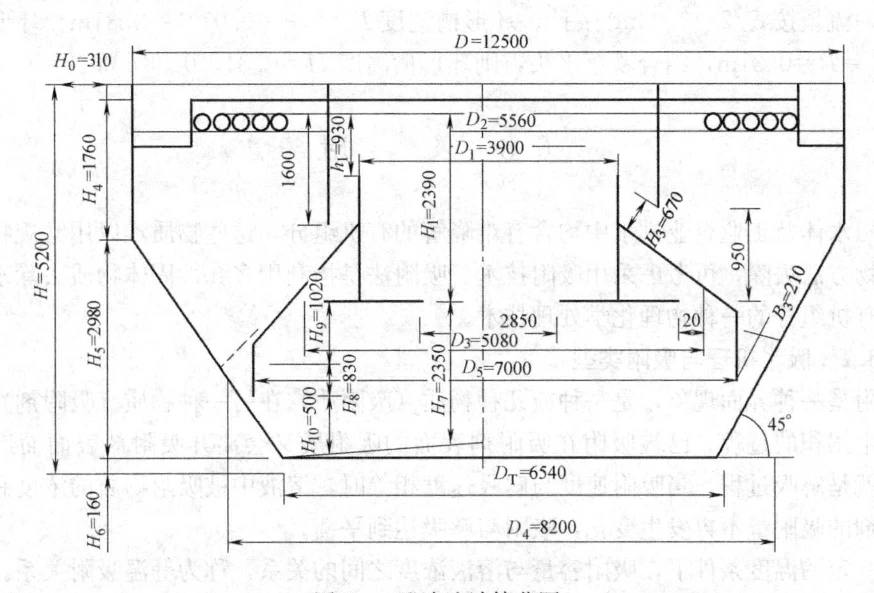

图 6-9 澄清池计算草图

根据澄清池的停留时间，得澄清池有效容积为 $420m^3$。考虑池结构所占体积，则池总容积为 $435m^3$。筒体部分体积为 $V_1=\pi/4D^2H_4=216m^3$，锥形部分体积 $V_2=435-216=219m^3$。根据截头圆锥体公式：$V_2=(R^2+Rr+r^2)\pi H_5/3$，将 $R=6.25m$、$V_2=219m^3$、$r=R-H_5$ 代入得 $H_5=2.98m$。池底直径 $D_1=2.5-2H_5\tan45°=6.54m$，池底坡度增加的池深为 0.16m，故澄清池总高为 5.2m。

(3) 穿孔集水槽

孔口总面积：

$$\sum f=\frac{bQ}{m\sqrt{2gh}}=\frac{1.2\times0.1165}{0.62\times\sqrt{2\times9.81\times0.05}}=0.228m^2$$

单孔面积为 $4.91cm^2$，则孔口总数：

$$n=2280/4.91=464$$

八条辐射槽开孔部分长度＝2×8×[(12.5－5.66)/2－0.38]＝48.64m，环形槽开孔部分长度＝π(12.5－2×0.38)－8×0.32＝34.31m。穿孔集水槽总长度＝48.64＋34.31＝82.95m，孔口间距＝0.179m。

集水槽沿程流量逐渐增大，按槽的出口处最大流量计算断面尺寸。每条辐射集水槽的开孔数＝48.64/(8×0.179)＝34，孔口流速：

$$\sum v=\frac{\beta Q}{\sum f}=\frac{1.2\times 0.1165}{0.228}=0.61\text{m/s}$$

每槽计算流量：

$$q=0.61\times 4.91\times 10^{-4}\times 34=0.0102\text{m}^3/\text{s}$$

辐射槽的宽度：

$$B=0.9\times 0.0102^{0.4}=0.14\text{m}$$

为施工方便，取槽宽 B＝0.2m。考虑槽外超高、孔口水头、槽内跌落水头和槽内水深，则穿孔集水槽总高为 0.38m。

槽内流量按 $Q/2=0.06\text{m}^3/\text{s}$ 计。环形槽宽度 $B=0.9\times 0.07^{0.4}=0.31\text{m}$。环形槽起端水深 $H_0=B=0.31\text{m}$，结合跌落水头，则环形槽高度 $H=0.31+0.08+0.38=0.77\text{m}$。

6.3 吸　　附

天然水体及工业企业排水中均含有难降解的有机组分，这些物质难以用常规物理、化学或生物方法去除，可考虑采用吸附技术。吸附法是指利用多孔性固体物质去除水中微量溶解性有机组分的一种物理化学处理技术。

6.3.1 吸附机理与吸附类型

吸附是一种界面现象，是一种或几种物质（吸附质）在另一种物质（吸附剂）表面上自动发生累积的过程。已被吸附在吸附剂表面的吸附质又会离开吸附剂表面而返回水相中，这就是解吸过程。当吸附速度与解吸速度相等时，溶液中被吸附物质的浓度和单位重量吸附剂的吸附量不再发生变化，吸附与解吸达到平衡。

在一定的温度条件下，吸附容量与溶液浓度之间的关系，称为等温吸附关系。常用的表达等温吸附关系的数学方程有郎格缪尔（Langmuir）方程和弗朗德力西（Freundlich）经验方程，后者实际应用范围更广，表达式如式（6-39）所示。

$$q=kC^{1/n} \tag{6-39}$$

式中 q——单位质量吸附剂的吸附量，mg/mg；

C——吸附平衡浓度，mg/L；

k，n——经验常数。

根据固体表面吸附力的不同，吸附可分为物理吸附和化学吸附两种类型。物理吸附是吸附剂和吸附质之间发生的物理作用，范德华力起主导作用；化学吸附是吸附剂和吸附质之间发生的化学作用，化学键力起主导作用。

6.3.2 吸附剂

广义而言，一切固体物质表面都有吸附作用，但细微物质或多孔物质有着很大的表面积，从而具有明显的吸附能力，它们可被用来作为吸附剂。工业水处理中常用的吸附剂有活性炭、活化煤、硅胶、炉渣、沸石、焦炭、木炭及其他合成吸附剂等。

1. 活性炭

(1) 活性炭的孔隙结构及分布

活性炭是用含炭为主的煤、木材等物质作为原料，经高温炭化和活化而制成的疏水性吸附剂。在炭化过程中，晶格间产生的孔隙形成各种形状和大小的细孔，从而形成巨大的表面积。每克吸附剂所具有的表面积称为比表面积，活性炭的比表面积可达 500～2000m^2/g。吸附作用主要发生在细孔的表面上。活性炭的吸附量除了与比表面积有关外，还和孔隙的构造和细孔的分布有关。活性炭的细孔构造和活化方法及活化条件有很大关系。原料和制作方法不同，细孔的分布情况也就不同。

活性炭的细孔有效半径一般为 1～10000nm。可分为小孔、中孔和大孔三类。小孔对吸附量的影响最大，其半径在 2nm 以下，容积一般为 0.15～0.90mL/g，表面积占比表面积的 95%以上；中孔不仅为吸附质提供扩散通道，影响扩散速度，而且有利于大分子物质的吸附，半径为 2～100nm，容积一般为 0.02～0.1mL/g，其表面积占比表面积的 5%以下。大孔主要为吸附质提供扩散通道，其表面积不足比表面积的 1%，半径为 100～10000nm，容积一般为 0.2～0.5mL/g，表面积只有 0.5～2m^2/g。典型的活性炭比表面积和孔隙容积见表 6-9。

典型活性炭的比表面积和孔隙容积 **表 6-9**

孔隙类型	孔隙半径(nm)	氯化锌活化粉末活性炭		水蒸气活化粉末活性炭	
		比表面积(m^2/g)	孔隙容积(mL/g)	比表面积(m^2/g)	孔隙容积(mL/g)
小孔	<2	500～1000	0.40～0.90	700～1400	0.25～0.60
中孔	2～100	200～800	0.30～1.00	1～200	0.02～0.20
大孔	100～10000			0.5～2	0.20～0.50

(2) 活性炭的表面化学性质

活性炭的吸附特性不仅与细孔构造和分布情况有关，而且还与活性炭的表面化学性质有关。制作过程中，处于微晶体边缘的碳原子，由于共价键不饱和而易与其他元素结合（如氢、氧等）形成各种含氧官能团（研究已证实的有羟基、羧基），而使活性炭从本身的非极性变为具有微弱的极性。

活性炭还具有良好的化学稳定性。它可耐酸碱、耐水浸、耐高温高压等，不易破碎，气流阻力小，被广泛应用于天然水有机组分以及化工、医药企业排水的处理中。

(3) 活性炭的再生

活性炭一般加工为粉末状或颗粒状，粉末炭吸附能力强，制备简单，价格低廉，但再生困难，一般不能重复使用；颗粒炭价格较贵，但可再生后重复使用，且劳动强度低，操作管理方便。

颗粒炭使用一段时间后，吸附了大量吸附质，逐步趋于吸附饱和状态并丧失吸附能力，此时应进行更换或再生，即用某种方法将吸附质从吸附剂微孔中除去，恢复它的吸附性能，但是再生过程不能破坏吸附剂本身的结构。活性炭的再生方法主要有以下几种。

1) 加热再生法

加热再生法分低温和高温两种方法。高温法适用于粒状炭的再生，即在高温条件下，提高吸附质分子的能量，使其易于从活性炭的活性点脱离。而吸附的有机物在高温下氧化和分解，成为气态逸出或断链层低分子。活性炭的再生一般用多段式再生炉，炉内供应微量氧气，使进行氧化反应而又不至于使炭燃烧。立式多段再生炉如图 6-10 所示。

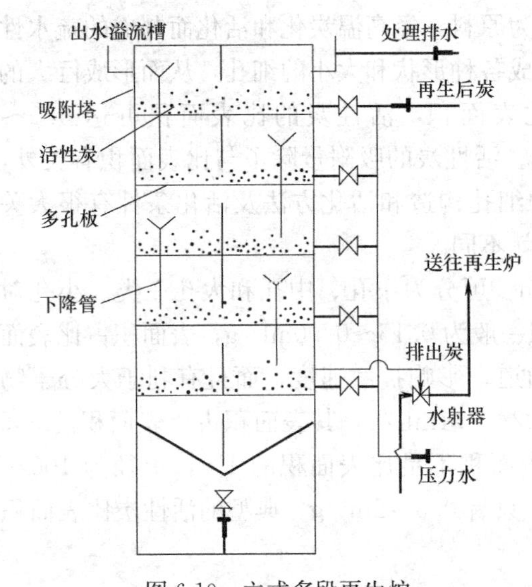

图 6-10　立式多段再生炉

2）药剂再生法

药剂再生法有无机药剂再生法和有机药剂再生法两种。无机药剂再生法是用无机酸、碱等将被活性炭吸附的物质解吸下来。如吸附高浓度酚的饱和炭，可用 NaOH 再生，脱附下来的酚钠盐可回收利用。有机药剂再生法则是用苯、丙酮或甲醇等有机溶剂萃取吸附在活性炭上的有机物。药剂再生法是解吸过程，随着再生次数的增加，活性炭再生后的吸附性能显著降低，需要废弃部分饱和炭，补充新炭，但再生过程可在吸附塔内进行，设备和操作管理简单。

3）化学氧化法

化学氧化再生法又分为湿式氧化法、电解氧化法和臭氧氧化法。

① 湿式氧化法。湿式氧化法本质是在高温高压条件下，利用空气中的氧气将吸附于活性炭表面的吸附质氧化的过程。此法一般用于粉末活性炭的再生，尚未被广泛应用。

② 电解氧化法。用炭做阳极，进行水的电解，利用活性炭表面产生的氧气氧化吸附质。

③ 臭氧氧化法。利用臭氧将吸附在炭表面的吸附质氧化分解。

目前，国内活性炭的供应货源和再生设备较少，再生费用较高，一定程度上限制了活性炭吸附法的广泛应用。

2. 其他吸附剂

(1) 硅胶

硅胶的制作原料是硅酸钠，俗称水玻璃，在水玻璃的水溶液中加入稀硫酸（或盐酸）并静置，便成为含水硅酸凝胶而固态化，在 60～70℃条件下烘干，用热水洗涤去盐，缓慢升温至 300℃，最后进行干燥而成。硅胶为半透明玻璃状颗粒，比表面积达 500～600m^2/g，具有极性，脱水性能良好，常用作干燥剂。

(2) 腐殖酸类吸附剂

腐殖酸类吸附剂可分为两大类。一类是天然的含有腐殖酸的物质，如风化煤、泥煤、褐煤等，既可直接作吸附剂，也可经过风干，热处理后使用。另一类是用胶粘剂把含有腐殖酸的物质做成腐殖酸树脂，造粒成型加工后作吸附剂使用。腐殖酸结构复杂，能够吸附阳离子，但吸附机理尚不十分清楚，有待进一步完善。

其他一些天然吸附剂，如黏土、沸石等，由于它们的比表面积很小，吸附效率不高。

6.3.3 吸附设备

吸附操作根据水流状态可分为静态吸附和动态吸附两种。被处理水在不流动的条件下进行的操作称为静态吸附，静态吸附通常在搅拌吸附装置中进行。被处理水在流动条件下进行的操作称为动态吸附，常见的动态吸附装置有固休层吸附装置（固定床）和流动层吸附装置（移动床、流化床）两种。

1. 搅拌吸附装置

静态吸附也称为间歇式操作。在搅拌吸附装置中，将一定量的吸附剂投加到被处理水中，经过一定时间的混合搅拌，使吸附达到平衡，然后用沉淀或过滤的方法使水和吸附剂分离。一次吸附达不到要求时，则需要采取多次静态吸附操作，重复以上步骤反复进行，直到达到水质要求。

2. 固定床

根据处理水量、原水水质及处理要求，固定床可分为单床和多床系统。一般单床仅在处理规模较小时采用。多床又有串联和并联两种，前者适用于处理流量较小、出水要求较高的场合，后者适用于大规模处理、出水要求较低的场合。

根据水流方向又分为升流式和降流式两种固定床。升流式固定床在水头损失增大时，可提高进水流速，使填充层稍膨胀以达到自净的目的。降流式固定床出水水质好，但经过吸附层的水头损失较大，特别是在处理含悬浮物较多的原水时，为了防止悬浮物堵塞吸附层，需要定期进行反冲洗。

3. 移动床

移动床是指流动相（待处理水）在床层内通过循环泵不断自下而上循环流动，而吸附剂颗粒依靠重力向下移动，与进料逆流接触。床层中部连续进料，弱吸附组分从床层顶部流出，而强吸附组分在固定相作用下从床层底部流出，完成吸附过程。

其运行过程为原水从吸附塔底部流入和吸附剂逆流接触，处理后的水从塔顶流出，再生后的吸附剂从塔顶加入，接近吸附饱和的吸附剂从塔底间歇排出。由于采用升流式，被截留的悬浮物可随饱和的吸附剂间歇地排出吸附塔，因此不需要反冲洗设备，且能够充分利用吸附剂的吸附容量，水头损失小。

4. 流化床

流化床是一种先进的床型。吸附剂在吸附塔中处于膨胀状态，塔中吸附剂与进水逆向连续流动。由于吸附剂保持流动状态，与水的接触面积增大，因此设备小而生产能力大，基建费较低。与固定床相比，可使用粒度均匀的小颗粒吸附剂，对原水的预处理要求低。但是运转中操作要求高，不易控制，同时对吸附剂的机械强度要求高。

6.3.4 设计与计算

1. 设计要点

（1）吸附属于深度处理工艺，在出水的个别水质指标仍不能满足排放要求时才考虑采用。因此，通常置于其他处理单元之后。

（2）需要进行吸附预试验。确定选用吸附工艺之前，应取前段处理工艺的出水或水质接近的水样进行吸附试验，并对不同类型的吸附剂进行筛选，然后通过试验得出主要的设计参数，例如水的滤速、出水水质、饱和周期和反冲洗最短周期。

（3）采用活性炭工艺时，活性炭需要预处理。活性炭工艺进水一般应先经过过滤处理，以防止由于悬浮物较多造成炭层表面堵塞。同时进水有机物浓度不应过高，避免造成活性炭过快饱和，这样才能保证合理的再生周期和运行成本。

(4) 对于中水处理或某些超标污染物浓度经常变化的处理工艺，应设置超越通道，当前段工艺来水在一段时间内不超标时，则可以及时停用活性炭单元，这样可以节省吸附剂的吸附容量，有效地延长再生或更换周期。

(5) 采用固定床应根据所用吸附剂再生或更换周期情况，来考虑设计备用的池子。移动床必要时也应考虑备用。

2. 主要设计参数

以固定床活性炭吸附工艺的设计参数为例，根据实际工程经验，一般设计参数见表6-10。

活性炭工艺主要设计参数 **表 6-10**

固定床炭层厚度	1.5～6m	反冲洗周期	8～72h
过滤线速度(升流式)	9～25m/h	反冲洗膨胀率	30%～50%
过滤线速度(降流式)	7～12m/h	水在炭层停留时间	10～30min
反冲洗水线速度	28～32m/h	粉末炭处理炭-水接触时间	2～30min
反冲洗时间	3～8min		

【例 6-3】 某炼油厂拟采用活性炭吸附法进行炼油废水深度处理。处理水量 $Q=600m^3/h$，废水 COD 平均为 30mg/L，出水 COD 要求小于 30mg/L。拟采用 4 座间歇式移动床活性炭吸附塔，设计参数如下：空塔速度 $v_L=10m/h$，接触时间 $T=30min$，通水倍数 $n=6.0m^3/kg$，活性炭填充密度 $\rho=0.5t/m^3$。试计算吸附塔的主要尺寸、所需填充活性炭的质量和每天需再生的活性炭质量。

【解】

(1) 吸附塔总面积：$F=\frac{Q}{v_L}=\frac{600}{10}=60m^2$

(2) 每个吸附塔的过水面积：$f=\frac{F}{N}=\frac{60}{4}=15m^2$

(3) 吸附塔的直径：$D=\sqrt{\frac{4f}{\pi}}=\sqrt{\frac{4\times15}{\pi}}=4.5m$，采用 5m

(4) 吸附塔的炭层高度：$h=v_L T=10\times0.5=5m$

(5) 每个吸附塔填充活性炭的体积：$V=fh=15\times5=75m^3$

(6) 每个吸附塔填充活性炭的质量：$G=V\rho=75\times0.5=37.5t$

(7) 每天需再生的活性炭质量：$W=\frac{24Q}{n}=\frac{24\times600}{6}=2.4t$

6.3.5 吸附法在工业水处理中的应用

吸附法在工业水处理中主要去除对象是一般难以氧化或生化降解的溶解性有机物，包括木质素、杂环化合物、洗涤剂、合成染料等。当用活性炭对此类水进行处理时，它不但能够吸附难降解有机组分，降低 COD，还具有脱色、除臭的功能。

该法还对某些金属，如汞、铝、铬、钴、镍、铜、镉、铋等及其化合物有良好的吸附性能。国内已有较多应用活性炭吸附法处理电镀含铬、含氰废水的案例。腐殖酸类吸附剂对工业水中的汞、锌、铅、铜、镉等重金属离子的吸附率可达90%以上。

此外，吸附法也可与物理、化学法联用，如先用混凝、沉淀、过滤等去除悬浮物和胶体，然后用吸附法去除溶解性有机物。与生化法联用，如向曝气池中投加粉末活性炭，利用粒状吸附剂作为微生物的生长载体或作为生物流化床的介质，提升有机组分的去除率。

6.4 电　　解

6.4.1 电解原理

电解质溶液在电流的作用下发生电化学反应的过程称为电解。与电源负极相连的电极从电源接受电子，称为电解槽的阴极，与电源正极相连的电极把电子转移给电源，称为电解槽的阳极。在电解过程中，阴极放出电子，使水中某些阳离子因得到电子而被还原，阴极起还原剂的作用；阳极得到电子，使水中某些阴离子因失去电子而被氧化，阳极起氧化剂的作用。进行电解反应时，水中的有毒物质在阳极和阴极分别进行氧化还原反应并产生新物质。这些新物质在电解过程中或沉积于电极表面或沉淀下来或生成气体从水中逸出，从而降低了水中有毒物质的含量。这样利用电解原理处理水中有毒物质的方法称为电解法。

1. 法拉第电解定律

电解过程的耗电量可用法拉第电解定律计算。试验表明，电解时在电极上析出的或溶解的物质质量与通过的电量成正比，并且每通过96487C的电量，在电极上发生任一电极反应而变化的物质质量均为1mol，这一定律称为法拉第电解定律，可由式（6-40）表示：

$$G=EQ/F \text{ 或 } G=EIt/F \tag{6-40}$$

式中 G——析出的或溶解的物质质量，g；

E——物质的化学当量，g/mol；

Q——通过的电量，C；

I——电流强度，A；

t——电解时间，s；

F——法拉第常数，$F=96487$C/mol。

在实际电解过程中，由于发生某些副反应，实际消耗的电量往往比理论值大得多。

2. 分解电压

电解过程中所需要的最小外加电压与很多因素有关，通常通过逐渐增加两极的外加电压来研究电流的变化。当外加电压很小时，几乎没有电流通过。电压继续增加，电流略有增加。当电压增加到某一数值时，电流随电压的增加几乎呈直线关系急剧上升。这时在电极上才明显地有物质析出。能使电解正常进行时所需的最小外加电压称为分解电压。

产生分解电压的原因主要为电解槽本身就是某种原电池。由原电池产生的电动势同外加电压的方向正好相反，称为反电动势。那么是否外加电压超过反电动势就开始电解呢？实际上分解电压常大于原电池的电动势。这种分解电压超过原电池电动势的现象称为极化现象。电极的极化作用主要包括浓差极化和化学极化两种形式。

（1）浓差极化

浓差极化是指因电解槽中电极界面层溶液离子浓度与本体溶液浓度不同而引起电极电

位偏离平衡电位的现象。是电极极化的一种基本形式。

浓差极化对金属电解没有任何好处，它使槽电压升高，电耗增大，并使阴极沉积或镀层质量恶化，甚至造成氢的析出和杂质金属离子的放电。浓差极化可以通过搅拌、加热溶液或移动电极而消除至一定限度，但由于电极表面扩散层的存在而不能完全避免。

(2) 化学极化

由于进行电解时两极析出的产物构成了原电池，此电池电位差也和此外加电压方向相反，这种现象称为化学极化。

另外，当通电进行电解时，因电解液中粒子运动受到一定的阻碍，所以需一定的外加电压加以克服。其值为 IR，I 为通过的电流，R 为电解液的电阻。

实际上，分解电压还与电极的性质、电流密度、待处理水的性质及温度等因素有关。

6.4.2 电解槽的结构类型

电解槽由槽体、阳极和阴极组成，一般被设计为矩形。

按水流方式可分为回流式和翻腾式两种。回流式电解槽内水流的路程长，离子能充分地向水中扩散，电解槽容积利用率高，但施工和检修困难；翻腾式的极板采用悬挂方式固定，防止极板与池壁接触，可减少漏电现象，更换极板较回流式方便，也便于施工维修。如图 6-11 所示。

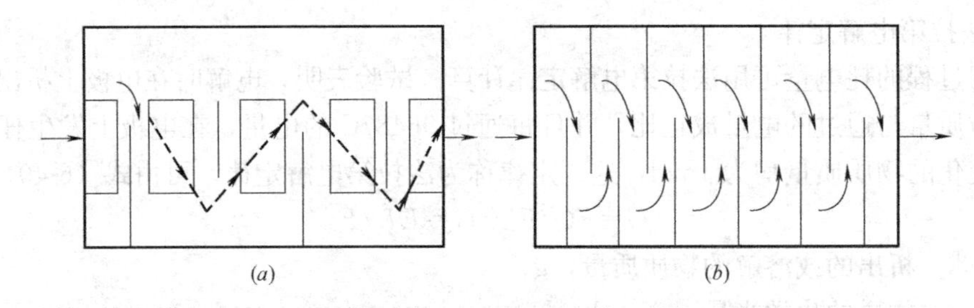

图 6-11 电解槽水流方式

(a) 翻腾式（纵剖面图）；(b) 回流式（平面图）

极板间距对电耗有一定的影响。极板间距越大，则电压就越高，电耗也就越高，但极板间距过小，不仅安装不便，材料用量也大，而且给施工带来困难，所以极板间距应综合考虑各种因素后确定。

电解法采用直流电源。电源的整流设备应根据电解所需的总电流和总电压进行选择。目前国内采用的电解槽，根据电路分为单极性电解槽和双极性电解槽两种。双极性电解槽较单极性电解槽投资少。另外，在单极性电解槽中，有可能由于极板腐蚀不均匀等原因造成相邻两块极板碰撞，会引起短路而发生严重安全事故。而在双极性电解槽中极板腐蚀较均匀，相邻两块极板碰撞机会少，即使碰撞也不会发生短路现象，有利于提高极板的利用率，降低造价和节省运行费用，国内采用的较为普遍。

目前，电解法常用于处理含铬、含氰和含酚等工业排水。

6.4.3 电解法在工业水处理中的应用

1. 处理含氰水

电解过程中不加氯化钠等电解质时，氰化物在阳极上发生氧化反应，产生二氧化碳和氮气，反应式如下：

$$CN^- + 2(OH)^- - 2e^- = CNO^- + H_2O \tag{6-41}$$

$$CNO^- + 2H_2O = NH_4^+ + CO_3^{2-} \tag{6-42}$$

$$2CNO^- + 4(OH)^- + 6e^- = 2CO_2 + H_2\uparrow + H_2O + N_2\uparrow \tag{6-43}$$

当电解槽内投加氯化钠后，Cl^-在阳极放出电子成为游离氯［Cl］，并促进阳极附近的CN^-氧化分解，而后又形成Cl^-，继续放出电子再去氧化其他CN^-，其反应式如下：

$$2Cl^- - 2e^- = 2[Cl] \tag{6-44}$$

$$CN^- + 2[Cl] + 2OH^- = CNO^- + 2Cl^- + H_2O \tag{6-45}$$

$$2CNO^- + 6[Cl] + 4OH^- = 2CO_2\uparrow + N_2\uparrow + 6Cl^- + 2H_2O \tag{6-46}$$

设计时应注意，含氰废水在电解过程中会产生一些如 HCN 的有毒气体，应考虑通风措施；极板间距一般为 30～50mm；极板常采用惰性石墨材料作阳极；为便于扩散，可采用压缩空气或其他方法搅拌。

2. 处理含酚水

电解除酚时，一般以石墨作阳极。电极附近的反应十分复杂，既有阳极的直接氧化作用，使酚氧化为邻二苯酚、邻苯二醌，进而氧化为顺丁烯二酸，也有间接的氧化作用，即阳极产物OCl^-与酚反应，开始有氯代酚生成，接着使酚氧化分解。为强化氧化反应和降低电耗，通常都投加氯化钠，氯化钠的投量为 20g/L。电流密度采用 1.5～6A/dm^2，经 6～38min 的电解处理后，酚浓度可从 250～600mg/L 降到 0.8～4.3mg/L。

思考题与习题

1. 混凝机理包括哪些过程，去除的污染物主要是哪类物质？

2. 常见的澄清池有几种类型，各自的特点有哪些？

3. 工业水处理中常用的吸附剂有哪些？都有哪些再生方法？

4. 给出 Freundlich 参数，有关数据见表 6-11。计算起始浓度为 10mg/L 的吸附容量是多少？使浓度从 1mg/L 减少到 0.01mg/L，需要的活性炭量是多少？

活性炭吸附萘 **表 6-11**

炭用量(mg/L)	出水浓度 C_f(mg/L)	炭用量(mg/L)	出水浓度 C_f(mg/L)	炭用量(mg/L)	出水浓度 C_f(mg/L)
0	9.94	22.3	3.0	168.3	0.17
11.2	5.3	56.1	0.71	224.4	0.06

5. 将 3.0g 活性炭放入含苯酚的 500mL 水溶液中，使用 $q=5.2C^{0.21}$mmol/g，达平衡时苯酚的平衡浓度为 0.0346mol/L，试计算水中苯酚的初始浓度为多少？

6. 工业水处理电解法的原理是什么，一般用于处理何种类型的工业水？

7. 一台 600mm×180mm×38mm 石墨板为阳极，有 10 组双电极串联的电解食盐水发生 NaOCl 装置。阳极电流密度 i 为 50mA/cm^2，如以 40%的电流效率计算，则电解装置每昼夜可处理含氰 10mg/L 的水量有多少？题中电流密度 i 指单位电极面积上所通过的电流数量（A/m^2）。

第7章　工业水生物处理技术

7.1　工业水生物处理技术概述

生物处理是利用微生物的代谢作用，使水中的有机污染物和无机营养物转换为稳定、无害的物质。常见的有活性污泥法和生物膜法。生物处理法也可按是否供氧而分为好氧处理和厌氧处理两大类。现有生物处理技术主要用于工业企业的排水处理。但对于受有机污染比较严重的地表水作为工业用水水源时，为控制有机组分含量也可用生物技术进行净化处理，如生物活性炭工艺已在微污染水体的处理中得到广泛应用。然而，除生物滤池外，其他生物处理技术在工业给水中目前还鲜有应用。为此，本章所述生物处理技术的主要应用对象为工业企业排水。依据企业排水中有机物浓度高低及其可生化性，可分为5类生物处理流程。

1. 低浓度易生物降解有机工业排水

含低浓度易生物降解有机组分的工业排水，常采用好氧生物处理法。基本工艺流程如图7-1所示。考虑到工业排水的水质、水量受产品变更、生产设备检修、生产季节变化等因素影响，其水质水量变化幅度大。为此，处理流程中一般都设置调节池，以稳定生物处理单元的水质和水量。

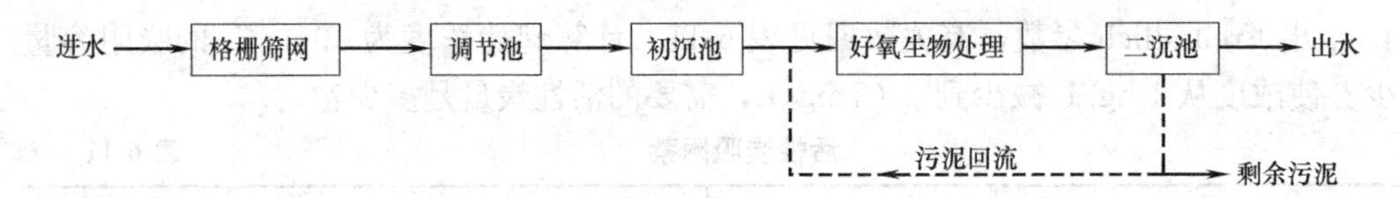

图7-1　低浓度易降解有机组分的基本处理流程

若排水中还含有固态有机物和无机物时，为减轻后续生物处理设施的有机负荷、降低运行费用和提高处理效率，或减少对后续处理设施的损害，在生物处理设施前需依据固态污染物的特性设置格栅、筛网或沉淀池等预处理设施，以去除大颗粒有机和无机悬浮物。

目前，工业水处理中应用较成熟的好氧生物处理工艺主要有SBR及其变形工艺。

2. 高浓度易生物降解有机工业排水

高浓度易降解有机工业排水中的有机污染物易被微生物降解，可采用厌氧-好氧生物组合处理工艺。厌氧生物处理具有有机负荷高、运行费用较低、产生的甲烷气可以回收再次利用等优点，是处理不含有毒有害污染物的高浓度易降解有机工业排水的首选技术。但厌氧生物法处理后出水的有机物浓度还比较高，需再经好氧生物处理才能确保出水水质达标。基本处理流程如图7-2所示。常用的厌氧处理工艺有普通厌氧消化、接触氧化和UASB技术。

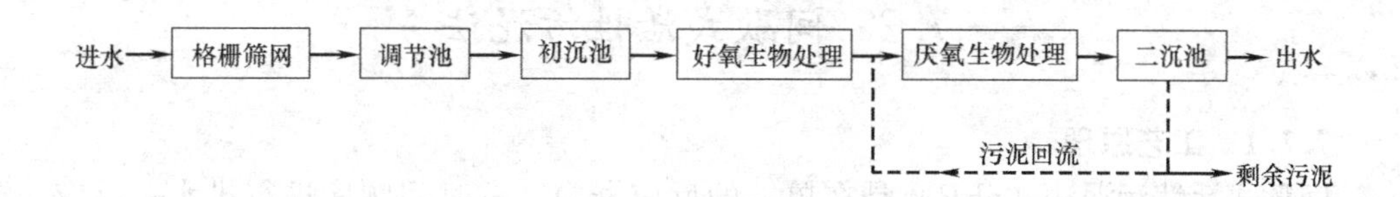

图 7-2　高浓度易降解有机组分的基本处理流程

3. 可生物降解有机工业排水

可生物降解有机工业排水含有较多的易降解有机物，可采用生物法处理。但是，由于水中还含有一定数量的难降解有机物，BOD_5/COD 比值较低。因此，在生物处理单元前需增加预处理，以去除难降解有机组分，从而提高其可生物降解性。如生物处理出水仍不能达标排放，则需增加后处理设施，以降低生物处理单元出水中的难降解有机组分浓度。基本处理工艺流程如图 7-3 所示。

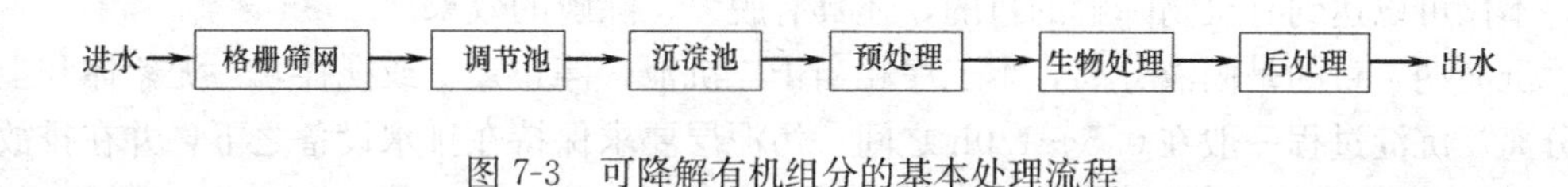

图 7-3　可降解有机组分的基本处理流程

预处理的方法可用物理化学法（如混凝沉淀和气浮等）和生物法（如水解酸化等）。大量研究和实践表明，某些有机物（如杂环化合物、多环芳烃）在好氧条件下难以被微生物降解，但采用厌氧水解酸化法进行预处理，可使化学结构稳定的苯环开环，改善其生物降解性。

当某些污水经预处理和生物处理后其水质指标仍不能满足排放要求时，则在生物处理后还需有后处理措施，以降低残留有机物浓度。后处理技术主要有混凝、沉淀或气浮、化学氧化、活性炭吸附和膜分离等。

4. 难生物降解有机工业排水

难生物降解有机工业排水的处理是当今水污染防治领域面临的一个难题，至今尚无较为完善、经济、有效的通用处理技术。采用生物法处理难降解有机工业排水时，其基本处理工艺流程可参考图 7-3。工艺前段进行化学的、物理化学的或生物的预处理，以改变难降解有机物的分子结构或降低其中某些污染物质的浓度，降低其毒性，提高废水的 BOD_5/COD 值，为后续生物处理的运行稳定性和高处理效率创造条件。预处理的选择与难降解有机物的性质和浓度有关，生物处理技术主要有 SBR、生物滤池、生物接触氧化和生物流化床等。

5. 含有毒有害污染物有机工业排水

含有毒有害污染物的有机工业排水采用生物处理工艺时，为降低有毒有害污染物对微生物的毒性作用，在生物处理前都应进行预处理。经过预处理后使有毒有害污染物的浓度降低或改变有机污染物的化学结构，降低对微生物的毒性作用，使后续的生物处理能顺利进行。其基本处理工艺流程可参考图 7-3。

综合上述工业企业所排放的 5 类有机废水的水质特征，目前采用较多的生物处理技术有 SBR 及其变形工艺、生物滤池、生物接触氧化法、膜生物反应器、生物流化床、厌氧消化、UASB 和 EGSB 等工艺，后续章节将对上述代表性工艺进行介绍。

7.2 间歇式活性污泥法

7.2.1 工艺原理

间歇式活性污泥法（SBR）是在单一的反应器内，按时间顺序进行进水、反应、沉淀、排水和闲置等基本操作的活性污泥法（图 7-4）。从污水的流入开始到待机时间结束为一个周期，达到污水处理目的。

进水期：指从开始进水到反应器达最大水深时的时间段。在曝气的情况下，有机物在进水过程中已经开始被大量氧化，进行搅拌时好氧生物的活动则受到抑制。运行时可根据不同微生物的生长特点、水质特征、要达到的处理目标和设计要求，分别采用非限制曝气、半限制曝气和限制曝气的方式进水。

反应期：目的是在反应器达到最大水量的情况下完成进水期已开始的反应。根据反应的目的决定进行曝气或搅拌，即进行好氧反应或厌氧反应。在反应阶段通过改变反应条件，不仅可以达到有机物降解的目的，还具有脱氮、除磷的效果。

沉淀期：目的是固液分离，本工序相当于二沉池，停止曝气或搅拌，污泥絮体和上清液分离。沉淀过程一般在 0.5～1.0h 之间。污泥层要求保持在排水设备之下，并在排放完成前不上升超过排水设备。

排水期：排水的目的是排除曝气池沉淀后的上清液，留下活性污泥，作为下一个周期的菌种。液面又恢复到循环开始时的最低水位，该水位离污泥层还有一定的保护高度。SBR 排水一般采用滗水器，滗水所用的时间由滗水能力来决定，一般不会影响下面的污泥层。

待机期：沉淀之后到下个周期开始的期间称为待机工序。曝气池处于空闲状态，等待下一个周期的开始。在待机期间根据工艺和处理目的，可以进行曝气、混合、去除剩余污泥。待机期的长短由原水流量决定。SBR 运行中另一个重要步骤是排放剩余污泥。剩余污泥通常在沉淀期或闲置期排放。

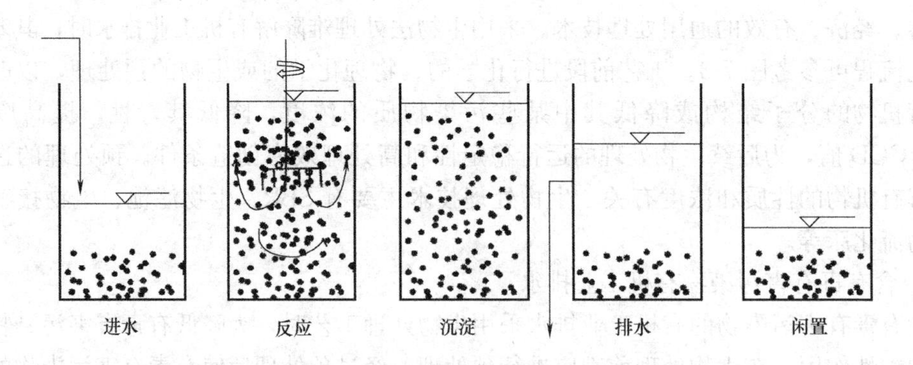

图 7-4 SBR 工艺反应器一个运行周期的运行操作

目前，较为常用的 SBR 工艺主要有常规 SBR、ICEAS、CAST 和 UNITANK 等。SBR 的很多工艺变形属专利产品，在设计时应注意知识产权问题。

7.2.2 工艺特点及适用条件

与其他传统活性污泥技术相比，SBR 的特点是：

（1）流程简单，一般不设调节池，多数情况下可省掉初沉池，没有二沉池和回流污泥泵房，整个工序不及常规活性污泥法的一半。占地少，比常规活性污泥法少占地30%～50%，特别适合用地相对紧张的工业企业。

（2）曝气时间短，效率高，沉淀接近理想静止沉淀，出水水质好。

（3）具有脱氮、除磷功能和生物选择器功能，能有效地防止污泥膨胀。

（4）缓冲能力强，适用于水量水质变化较大的污水处理。

（5）节约投资，处理成本低于常规活性污泥法。

（6）对自控要求高，运行灵活，适应性强，对管理人员要求高。

SBR法适用于处理规模控制在$10\times10^4m^3/d$以下的中、小型污水处理系统。对小水量、高浓度、间歇排放、负荷波动幅度大的工业排水，有很好的适应性。

7.2.3 设计计算方法

1. 设计原则

（1）SBR池的数量不宜少于2个。如有可能，池子数量和每个周期排水时间的乘积最好是周期长的整数倍，以便将每个池的间歇排水组合成全厂的连续排水；对于间歇进水的SBR反应池，池数和周期最好是整倍数，便于将连续的进水分配到每个池，简化配水设施。同时，池子数量和每个周期曝气时间的乘积最好是周期长的整数倍，使鼓风机连续运行，减少鼓风机数量。

（2）SBR反应池的自动控制基本上是依据时序和液位进行的。应设计几种不同的运行周期输入自控程序，必要时可人为或自动转换，以确保处理过程的正常运行。

（3）应采用有防止浮渣流出设施的滗水器；同时，宜有清除浮渣的装置。不设初沉池时要考虑强化预处理阶段去除浮渣功能，如采用曝气沉砂池或筛网过滤，对已进入SBR反应池的浮渣应经常清除。

（4）进气总管上应安装放气蝶阀，停气时打开，以释放气压。

（5）反应池宜采用矩形池。长度与宽度之比，间歇进水时宜为1∶1～2∶1，连续进水时宜为2.5∶1～4∶10。连续进水时，反应池的进、出水处应设置导流装置。

（6）反应池应设置固定式事故排水装置，可设在滗水结束时的水位处。

其他设计参数见表7-1。

常规SBR工艺设计参数 **表7-1**

参数	单位	常用数值范围	
		反应污泥龄>15d	反应污泥龄≤15d
每天周期数	1/d	4～3	6～4
周期时长	h	6～8	4～6
每周期进水时间	h	4～2	3～1
每周期反应时间	h	5.5～3.5	4～2
每周期沉淀时间	h	1	1
每周期排水时间	h	1～2	0.5～1.5
水深	m	4～6	
安全高度	m	0.6～0.9	

2. 计算方法

(1) SBR 反应池容积

$$V=\frac{24Q_{T}S_{0BOD}}{X_{s}L_{s}t_{f}} \tag{7-1}$$

式中 Q_T——SBR 反应器每个周期进水量，m^3；

S_{0BOD}——原水中 BOD_5 浓度，mg/L；

X_s——反应池中的悬浮固体浓度，mg/L；

L_s——污泥负荷，$kgBOD_5/(kgMLSS \cdot d)$；

t_f——每个周期反应时间，h。

以脱氮为主要目标时，系统 BOD_5 负荷率控制在 0.05～0.15 之间；以除磷为主要目标时，建议将 BOD_5 负荷率控制在 0.4～0.7 之间；同时脱氮除磷时，BOD_5 负荷率在 0.1～0.2 之间。

(2) SBR 工艺各工序的时间

1) 进水时间 t_j：

$$t_j=\frac{t}{n} \tag{7-2}$$

式中 t_j——每池每周期所需要的进水时间，h；

t——每个运行周期所需要的时间，h；

n——每个系列反应池个数。

式 (7-2) 适用于将待处理水连续进入 n 个 SBR 反应器，进水时不进行沉淀和排水的情况。其他情况应根据进水方式和 SBR 运行模式灵活计算。

2) 反应时间 t_f：

$$t_f=\frac{24S_{0BOD}}{mL_sX_s} \tag{7-3}$$

式中 $1/m$——排出比，仅需除磷时宜为 0.25～0.5，需脱氮时宜为 0.15～0.3。

3) 沉淀时间 t_c，一般为 1h。

4) 排水时间 t_p，一般为 1.0h，由滗水器能力确定。

5) 闲置时间 t_x，由进水流量和各工序的时间安排确定，一般可取 0～1h。

6) 一个周期所需时间 t：

$$t=t_j+t_f+t_c+t_p+t_x \tag{7-4}$$

式 (7-4) 中加和的 5 个时间段可能是重复的，如在进水的同时进行反应。此时应扣除重复部分。每天的周期数宜为正整数。常用的数据见表 7-2。

常用周期和周期长对照表 **表 7-2**

每天周期数	3	4	5	6
每个周期时间(h)	8	6	4.8	4

(3) 供氧量、排泥量的设计计算

供氧量、排泥量的设计计算参考活性污泥法。

【例 7-1】 某化工厂洗涤生产车间的排水水质为 COD＝625mg/L，BOD_5＝200mg/L，SS＝245mg/L，流量 Q＝50m^3/d。采用 SBR 工艺进行处理，要求出水水质达到 COD＝

150mg/L，BOD_5＝50mg/L，SS＝150mg/L。拟采用 2 个 SBR 反应池，BOD_5污泥负荷 L_s＝0.1 kgBOD_5/(kgMLSS・d)，周期 n＝1d，反应池水深 H＝3.5m，长 L＝7m，排出比$\frac{1}{m}=\frac{1}{4}$，安全高度 ε＝0.5m，MLSS 浓度 4000mg/L，沉淀时间 t_c＝1.0h，排水时间 t_p＝2.0h。每个反应池设一套出水装置，排出装置的最大流量比 r＝1.5。试计算：(1) 反应池各工序所需时间；(2) 反应池容积、尺寸及设计运行水位；(3) 排出装置的排出能力。

【解】 工艺流程，如图 7-5 所示。

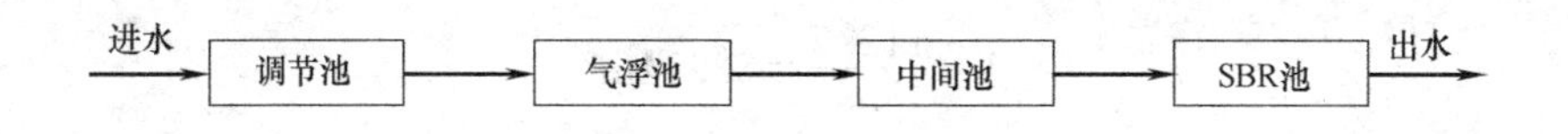

图 7-5 SBR 处理工艺

SBR 结构简图，如图 7-6 所示。

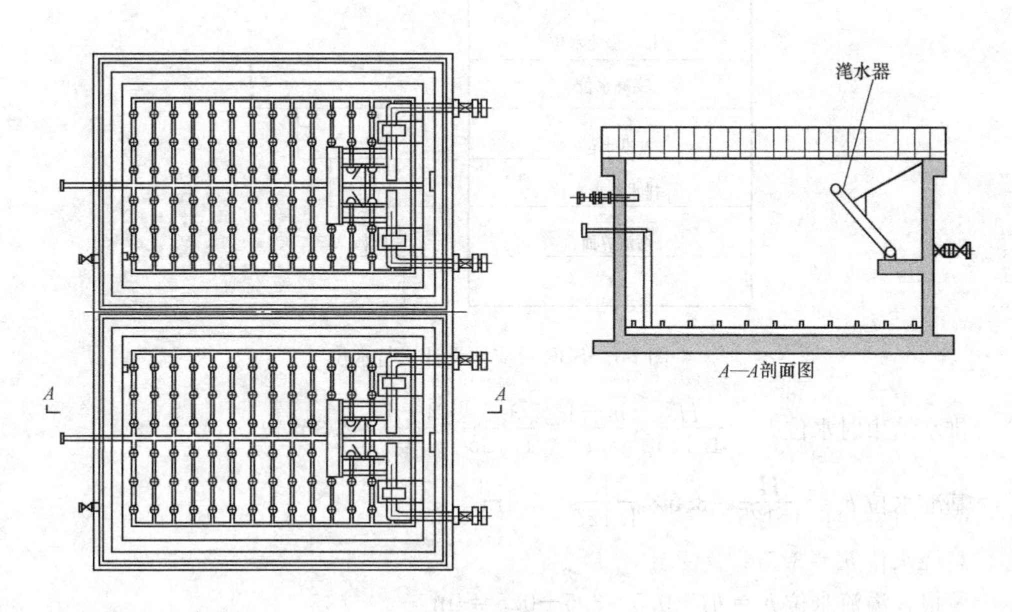

图 7-6 SBR 结构简图

(1) 反应池运行周期各工序计算

反应时间 t_f：

进水 BOD_5：$S_{0BOD_5}=COD\times\frac{BOD_5}{COD}=625\times0.32=200mg/L$

则 $t_f=\frac{24S_{0BOD_5}}{mL_sX_s}=\frac{24\times200}{0.1\times4\times4000}=3h$

一个周期所需要的时间为：

$$t\geqslant t_f+t_c+t_p=3+1+2=6h$$

进水时间 t_j：

$$t_j=\frac{t}{n}=\frac{6}{2}=3\text{h}$$

（2）反应池池容计算

由式（7-1）和（7-3）可得，反应池有效池容：

$$V=mQ_{\mathrm{T}}=\frac{m}{n}\times Q=\frac{4}{2}\times 50=100\text{m}^3$$

考虑流量波动，反应池容积的修正值为：

$$V'=100\times 1.125=112.5\text{m}^3$$

反应池所需水面积：

$$A=\frac{112.5}{3.5}=32.14\text{m}^2$$

反应池宽为 $b=4.6$m

SBR 反应池设计运行水位，如图 7-7 所示。

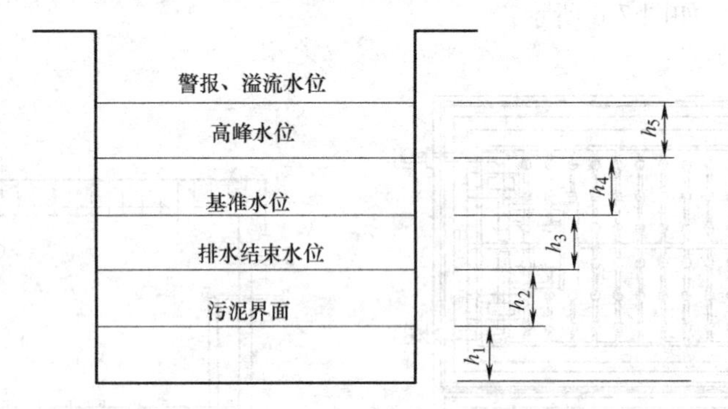

图 7-7　SBR 反应池设计运行水位

排水结束时水位 $h_2=\frac{H}{1.125}\times\frac{m-1}{m}=\frac{3.5}{1.125}\times\frac{4-1}{4}=2.3\text{m}$

基准水位 $h_3=\frac{H}{1.125}=3.5\times\frac{1}{1.125}=3.1\text{m}$

高峰水位 $h_4=3.5\text{m}$

警报、溢流水位 $h_5=h_4+0.5=3.5+0.5=4\text{m}$

污泥界面 $h_1=h_2-0.5=2.3-0.5=1.8\text{m}$

（3）上清液排出装置

每池的排出负荷：

$$Q_{\mathrm{D}}=\frac{Q_{\mathrm{s}}}{NnT_{\mathrm{D}}}=\frac{50}{2\times 1\times 2}\times\frac{1}{60}=0.21\text{m}^3/\text{min}$$

出水装置的负荷：

$$Q'=Q_{\mathrm{D}}=0.21\text{m}^3/\text{min}$$

排出能力：

$$Q''=0.21\times 1.5=0.32\text{m}^3/\text{min}$$

7.3 循环活性污泥工艺系统

循环式活性污泥工艺系统（Cyclic Activated Sludge System，CASS），简称 CASS 工艺，又可称为 CAST 工艺（Cyclic Activated Sludge Technology）和 CASP 工艺（Cyclic Activated Sludge Process），其实质是传统的 SBR 工艺与生物选择器（Bioselector）的有机结合，即在 SBR 池内进水端增加了一个生物选择器，实现了连续进水，间歇排水。本工艺是美国 Goronszy 教授在 20 世纪 60～70 年代所开发的。由于本工艺对污水处理的效果良好，基建投资省，维护费用低，尤其是本工艺具有一定的脱氮与除磷功能，因此被广泛地应用于城市污水及多种工业排水的处理。在世界上已建成 300 余座以 CASS 工艺为主体处理技术的污水处理厂。在我国，从 20 世纪 90 年代开始对 CASS 工艺开展了研究与应用，主要用于生活污水以及啤酒、制药、洗毛等工业排水的净化处理。

7.3.1 CASS 系统组成与运行方式

CASS 工艺系统的反应操作单元为一座间歇式运行的反应器。活性污泥的各项反应进程，泥水分离和滗水的进程，都在这一座反应器内进行。一般反应池沿池长方向设计为两部分，前部为生物选择区也称预反应区，后部为主反应区，其主反应区后部安装了可升降的自动撇水装置。整个工艺的曝气、沉淀、排水等过程在同一池子内周期循环运行，省去了常规活性污泥法的二沉池和污泥回流系统；同时可连续进水，间断排水。

图 7-8 所示为 CASS 工艺系统的一个典型的循环操作周期。由图可见，典型的 CASS 工艺系统的一个循环过程包括 3 个阶段：进水曝气阶段、沉淀阶段、滗水排放阶段，如加上闲置阶段，则为 4 个阶段。一个运行周期如为 4.0h，其中，进水曝气为 2.0h，沉淀阶段及滗水排放阶段各为 1.0h。

（1）进水-曝气阶段。边进水边曝气，同时将主反应区的污泥回流至生物选择区，一般回流比为 20%。在此阶段，曝气系统定时向反应池内供氧，一方面满足好氧微生物对氧的需要；另一方面有利于活性污泥与有机物的充分混合与接触，从而有利于有机污染物被微生物氧化分解。同时，水中的氨氮通过微生物的硝化作用转变为硝态氮。

（2）沉淀阶段。停止曝气，微生物继续利用水中剩余的溶解氧进行氧化分解。随着反应池内溶解氧的进一步降低，微生物由好氧状态向缺氧状态转变，并发生一定的反硝化作用。与此同时，活性污泥在几乎静止的条件下进行沉淀分离，活性污泥沉至池底，在下一个周期继续发挥作用，处理后的水位于污泥层上部，静置沉淀实现泥水分离。

（3）滗水阶段。沉淀阶段完成后，置于反应池末端的滗水器开始工作，自上而下逐层排出上清液，使水位降低到反应池所设定的最低水位，排水结束后滗水器自动复位。滗水期间，污泥回流系统照常工作，其目的是提高缺氧区的污泥浓度，随污泥回流至该区内的污泥中的硝态氮进一步进行反硝化，并进行磷的释放。

（4）闲置阶段。闲置阶段的时间一般比较短，主要保证滗水器在此阶段内上升至原始位置，防止污泥流失。实际滗水时间往往比设计时间短，其剩余时间用于反应器内污泥的闲置以及恢复污泥的吸附能力。

为了使 CASS 系统能够实现连续进水的要求，应设 2 座以上的反应器。当设置 2 座反应器时，第一座反应器处于进水曝气阶段，则另一座反应器处于沉淀滗水阶段，可以达到

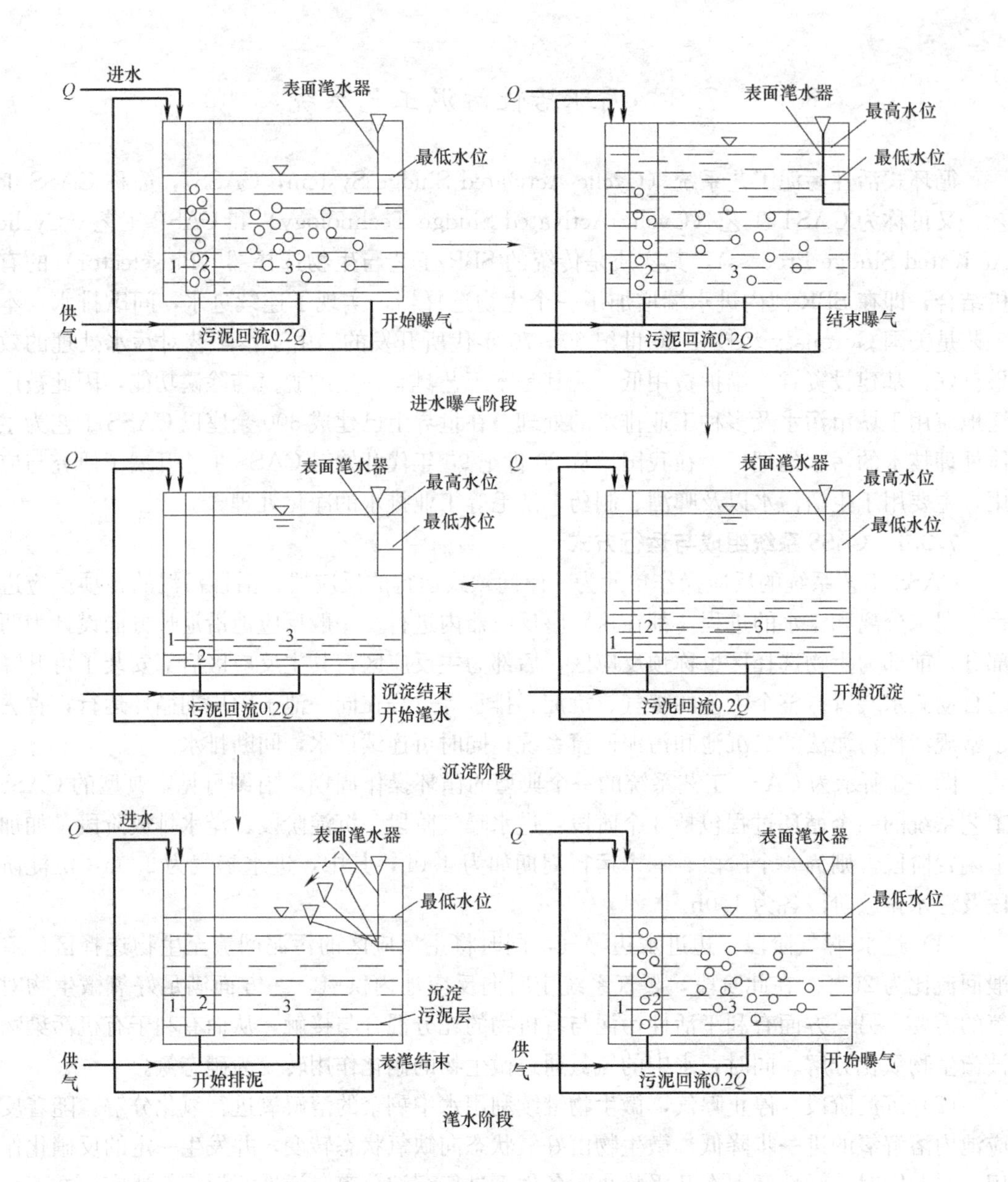

图 7-8　CASS 工艺系统的循环操作过程

1—生物选择区；2—缓冲区；3—主反应区

连续进水的要求。表 7-3 所列举的是采用 4 座反应器的 CASS 工艺系统，通过合理地选择循环过程，将各反应器调节在不同的运行阶段，达到连续进水和连续排水的效果。

4 座反应器 CASS 工艺系统合理的运行周期　　表 7-3

反应器	阶段名称			
反应器 1	进是水曝气		沉淀	滗水排水
反应器 2	沉淀	滗水排水	进水曝气	
反应器 3	进水曝气	沉淀	滗水排水	进水曝气
反应器 4	滗水排水	进水曝气		沉淀

7.3.2 CASS系统运行期内各区的反应行为

CASS反应器是由3个分区所组成，3个区容积比的参考值为1：2：17。

第1分区为位于反应器的最前端的生物选择区。在生物选择区，流入的原污水与从第3主反应区回流的回流污泥在这里混合（一般多通过水力措施实现混合），也可以使用机械进行混合搅拌。第1区处于缺氧或厌氧状态下运行，水力停留时间一般为0.5～1.0h。

在进水曝气运行阶段，控制供氧强度和在反应区混合液内的溶解氧浓度。使活性污泥絮凝体（菌胶团）的外缘处于好氧状态，能够使有机底物降解的同时发生硝化反应。由于氧向絮凝体深部的渗透受到限制，絮凝体的深部还可能处在缺氧、厌氧的状态，而较高的硝酸盐浓度则能够较好地渗透到菌胶团的深部。此外，通过生物吸附作用，在絮凝体内还积聚了丰富的碳源，于是活性污泥絮凝体深部具有进行反硝化反应的良好条件。通过污泥回流在生物选择区也要产生反硝化反应。回流污泥携出的剩余硝酸盐也在此进行反硝化反应。

此外，活性很高的污泥絮凝体回流至此，原污水携入高浓度的有机底物，所以生物选择区是处于高负荷有机底物的状态。首先，回流污泥在生物吸附和网捕作用下，在其自身表面吸附大量溶解状以及微小悬浮状的有机底物，使进水得到某种程度的处理。而后，进行可降解溶解性有机底物的快速降解反应。降解的有机底物被转化为微生物细胞胞内物质，如糖原质和多羟基丁酸盐等，然后转化为能使活性污泥具有黏性的外部细胞蛋白质。由于絮状微生物起主导作用，抑制了丝状菌的生长繁殖，有利于主反应区克服污泥膨胀现象的产生。由于厌氧微生物有较高的活性，使得生物选择区内的氧化-还原电位迅速降低。

第2区位于第1区之后，具有对生物选择区的各项作用起辅助性作用的功能，还对进入污水的水质、水量变化起到缓冲作用。此区基本上也是在缺氧或厌氧状态下运行，但根据实际情况的要求，也可按好氧状态运行。第2区也可以考虑不设。

第3区是主反应区，是利用活性污泥微生物实施生物氧化反应，使有机底物降解的区域。本区是在好氧状态下运行，有机底物降解以及脱氮、除磷的各项反应，都在本反应区内实施。对此，通过曝气手段以供氧进行调节，使本区混合液根据工艺反应的需要反复地经历好氧一缺氧一厌氧等状态。在开始进水与曝气的历时2.0h内，在本反应区内混合液中溶解氧的含量能控制在0～2.5mg/L之间，以确保同步进行硝化、反硝化和磷的吸收。

在停止曝气0.5h后，主反应区混合液即将逐步转为缺氧-厌氧状态。混合液及沉淀污泥絮凝体进行反硝化脱氮反应，沉淀污泥还将释放所含有的磷，与此同时，被污泥所吸附的可降解的呈悬浮状态的有机底物进行水解反应。此外，在缺氧-厌氧状态下能够抑制丝状菌的生长、繁殖，有效地防止污泥膨胀现象的产生。当CASS工艺系统需要进行脱氮除磷反应时，反应周期应延长为6.0h。

综上可知，CASS工艺具有以下几方面的优点：

（1）工艺系统不设初次沉淀池，也不设二次沉淀池，活性污泥回流系统规模较小、工艺流程简单，基建工程造价低，维护管理费用省。

（2）沉淀效果好。CASS工艺在沉淀阶段几乎整个反应池均起沉淀作用，沉淀阶段的表面负荷比普通二次沉淀池小得多，沉淀效果较好。

（3）运行灵活，抗冲击能力强，可实现不同的处理目标。CASS 工艺在设计时已考虑流量变化的因素，能确保待处理水在系统内停留预定的处理时间后达标排放，特别是 CASS 工艺可以通过调节运行周期来适应进水量和水质的变化。当进水浓度较高时，可通过延长曝气时间达到抗冲击负荷的目的。在雨季可以通过缩短曝气反应时间，增加滗水、排水阶段的频率，实施大流量、低负荷的运行方式减少水力负荷的冲击。生物选择区的运行，在恒容条件下进行，也可以在变容条件下进行，以保证选择的有效性。可通过调整工作周期及控制反应池的溶解氧水平，提高脱氮除磷的效果。

（4）不易发生污泥膨胀。污泥膨胀是活性污泥法运行过程中常遇到的问题，由于污泥沉降性能差，污泥与水无法在二沉池进行有效分离，造成污泥流失，使出水水质变差，严重时使污水处理系统无法运行，而控制并消除污泥膨胀需要一定时间，具有滞后性。CASS 反应池中存在着较大的浓度梯度，而且处于缺氧、好氧交替变化之中，这样的环境条件可选择性地培养出菌胶团细菌，使其成为曝气池中的优势菌属，有效地抑制丝状菌的生长繁殖，提高系统的运行稳定性。

（5）适用范围广，适合分期建设。由于 CASS 系统的核心构筑物是 CASS 反应池，如果处理水量增加，超过设计水量，不能满足处理要求时，可同样复制 CASS 反应池。因此，CASS 法污水处理系统的建设可随企业的发展而发展，它的阶段建造和扩建较传统活性污泥法简单得多。

（6）剩余污泥量小，性质稳定。传统活性污泥法的泥龄仅 2～7d，而 CASS 法泥龄为 25～30d。污泥稳定性好，脱水性能佳，产生的剩余污泥少。

但该工艺仍存在以下不足：

（1）生物脱氮的效果有待提高。硝化细菌是一种化能自养菌，有机物降解则由异养细菌完成。当两种细菌混合培养时，由于存在对底物和溶解氧的竞争，硝化菌的生长将受到限制，难以成为优势种群，硝化反应被抑制。同时，硝化菌对温度、pH 等环境比较敏感，固定的曝气时间也可能使硝化不彻底。

硝态氮主要是通过同步硝化—反硝化，在沉淀、闲置阶段去除的。然而，在沉淀、闲置期内，污泥与污水未能进行良好混合，使部分硝态氮未能和反硝化微生物相接触，达不到脱氮要求。此外，在此时期，有机底物已充分降解，反硝化反应所需的碳源不足，也限制了反硝化的效果。

（2）生物除磷的效果也有待提高。在 CASS 工艺中，硝化菌的世代周期较一般异养氧化菌长，为了使硝化反应得以充分进行，就必须保持较长的污泥龄，但这样并不利于除磷。同时，在有硝态氮存在的场合，必然要在聚磷菌和反硝化菌之间形成对碳源竞争的局面，使聚磷菌释放磷的作用受到抑制。对磷的不完全释放，又将使聚磷菌过量吸磷的功能受到影响。

（3）控制方式较为单一。在实际应用中的 CASS 工艺基本上都是以时序控制为主的。由于进水水质不是一成不变的，采用固定不变的反应时间不是最佳选择。

（4）进水量影响处理能力。系统进水通常是不均匀的，如果设计流量不合适，进水高峰时水位会超过上限，进水量小时反应池不能充分利用，将影响生物处理功能和出水水质。

7.3.3 CASS 工艺设计与运行调控

1. CASS 工艺系统设计

对一般的CASS工艺系统反应器，最高滗水速率为30mm/min。固液分离阶段时间为1.0h。污泥容积指数为140mL/g。CASS工艺系统反应器内最高水位时混合液中的污泥浓度与传统活性污泥法工艺反应器内的污泥浓度基本相同，设计参数见表7-4。可参考SBR进行反应池尺寸计算。强化除磷时，可考虑投加铝盐或铁盐，所产生的污泥为化学污泥，其在反应器内的浓度为1.7～2.0 g/L，化学污泥的压缩性较高。处理效果如表7-5所示。

CASS工艺系统设计参数 **表7-4**

项　目	要　求
反应器座数	2座以上
生物选择区与主反应区的容积比	(10%～15%)：(90%～85%)
污泥回流比	20%～30%
污泥负荷	0.05～0.1kg BOD_5/(kgMLSS·d)
生物固体停留时间	20～30d
混合液污泥浓度	3000～4000mg/L
需氧量	1.3～2.0kg/kgBOD_5
周期工作时间	2h、4h、6h
排水比	1/3、1/6

CASS工艺系统处理效果 **表7-5**

水样指标	COD (mg/L)	BOD_5 (mg/L)	SS (mg/L)	TN (mg/L)	TP (mg/L)
进水	300～800	100～650	200～620	50～100	10
出水	≤150	≤60	≤100	≤25	≤1

2. CASS系统的运行调控

在运行过程中，根据检测数据和对微生物的观察以及出现的各种异常情况等，对运行参数采取相应的操作，使各项参数控制在合适的范围内。

(1) 控制被处理的原水水质、水量，使其能够适应活性污泥处理系统的要求。在实际运行过程中，原水的水质是不易控制的，通常做法是控制水量。要保持系统的相对稳定，尽量使其承受的污染物负荷保持均匀的增长。

(2) 保持系统中微生物量的相对稳定。这是CASS处理系统运行的关键所在。对正常运行的系统而言，原水的水质水量是不可控制的，也就是说不论原水的水质水量如何，系统都必须把全部来水收集处理合格。所以要保持一个合适的污泥浓度值，使其在误差范围内变动也不会影响系统的运行稳定和处理效果。

(3) 要保持运行阶段系统的相对稳定，就要尽量使系统中的污泥量相对稳定。即污泥浓度 (kgMLSS/m^3)×曝气池体积(m^3)＝曝气池内污泥总量 (kgMLSS)，保持系统中的污泥量稳定，是通过确定每天排放的剩余污泥量来实现的。

(4) 在混合液中保持能够满足微生物需要的溶解氧浓度。对于CASS工艺而言，反应池内的溶解氧值是不固定的。在反应初期，由于曝气刚刚开始以及反应池内进入大量的有机物，此时的溶解氧值较低，随着反应的进行，池内溶解氧值逐渐升高，因此对于反应后期只要保持池内的溶解氧在2～4mg/L左右即可。

（5）CASS工艺系统可以根据要求，实现部分自动控制或完全自动控制。例如，可以通过在线测量耗氧速率来调节工艺运行，控制供氧强度和曝气时间，使工艺运行稳定。根据设计的污泥龄和反应器内污泥浓度，能够预先设定在每一循环中剩余污泥的排除时间，并通过自控系统将工艺过程产生的剩余污泥自动足量地予以排除。沉淀阶段结束后，移动式滗水器自动启动将上清液排出系统。整个操作过程能够完全自动进行，使工艺操作大为简化，能够减少工艺操作人员的数量。

此外，在CASS工艺的实际运行中，自控系统应当根据系统运行过程中相关参数的变化，及时地调整系统的运行状态，使系统运行能够始终保持着最优化状态，这就需要具有智能化过程控制系统，即将系统运行过程中的各种相关因素作为逻辑变量进行判断和计算，确定出最佳的控制方案并自动执行，使系统达到优化运行效果的目的。

7.4 生物滤池

生物滤池是生物膜反应器的最初形式，已有百余年的发展史。在生物滤池中，待处理水通过布水器均匀地分布在滤池表面，在重力作用下，以滴状喷洒下落，一部分被吸附于滤料表面，成为呈薄膜状的附着水层，另一部分则以薄膜的形式渗流过滤料，成为流动水层，最后到达排水系统，流出池外。在滤床内，滤料截留了水中的悬浮物，同时把水中的胶体和溶解性物质吸附在其表面，其中的有机组分被微生物利用生长繁殖，逐渐形成了生物膜，对水中有机物发挥吸附氧化作用，实现有机污水的净化处理。

7.4.1 生物滤池工艺形式

由于填料的不断革新、工艺运行方式的改善，生物滤池呈现由低负荷向高负荷发展的趋势。现有的工艺类型主要有普通生物滤池、高负荷生物滤池、塔式生物滤池和曝气生物滤池等。

1. 普通生物滤池

普通生物滤池，又名滴滤池，是生物滤池早期出现的类型，即第一代的生物滤池。一般适用于处理每日排水量不高于1000m³的有机工业企业。普通生物滤池由池体、滤料、布水装置和排水系统四部分所组成（图7-9），其主要优点是：

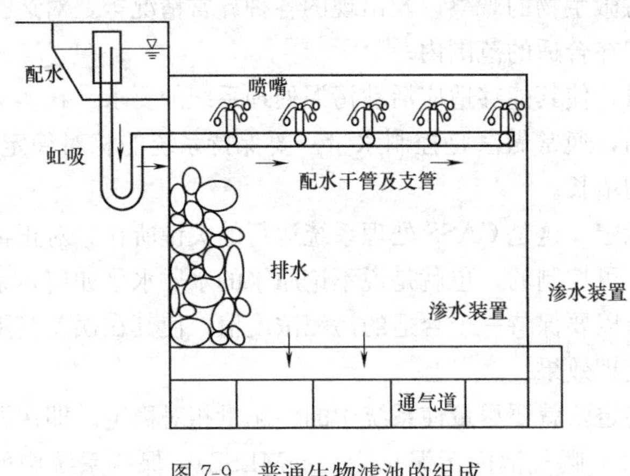

图7-9　普通生物滤池的组成

（1）处理效果好，BOD_5的去除率高达90%～95%，出水BOD_5可下降到25mg/L以下。

（2）出水水质稳定，硝酸盐含量在10mg/L左右。

（3）出水所带出的固体物数量少，无机化程度高，具有较好的沉淀性能。

（4）二沉池污泥呈黑色，氧化良好。

（5）运行稳定、易于管理、节省能源。

主要缺点是占地面积大、不适于处理大水量的场合；滤料易于堵塞，当预处理不够充分、或生物膜季节性大规模脱落时，都可能使滤料堵塞；滤池表面生物膜积累过多，易于产生滤池蝇，卫生条件差。

2. 高负荷生物滤池

高负荷生物滤池是指在低负荷生物滤池的基础上，通过限制进水 BOD_5 含量并采取处理出水回流等技术获得较高的滤速，将 BOD_5 容积负荷提高，同时确保 BOD_5 去除率不发生显著下降的一种生物滤池。它是生物滤池的第二代工艺，是在解决、改善普通生物滤池在净化功能和运行中存在的弊端的基础上而开发的。

高负荷生物滤池大幅度地提高了滤池的负荷率，其 BOD_5 容积负荷率高于普通生物滤池 6～8 倍，水力负荷率则高达 10 倍。这主要是通过在运行上采取处理水回流等技术实现的。进入高负荷生物滤池的 BOD_5 值必须低于 200mg/L，否则用处理水回流加以稀释。

3. 塔式生物滤池

塔式生物滤池，简称塔滤，属第三代生物滤池（图 7-10）。它是在生物滤池的基础上，参照填料塔建造的直径与高度比为 1∶6～1∶8、高达 8～24m 的滤池。由于它的直径小、高度大、形状如塔，因此称为塔式生物滤池。塔式生物滤池也是利用好氧微生物处理污水的一种构筑物，是生物膜法处理有机工业排水的一种基本方法。它的内部通风良好，待处理水从上向下由布水器滴落，水流紊动强烈，污水、空气、滤料上的生物膜三者接触充分，充氧效果良好，污染物质传质速率快，有助于有机污染物质的降解，是塔式生物滤池的独特优势。这一优势使塔式生物滤池具有以下特征，并且得到广泛的应用。

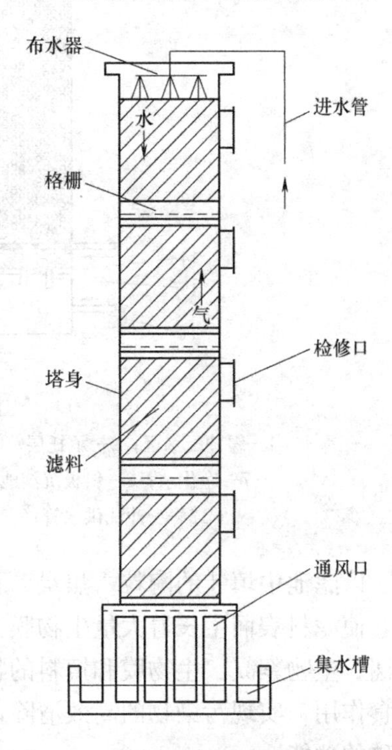

图 7-10 塔式生物滤池构造示意图

（1）高水力负荷。塔式生物滤池的水力负荷率可达 80～200m^3/(m^2・d)，为一般高负荷生物滤池的 2～10倍，BOD_5 容积负荷率达 1000～2000gBOD_5/(m^3・d)，为高负荷生物滤池的 2～3 倍。高有机物负荷率使生物膜生长迅速，并在强烈的水力冲刷下不断脱落、更新。因此，塔式生物滤池内的生物膜能够经常保持较好的活性。但是，生物膜生长过速，易于产生滤料堵塞现象。对此，建议将进水的 BOD_5 值控制在 500mg/L 以下，否则需采取处理水回流稀释措施。

（2）塔滤滤层内部存在着明显的分层现象，在各层生长繁育着种属各异、但适应流至该层污水特征的微生物群集。这种情况有助于微生物的增殖和代谢等生理活动，更有助于有机污染物的降解与去除。由于具有这种分层现象的特征，塔滤能够承受较高的有机污染物的冲击负荷。对此，塔滤常用于作为高浓度工业排水二级生物处理的第一级工艺，能够较大幅度地去除有机污染物，保证第二级处理技术，保持良好的净化效果。

4. 曝气生物滤池

曝气生物滤池（简称 BAF）是 20 世纪 80 年代末和 90 年代初在欧美兴起的一种生物

处理技术（图 7-11）。它是集生物氧化和截留悬浮固体于一体的工艺，该工艺处理负荷高，广泛应用于食品加工、酿造和造纸等工业排水的处理中，目前世界上已有 100 多座污水处理站应用了这种技术。随着研究的深入，曝气生物滤池从单一的工艺逐渐发展成系列综合工艺。具有去除 SS、COD、BOD_5 以及硝化、脱氮和除磷的作用。

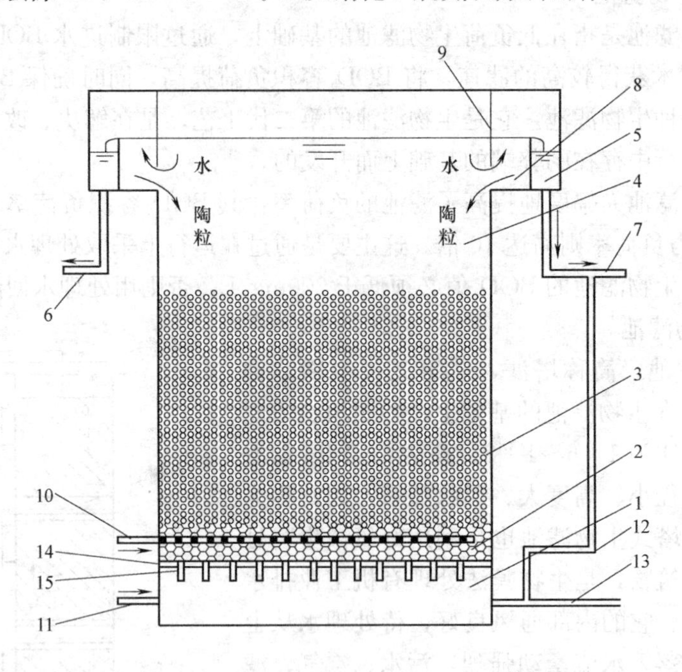

图 7-11　曝气生物滤池

1—缓冲配水区；2—承托层；3—滤料层；4—出水区；5—出水槽；6—反冲洗排水管；7—净化水；8—斜板沉淀池；9—栅形稳流板；10—曝气管；11—反冲洗供气管；12—反冲洗供水管；13—滤池进水管；14—滤料支撑板；15—长柄滤头

以滤池中填装的陶粒、焦炭、石英砂和活性炭等粒状填料为载体，在滤池内部进行曝气，使滤料表面生长着大量生物膜。利用滤料上所附生物膜中高浓度的活性微生物的生物代谢、生物絮凝、生物膜和填料的物理吸附和截留以及反应器内沿水流方向食物链的分级捕食作用，实现污染物的高效清除，同时利用反应器内好氧、缺氧区域的存在，实现脱氮除磷的功能。

滤池上部采用钢筋混凝土板抵制滤料的浮力及运行的阻力。在滤层下部，用混凝土板或钢板分隔在滤层下部形成气囊，在反冲洗时下部形成空气室。原水从进水阀进入气室，通过中空管进入滤层，在滤料阻力的作用下使滤池进水均匀。空气布气管安装在滤层下部，空气通过穿孔布气管进行布气，经过滤层去除水中的有机物、氨氮后，出水经倒滤头进入上部清水区域排出。

曝气生物滤池的优点如下：

(1) 占地面积小，节省基建投资。首先，曝气生物滤池之后可不设二次沉淀池。其次，由于采用的滤料粒径较小，比表面积大，生物量高，再加上反冲洗可有效更新生物膜，保持生物膜的高活性，这样就可在较短的时间内对待处理水进行快速净化。此外，曝气生物滤池水力负荷、容积负荷高于传统污水处理工艺，停留时间短（每级 0.5～

0.66h)，因此所需生物处理面积和体积都很小，节约了占地和投资。

（2）出水水质好。由于生物滤池的滤料具有截留作用，表面生物膜还具有生物絮凝作用，所以出水的SS值较低。又因为生物滤池周期性的反冲洗，生物膜可以定期地得到更新，活性较高，降解效果较好。如在BOD_5容积负荷为6kgBOD_5/(m^3·d)时，其出水SS可保持在10mg/L以下，BOD_5可保持在60mg/L以下。

（3）氧的传输效率和利用率高。实现氧高效利用的机理主要有以下几点：首先，填料粒径小，气泡上升过程中不断被切割成小气泡，加大了气液接触面积，提高了氧气的利用率；其次，气泡上升过程中，受到了填料的阻力，延长了停留时间，为氧气的进一步传质提供了条件；此外，氧气可以直接渗透入生物膜，从而加快了氧气的传质速率。

（4）抗冲击负荷能力强，耐低温。这主要依赖于滤料的高比表面积和曝气生物滤池的缓冲能力。

（5）管理简单。曝气生物滤池抗冲击负荷能力强，没有污泥膨胀问题，微生物也不会流失，能保持池内较高的微生物浓度，因此日常运行管理简单，处理效果稳定。

（6）设施可间断运行。由于大量的微生物生长在粒状填料粗糙多孔的内部和表面，且不会流失，即使长时间不运转也能保持其菌种，如长时间停止不用后再使用，其设施可在几天内恢复正常。

7.4.2 生物滤池性能影响因素

曝气生物滤池的运行效果受进水水质、水温、pH、溶解氧、水力负荷和水力停留时间等诸多因素影响。此外，曝气方式、填料类型、结构特点和填料比表面积等也会对处理效果产生影响。

（1）滤池高度。滤床上层，待处理水中有机物的浓度较高，微生物繁殖速率高，种属较低级，以细菌为主，生物膜量较多，有机物去除速率较高。随着滤床深度增加，微生物从低级趋向高级，种类逐渐增多，生物量从多到少。研究表明，生物滤池的处理效率，在一定条件下是随着滤床高度的增加而增加的，但当其高度超过某一数值后，处理效率的提升空间有限。

（2）处理水回流。回流对生物滤池性能有以下改善作用：①可提高生物滤池滤速，使生物滤池由低负荷变为高负荷；②有利于防止灰蝇和减少恶臭；③当进水缺氧、腐化、缺少营养元素或含有有毒有害物质时，回流可改善进水的腐化状况，提供营养元素和降低毒物浓度；④进水水质水量有波动时，回流有调节和稳定进水的作用。

（3）水温。在温度较高的夏季，曝气生物滤池的处理效果最好；而在冬季水温低，生物膜的活性受到抑制，处理效果受到影响。

（4）pH。对好氧微生物来说，进水的pH在6.5～8.5之间较为适宜。对于硝化细菌，其适宜的pH范围为7.0～8.5。

（5）水力负荷。水力负荷是影响生物滤池性能的主要参数。水力负荷愈小，水与填料接触的时间愈长，处理效果愈好，反之处理效果变差。然而，因水力停留时间与工程造价密切相关，在满足处理要求的前提下，应尽可能缩短水力停留时间。

（6）溶解氧。向生物滤池供给充足的氧是保证生物膜正常工作的必要条件，也有利于排除代谢产物。当溶解氧低于2mg/L时，好氧微生物生命活动受到限制，对有机物和氨氮的氧化分解不能正常进行。因此，控制曝气量的大小就显得尤为重要。但是过大的曝气量也会对生物膜的生长产生负面影响，将使得微生物难以在填料表面附着生长。

7.4.3 曝气生物滤池设计计算

1. BOD_5容积负荷

对于易生物降解有机废水，出水 BOD_5 值要求小于 20mg/L 时，BOD_5 容积负荷建议取为 2.5～4.0 kg BOD_5/(m^3 · d)。若污水中溶解性 BOD_5 的比例高，或者要求出水 BOD_5 浓度低，应取低值。

2. 氨氮容积负荷

要求出水氨氮浓度小于 15mg/L 时，氨氮容积负荷可取为 0.7 kg NH_4^+-N/(m^3 · d)。对于出水 BOD_5 达到 20mg/L 的国家一级排放标准，无需因去除氨氮而增加曝气生物滤池的容积。

当曝气生物滤池作为污水三级处理，其主要处理目的是为硝化去除氨氮，则曝气生物滤池的容积可按氨氮容积负荷来设计。当要求出水氨氮的浓度小于 15mg/L，最大的氨氮容积负荷可达 1.5kgNH_4^+-N/(m^3 · d)。当要求深度去除氨氮，出水氨氮达到 5mg/L 以下，氨氮容积负荷可取 0.6kgNH_4^+-N/(m^3 · d)。

3. 气水比

气水比的大小与进水水质、曝气生物滤池功能和形式、滤料粒径大小和滤层厚度等因素有关。曝气生物滤池气水比一般采用（1～3）：1，但也有高达 10：1 者。气水比大，一方面容易使截留在滤料中的悬浮物在短时间内穿透滤料层，影响出水水质；另一方面由于生物滤池氧的利用率高，将增加能耗。

4. 滤料层体积

$$V=\frac{QS_0}{1000N} \tag{7-5}$$

式中 V——滤料体积，m^3；

Q——进水流量，m^3/d；

S_0——进水 BOD_5 或氨氮的浓度，mg/L；

N——相应于 S_0 的 BOD_5 或氨氮容积负荷，kgBOD_5/(m^3 · d) 或 kgNH_4^+-N/(m^3 · d)。

5. 单格滤池面积

曝气生物滤池分格数一般不应少于 3 格，每格最大平面面积一般小于 100m^2。

$$\omega=\frac{V}{nH_1} \tag{7-6}$$

式中 ω——每格滤池的平面积，m^2；

n——分隔数；

H_1——滤料层高度，m。

6. 滤池的高度

$$H=H_1+H_2+H_3+H_4+H_5 \tag{7-7}$$

式中 H——滤池的总高度，m；

H_2——底部布气、布水区高度，m；

H_3——滤层上部最低水位，约 0.15m；

H_4——最大水头损失，约 0.6m；

H_5——保护高度，约 0.5m。

7. 空气用量

曝气生物滤池的工艺用气量可采用下式进行估算：

$$Q_a = A \cdot \Delta sBOD_5 + B \cdot \Delta pBOD_5 \tag{7-8}$$

式中 Q_a——单位时间的空气用量，Nm^3/h；

$\Delta sBOD_5$——单位时间内去除溶解性 BOD_5 的量，kg/h；

$\Delta pBOD_5$——单位时间内去除颗粒性 BOD_5 的量，kg/h；

A——去除单位质量溶解性 BOD_5 所需的空气量，Nm^3/kg；

B——去除单位质量颗粒性 BOD_5 所需的空气量，Nm^3/kg。

式（7-8）中 A 和 B 的系数与滤料层的高度和污水的性质等因素有关，对于易生物降解有机废水，当滤料层的高度为 2.0m 时，可取 $A=48.7\ Nm^3/kg$，$B=27.9\ Nm^3/kg$。$\Delta sBOD_5$ 需通过实测获得。

8. 污泥产量

污泥产量可用下式进行估算：

$$W = A' \cdot \Delta sBOD_5 - B' \cdot \Delta SS \tag{7-9}$$

式中 W——污泥产量，kgSS/d；

$\Delta sBOD_5$——单位时间去除溶解性 BOD_5 的量，kg/d；

ΔSS——单位时间去除 SS 的量，kg/d；

A'——去除每千克 $sBOD_5$ 产生的实际污泥量，$kgSS/kgsBOD_5$；

B'——去除每千克 SS 产生的实际污泥量，kgSS/kgSS。A' 和 B' 可根据试验测得。

9. 气水反冲洗系统

（1）反冲洗空气量可由下式计算：

$$Q_1 = S \times q_1 \tag{7-10}$$

式中 Q_1——反冲洗用气量，L/s；

S——需要冲洗的滤池面积，m^2；

q_1——反冲洗空气强度，一般取 10～20L/(s·m^2)。

（2）反冲洗用水量可由下式计算：

$$Q_2 = S \times q_2 \tag{7-11}$$

式中 Q_2——反冲洗用水量，L/s；

q_2——反冲洗水强度，一般取 5.0～10L/(s·m^2)。

反冲洗水使用的是曝气生物滤池正常工作时的处理水，由水泵加压供给，反冲洗水头由下式计算：

$$h = h_0 + h_1 + h_2 + h_3 + h_4 + h_5 \tag{7-12}$$

式中 h——反冲洗需要的水头，m；

h_0——冲洗排水槽顶与反冲洗水池最低水位的高程差，m；

h_1——反冲洗水池与滤池间冲洗管道的沿程与局部水头损失之和，m；

h_2——管式大阻力配水系统水头损失，m；

h_3——承托层水头损失，m；

h_4——过滤层在冲洗时的水头损失，m；

h_5——备用水头，一般取 1.5～2.0m。

反冲水池和反冲出水贮存池的有效容积不得小于反冲一格滤池所需的总水量。若反冲水池兼作消毒接触池，其容积还应满足消毒接触所需停留时间的要求。

7.5 生物接触氧化

生物接触氧化法是从生物膜法派生出来的一种生物处理技术，即在生物接触氧化池内装填一定数量的填料，利用栖附在填料上的生物膜，通过生物氧化作用，将水中的有机组分氧化分解，达到水质净化目的。近年来，生物接触氧化技术在一些国家，特别是日本、美国得到了迅速的发展，广泛地用于食品加工等工业排水以及微污染地表水的处理中。我国从 20 世纪 70 年代开始引进生物接触氧化技术，目前主要应用于石油化工、农药、印染、纺织、苧麻脱胶、轻工造纸、食品加工和发酵酿造等工业排水的净化处理，取得了良好的效果。

7.5.1 生物接触氧化原理

生物接触氧化法的基本原理与一般生物膜法相同，就是以生物膜吸附水中的有机物，在有氧的条件下，有机物由微生物氧化分解，使受污染水得到净化。该法中微生物所需氧由鼓风曝气供给，生物膜生长至一定厚度后，紧贴填料壁的微生物会因缺氧而进行厌氧代谢，产生的气体及曝气形成的冲刷作用会引起生物膜的脱落，并促进新生物膜的生长，脱落的生物膜将随出水流出池外。

接触氧化池内的生物膜由菌胶团、丝状菌、真菌、原生动物和后生动物组成。在活性污泥法中，丝状菌常常是影响正常生物净化功能的不利因素；而在生物接触氧化池中，丝状菌在填料孔隙间呈立体结构，大大增加了生物相与待处理水间的接触面积。同时，因为丝状菌对多数有机物具有较强的氧化能力，对污染负荷变化有较强的适应性，是提高有机组分净化能力的有利因素。

7.5.2 生物接触氧化特点

生物接触氧化法是介于活性污泥法与生物滤池之间的好氧生物膜法工艺。接触氧化池内设有填料，部分微生物以生物膜的形式固着生长在填料表面，部分则是絮状悬浮生长于水中。其特点是在池内设置填料，池底曝气对待处理水进行充氧，可保证污水与填料的充分接触。池内的生物固体浓度（5～10g/L）高于活性污泥法和普通生物滤池，具有较高的容积负荷，可达 2.0～3.0kgBOD_5/(m^3·d)。另外，接触氧化工艺不需要污泥回流，无污泥膨胀问题，运行管理较活性污泥法简单，对水量水质的波动有较强的适应能力。

生物接触氧化法兼有活性污泥法及生物膜法的特点，也具有生物滤池的特点，但又与一般生物膜法不尽相同。一是供微生物栖附的填料全部浸在水相中，所以生物接触氧化池又称淹没式生物滤池。二是采用机械设备向水中充氧，而不同于一般生物滤池靠自然通风供氧。三是池内还存在约 2%～5%的悬浮状态活性污泥，对有机物也起降解作用。因此，生物接触氧化法是一种具有活性污泥法特点的生物膜法，兼有生物膜法和活性污泥法的优点和独特的工艺、运行和功能特征。

1. 在工艺方面的特征

（1）本工艺使用多种形式的填料，由于曝气，在池内形成液、固、气三相共存体系，有利于氧的转移，溶解氧充沛，适于微生物存活增殖。在生物膜上微生物是丰富的，除细菌和多种属的原生动物和后生动物外，还能够生长氧化能力较强的球衣菌属的丝状菌，而无污泥膨胀之虑。在生物膜上能够形成稳定的生态系统与食物链。

（2）填料表面全为生物膜所布满，形成了生物膜的主体结构。由于丝状菌的大量滋生，有可能形成一个呈立体结构的密集的生物网，类似“过滤”的作用可有效提升出水水质。

（3）曝气过程中，表层生物膜在气流的吹脱作用下不断脱落和再生，有利于保持系统的生物活性。据实验资料，每平方米填料表面上的活性生物膜量可达125g，如折算成MLSS，则达13g/L。正因为如此，生物接触氧化处理技术能够接受较高的有机负荷率，处理效率较高，有利于缩小池容，减少占地面积。

2. 在运行方面的特征

（1）对冲击负荷有较强的适应能力，在间歇运行条件下，仍能够保持良好的处理效果。对排水量波动较大的工业企业，更具有实际意义。

（2）操作简单、运行方便、易于维护管理，无需污泥回流，不产生污泥膨胀现象，也不产生滤池蝇。

（3）污泥生成量少，污泥颗粒较大，易于沉淀。

3. 在功能方面的特征

生物接触氧化技术具有多种净化功能，除可有效地去除有机污染物外，如运行得当还具有脱氮功能，可以作为三级处理技术。主要缺点是，如设计或运行不当，填料可能堵塞；此外，布水、曝气不易均匀，可能在局部部位出现死角。

7.5.3 生物接触氧化池结构组成

生物接触氧化的核心构筑物是接触氧化池，由池体、填料及支架、曝气装置、进出水装置及排泥管道等部分组成，如图7-12。

1. 曝气装置

曝气装置是生物接触氧化池的重要组成部分，与系统的生化处理效率密切相关。曝气装置一般有两种设置方式。可设置在接触氧化池的一侧，而填料装在另一侧，依靠泵或空气的提升作用，使水流在填料层内循环，给填料上的生物膜供氧。此法的优点是，待处理水独立充氧，氧的供应充分，对生物膜的生长有利。缺点是，氧的利用率较低，动力消耗较大；因为水力冲刷作用较小，老化的生物膜不易脱落，新陈代谢周期较长，生物膜活性较低；同时，还会因生物膜不易脱落而引起填料堵塞。

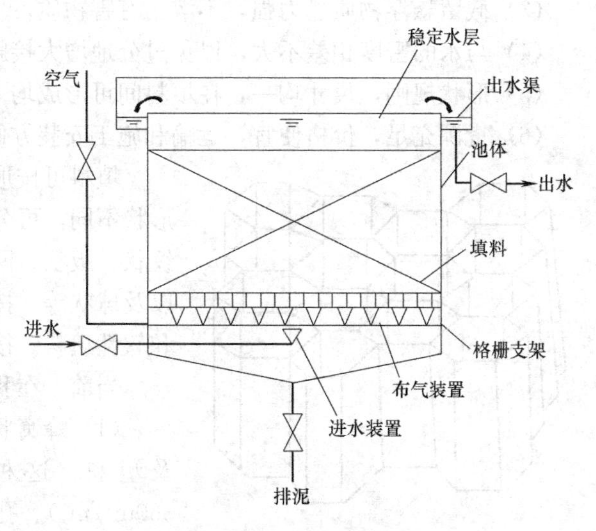

图7-12 生物接触氧化池的结构图

另一种布置方式是将曝气装置设置在氧化池填料底部，直接鼓风曝气。生物膜直接受到上升气流的强烈扰动，更新较快，保持较高的活性；同时，在进水负荷稳定的情况下，生物膜能维持一定的厚度，不易发生堵塞现象。一般生物膜厚度控制在1mm左右为宜。

向生物接触氧化池中曝气有三个功能：

(1) 充氧。生物接触氧化法主要是利用好氧性细菌完成生物净化作用，微生物的氧化、合成和内源呼吸全部都需要氧气，充氧是维持微生物正常活动的一个重要条件，通过曝气可使氧化池的溶解氧控制在一个适宜的水平上。

(2) 充分搅动形成紊流。曝气过程使池内水流充分搅动，形成紊流。紊流程度越大，被处理水与生物膜的接触效率越高。

(3) 防止填料堵塞，促进生物膜更新。供气的搅动作用使填料上衰老的生物膜及时脱落，防止填料堵塞。同时，还促进生物膜更新，提高处理效果的功能。

2. 进、出水装置

由于接触氧化池内的水流状态接近完全混合，因此对进出水装置的设置要求并不十分严格，满足进出水均匀、方便运行与维护、有效容积占用率低等要求即可。一般当处理水量较小时（如40～50m^3/h），可采用直接进水方式；当处理水量较大时，可采用进水堰或进水廊道等方式，使全池比较均匀地布水。出水装置一般采用周边堰流或孔口出水的方式。

3. 填料

填料是生物膜的载体，是接触氧化处理工艺的关键部位，它直接影响处理效果。选用适当的填料，增加生物膜与水的接触表面积，是提高生物膜净化能力的重要措施。同时，填料的费用在生物接触氧化系统的建设费用中所占比重较大，选择时需统筹考虑其技术经济可行性。对填料的要求如下：

(1) 比表面积大，水流阻力小，有一定的生物膜附着能力。

(2) 机械强度大，化学和生物稳定性好，经久耐用。

(3) 截留悬浮物质能力强，不溶出有害物质，不引起二次污染。

(4) 与水的密度相差不大，以免过分地增大接触氧化池荷重。

(5) 形状规则，尺寸均一，在填料间可形成均一的流速。

(6) 货源充足，价格便宜，运输和施工安装方便。

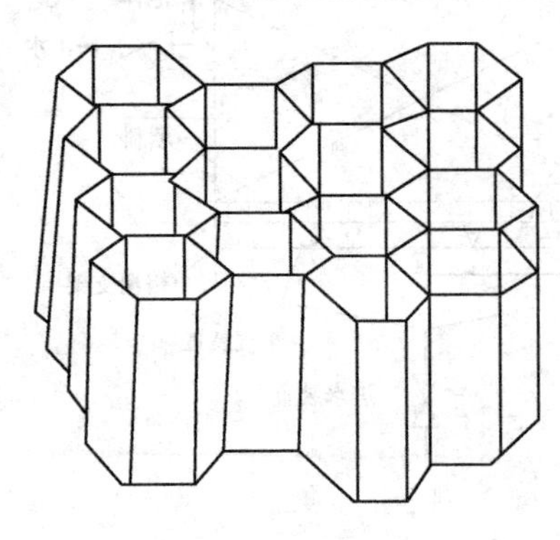

图7-13 蜂窝状填料

填料可按形状、性状及材质等方面进行分类。按形状不同，可分为蜂窝状、束状、筒状、列管状、波纹状、板状、网状、盾状、圆环辐射状、不规则粒状以及球状等。按性状，可分为硬性填料、半软性填料和软性填料。按材质则有塑料、玻璃钢、纤维等。

当前，在我国常用的填料有下列几种。

(1) 蜂窝状填料（图7-13）。材质主要为玻璃钢及塑料。这种填料具有比表面积大（133～360m^2/m^3）、孔隙率高（97%～98%）、质轻且强度高（堆积高度可达4～5m）、管壁光滑无死角以及衰老生物膜易于脱落等特点。其孔径需根据待处理水的水质、有机负荷和充氧条件等因素进行选择。一般情况下，BOD_5浓度为100～300mg/L，孔径可选用32mm；BOD_5浓度为50～100mg/L，可选用15～20mm孔径填料；如BOD_5浓度在50mg/L以下，则选用10～15mm孔径的填料。

该类型填料的主要缺点是：当选定的蜂窝孔径与有机负荷不相适应时，生物膜的生长与脱落失去平衡，填料易于堵塞；当采用的曝气方式不适合时，蜂窝管内难以达到均一的流速等。对此，应采取适当的对策，主要包括选定的蜂窝孔径应与设计负荷相适应，采取全面曝气和分层充填等措施。此外，在两层中间留有200～300mm的间隙，每层高不超过1.5m，水流在层间再次分配，使水流得到均匀分布，并防止中下部填料因受压而变形。

（2）波纹板状填料（图7-14）。我国采用的波纹板状填料，是以英国的费洛格（Flocor）填料为基础，用硬聚氯乙烯平板和波纹板相隔粘结而成，其规格和主要性能列于表7-6中。这种填料的特点主要是孔径大，不易堵塞；结构简单，便于运输、安装，可单片保存，现场粘合；质轻高强，防腐性能好。其主要缺点仍是难以得到均一的流速。

波纹板状填料规格和性能 表7-6

型号	材质	比表面积 (m^2/m^3)	孔隙率 (%)	重量 (kg/m^3)	梯形断面孔径 (mm)	规格 (mm)
立波—Ⅰ型	硬聚氯乙烯	113	>96	50	50×100	1600×800×50
立波—Ⅱ型		150	>93	60	40×85	1600×800×40
立波—Ⅲ型		198	>90	70	30×65	1600×800×30

（3）软性填料（图7-15）。软性填料是20世纪80年代初我国自行开发的填料。这种填料一般是用尼龙、维纶、涤纶、腈纶等化纤编结成束并用中心绳连接而成。软性填料的特点是比表面积大、重量轻、高强、物理化学性能稳定、运输方便以及组装容易等。但在使用中发现这种填料的纤维束易于结块，影响使用。

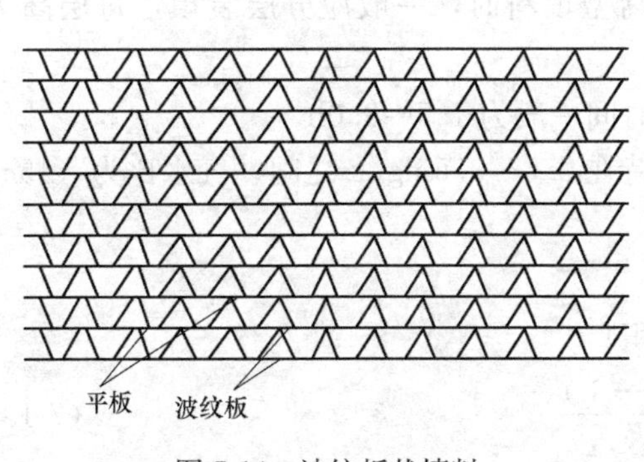

图7-14 波纹板状填料

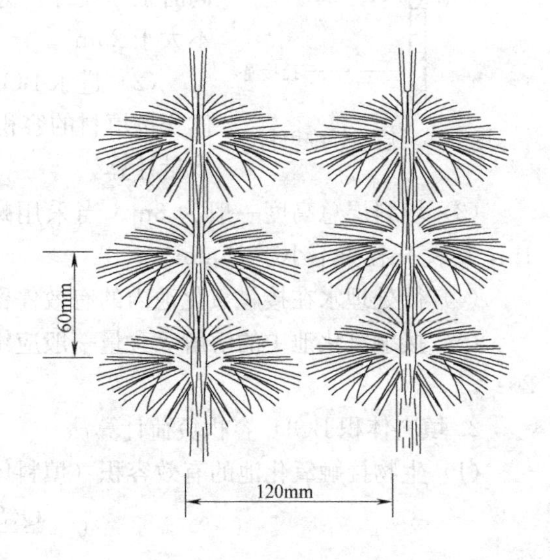

图7-15 软性纤维状填料

(4) 半软性填料。由变性聚乙烯塑料制成，它既有一定的刚性，也有一定的柔性，保持一定的形状，同时又有一定的变形能力。这种填料具有良好的传质效果，对有机物去除效果好、耐腐蚀、不堵塞、易于安装。表 7-7 所列为半软性填料的技术指标。

半软性填料技术指标　　表 7-7

材质	比表面积 (m^2/m^3)	孔隙率 (%)	重量 (kg/m^3)	单片尺寸 (mm)
变性聚乙烯塑料	87～93	97.1	13～14	ϕ120,ϕ160,100×100,120×120,150×150

(5) 盾形填料（图 7-16）。这是我国自行开发的由纤维束和中心绳所组成的填料。纤维束由纤维及塑料支架所组成，中留孔洞，可通水、气。中心绳中间嵌套塑料管，用以固定距离及支撑纤维束。这种填料的纤维固定在塑料支架上，处于松散的状态，避免了软性纤维填料出现的结团现象，布水、布气作用也好，与待处理水接触及传质条件良好。

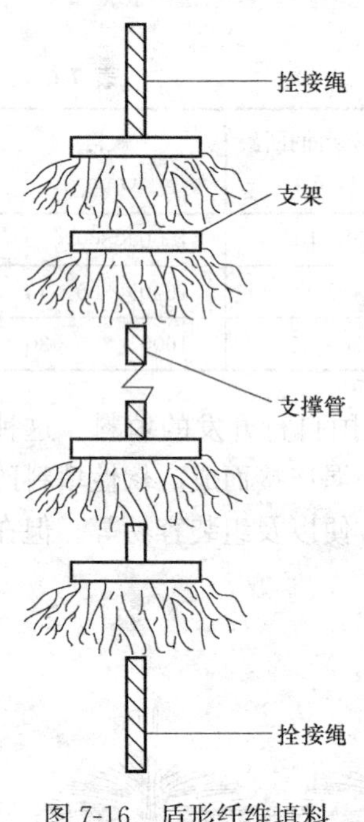

图 7-16　盾形纤维填料

(6) 球形填料。填料呈球状，直径不一。在球体内设多个呈规律状或不规律的空间和小室，使其在水中能够保持动态平衡。这种填料便于充填，但要采取措施，防止其向出口处集结。

(7) 不规则粒状填料。主要有砂粒、碎石、无烟煤、焦炭以及矿渣等，粒径一般由几毫米到数十毫米。这类填料的主要特点是表面粗糙，易于挂膜，截留悬浮物的能力较强，易于就地取材，价格便宜。存在的问题是水流阻力大，易于产生堵塞现象。因此，应正确地选择填料及其粒径。

7.5.4　设计计算

1. 生物接触氧化池设计与计算应考虑的因素

(1) 生物接触氧化池的个数或分格数应不少于 2 个，并按同时工作设计。为保证布水布气均匀，每格氧化池面积一般应不大于 25m^3。

(2) 进水 BOD_5浓度应控制在 150～300mg/L 之间；填料体积按填料的容积负荷（一般应通过试验确定）和平均日处理水量计算。

(3) 填料层总高度一般为 3m。当采用蜂窝型填料时，一般应分层装填，每层高为 1m，蜂窝孔径应不小于 25mm。

(4) 待处理水在接触氧化池内的有效停留时间一般为 1.5～3.0h。

(5) 接触氧化池中的溶解氧含量一般应维持在 2.5～3.5mg/L 之间，气水比为（15～20）∶1。

2. 填料体积 BOD_5 容积负荷计算法

(1) 生物接触氧化池的有效容积（填料体积）

$$V=\frac{Q(S_o-S_e)}{N_v} \tag{7-13}$$

式中　V——填料的总有效容积，m^3；

Q——日平均污水量，m^3；

S_o——原污水 BOD_5 值，g/m^3 或 mg/L；

S_e——出水 BOD_5 值，g/m^3 或 mg/L；

N_v——BOD_5 容积负荷率，$kgBOD_5/(m^3 \cdot d)$。

表 7-8 所列的是采用接触氧化技术处理部分企业排水时，计算接触氧化池填料体积所采用的 BOD_5 容积负荷率。同时，BOD_5 容积负荷率的取值还与待处理水的水质有着密切的联系，表 7-9 所列是我国在这方面积累的资料数据。

国内接触氧化池填料体积计算 BOD_5 容积负荷率的建议值 **表 7-8**

污水类型	BOD_5 负荷$[kgBOD_5/(m^3 \cdot a)]$
印染废水	1.0～2.0
农药废水	2.0～2.5
酵母废水	6.0～8.0
涤纶废水	1.5～2.0

BOD_5 容积负荷率与处理水水质关系数据 **表 7-9**

污水类型	处理 BOD_5(mg/L)	BOD_5 容积负荷率$[kgBOD_5/(m^3 \cdot a)]$
城市污水	10	2.0
印染废水	20	1.0
印染废水	50	2.5
粘胶废水	10	1.5
粘胶废水	20	3.0

（2）接触氧化池面积

$$A=\frac{V}{H} \tag{7-14}$$

式中 A——接触氧化池总面积，m^2；

H——填料层高度，m，一般取 3m。

（3）接触氧化池座（格）数

$$n=\frac{A}{f} \tag{7-15}$$

式中 n——接触氧化池座（格）数，一般 $n \geqslant 2$；

f——每座（格）接触氧化池面积，m^2，一般 $f \leqslant 25m^2$。

（4）污水与填料的接触时间

$$t=\frac{nfH}{Q}h \tag{7-16}$$

式中 t——污水在填料层内的接触时间，h。

（5）接触氧化池的总高度

$$H_0=H+h_1+h_2+(m-1)h_3+h_4 \tag{7-17}$$

式中 H_0——接触氧化池的总高度，m；

h_1——超高，取 $h_1=0.5\sim1.0$m；

h_2——填充上部的稳定水层深，取 $h_2=0.4\sim0.5$m；

h_3——填料层间隙高度，取 $h_3=0.2\sim0.3$m；填料层数；

h_4——填料至池底高度，当考虑需要入内检修时，取 $h_4=1.5$m，当不需要入内检修时，取 $h_4=0.5m$。

【例 7-2】 某石化厂排水量 $Q=120m^3/h$，COD=2000mg/L，$BOD_5=1000$mg/L，甲醛=10mg/L，甲醇=100mg/L，$SS=54$mg/L，pH=6～8，利用生物接触氧化池进行处理，使得 COD≤100mg/L，甲醛≤1mg/L，甲醇≤5mg/L。拟采用二段式接触氧化处理工艺，其中，一级接触氧化池 4 座，COD 去除率 $E_1=85\%$，BOD_5 去除率 $E'_1=90\%$，有机负荷率 $N_v=1.5\ kgBOD_5/(m^3\cdot d)$，一级接触氧化池每池 8 格，单格长 5m；二级接触氧化池 2 座，有机负荷率 $N_v=0.5kgBOD_5/(m^3\cdot d)$，每池 6 格，单格长 4m。二级接触氧化池的 COD 去除率 $E_2=70\%$，BOD_5 去除率 $E'_2=80\%$。接触氧化池设 2 层填料，填料层高度 $H=3.0$m，超高 $h_1=0.5$m，填料层上水深 $h_2=0.4$m，上下层填料层间距 $h_3=0.25$m，填料至池底部高度 $h_4=1.0$m。求一级接触氧化池和二级接触氧化池的尺寸及停留时间。

【解】 (1) 一级接触氧化池尺寸

1) 有效容积：

$$V_1=\frac{Q\ (S_0-S_e)}{N_v}=\frac{QS_0E'_1}{N_v}=\frac{120\times24\times1\times0.9}{1.5}=1728m^3$$

式中 S_0 为进水 BOD_5 浓度，g/L。

2) 反应池总面积：

$$A_1=\frac{V_1}{H}=\frac{1728}{3}=576m^2$$

3) 单池面积：

$$f_1=\frac{A_1}{N}=\frac{576}{4}=144m^2$$

4) 池单格面积：

$$a_1=\frac{f_1}{n}=\frac{144}{8}=18m^2$$

5) 池平面尺寸：

单格格宽=18/5=3.6m

单格尺寸=5m×3.6m。

6) 池深：

$$H_0=H+h_1+h_2+(m-1)h_3+h_4=3+0.5+0.4+0.25+1.0=5.2m$$

7) 停留时间：
$$t_1=\frac{V_1}{Q}=\frac{1728}{120}=14.4h$$

主要结构见图 7-17。

(2) 二级接触氧化池尺寸

进水 COD=2000×(1−E_1)=300mg/L，去除率 $E_2=70\%$；进水 $BOD_5=1000\times(1-E'_1)=100$mg/L，去除率 $E'_2=80\%$。

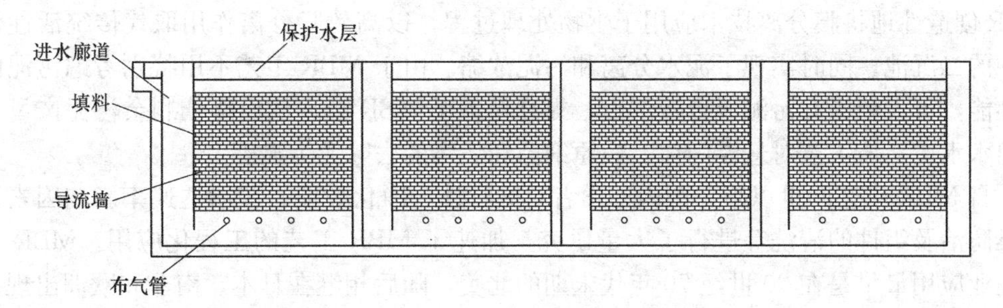

图 7-17　接触氧化池结构

1）有效容积：

$$V_2=\frac{QS'_0E'_0}{N_v}=\frac{120\times24\times0.1\times0.8}{1.5}=460.8\text{m}^2$$

式中，S'_0 为进水 BOD_5 浓度，g/L。

2）反应池总面积：

$$A_2=\frac{V_2}{H}=\frac{460.8}{3}=153.6\text{m}^2$$

3）单池面积：

$$f_2=\frac{A_2}{N}=\frac{153.6}{2}=76.8\text{m}^2$$

4）单格面积：

$$a=\frac{f_2}{n}=\frac{76.8}{6}=12.8\text{m}^2$$

5）池平面尺寸：

格宽＝12.8/4＝3.2m

单格尺寸＝4m×3.2m。

6）池深：

$$H_0=H+h_1+h_2+(m-1)h_3+h_4=3+0.5+0.4+0.25\times(2-1)+1.0=5.2\text{m}$$

7）停留时间：

$$t_2=\frac{V_2}{Q}=\frac{460.8}{120}=3.84\text{h}$$

7.6　膜生物反应器技术

7.6.1　概述

膜生物反应器（Membrane Bioreactor，MBR）是一种将膜分离与生物处理技术相结合的新工艺。该技术由美国的史密斯（Smith）等人于1969年提出，其最大的特点是使用膜分离来取代常规活性污泥法中的二沉池。传统的活性污泥法中泥水分离主要靠重力作用完成，在一定程度上受到活性污泥自身的沉降性能限制。由于污泥沉降性的提升需通过严格控制曝气池操作条件来完成，故通过改善污泥沉降性能而加速泥水分离的技术受到了技术和自控等方面的制约。传统的活性污泥法不仅污泥产量高，而且有污泥膨胀之虞；此外，所产生污泥的处理处置费用占到了系统运行费用的25%～40%。针对上述问题，

MBR 创造性地将膜分离技术应用于生物处理过程，以高效膜分离作用取代传统活性污泥法中的二沉池，同时实现了泥水分离和污泥浓缩。由于 MBR 工艺不用特别考虑污泥的沉降性能，可大幅提升污泥混合液浓度，提高污泥龄（SRT），从而降低剩余污泥产量，提升出水水质。该工艺对悬浮固体、病原细菌和病毒的去除尤为显著。

自 MBR 工艺问世以来，国内外学者对其特性、净化效能、膜渗透速率影响因素、膜污染防治及组件的清洗等进行了大量研究，加速了 MBR 工艺的工程化应用。MBR 工艺的商业应用最早是在 20 世纪 70 年代末期的北美，随后相继在日本、南非和欧洲出现。进入 90 年代后，膜的可靠性大为提升，膜价格大幅下降，膜技术在水处理市场得到有效开拓。目前，MBR 技术已成为市政污水和企业排水净化的主流技术之一。相较于传统的生化处理，MBR 工艺具有以下特点：

（1）处理效果好，对水质、水量变化具有很强的适应性。MBR 工艺中的膜组件能够实现固液高效分离，大幅度去除细菌和病毒。处理出水中的悬浮物浓度低于 5mg/L，浊度低于 1 NTU，分离效果远优于沉淀池，可直接作为非饮用市政杂用水进行回用。其次，膜分离将微生物全部截留在生物反应器内，有效地提高了反应器对污染物的整体去除效果，以及对进水水质、水量变化的适应性。

（2）剩余污泥量少、污泥膨胀概率降低。MBR 工艺可以在高容积负荷、低污泥负荷下运行，系统中剩余污泥产量低，后续污泥处理处置费用大幅降低。此外，由于膜组件的截留作用，反应器内可保持较高的生物量，在一定程度上遏制了污泥膨胀。

（3）氨氮和难降解有机组分去除效率高。MBR 中的膜组件有利于将增殖缓慢的微生物如硝化细菌等截留在反应器内，保证系统的硝化效果。此外，MBR 能延长一些难降解有机物特别是大分子有机物在反应器中的水力停留时间，有利于去除该类污染物。

（4）占地面积小，不受应用场合限制。MBR 反应器内可维持高浓度生物量。因而，容积负荷高，反应器容积小，可做成地上式、半地下式和地下式，不受应用场所限制。

（5）运行控制趋于灵活，能够实现智能化控制。MBR 工艺实现了 HRT 与污泥停留时间的完全分离，实际运行控制根据进水特征及出水要求灵活调整，可实现微机智能化控制，方便操作管理。

然而，膜组件造价高，导致 MBR 反应器基建投资明显高于传统生物处理工艺。常规生物处理工艺规模越大，单位体积的水处理成本越低，而膜组件的价格却与处理规模成正比。同时，膜组件容易被污染，需要有效的反冲洗措施以保持膜通量。MBR 泥水分离过程需保持一定的膜驱动压力，使得部分大分子有机物（特别是疏水性有机物）滞留于膜组件内部，造成膜污染，降低了膜通量，这时一般需要配备有效的膜清洗措施。此外，MBR 内污泥浓度较高，要保持足够的传氧速率就必须增大曝气强度，使得其能耗高于传统生物处理工艺。

7.6.2 膜组件

膜组件是 MBR 工艺的重要组成部分。所谓膜组件就是将一定面积及数量的膜以某种形式组合形成的器件。在实际的工业水处理过程中，膜组件的组合方式对其使用寿命和处理效果至关重要。根据膜的形式或排列方式分为板框式膜组件、卷式膜组件、管式膜组件和中空纤维膜组件等，具体构造详见本书第四章 4.4.1 节。在上述膜组件中，板框式、管式和中空纤维式在实际工程中较为常用。各种膜组件的优缺点如表 7-10 所示。

MBR膜组件的选用要结合待处理水的特征，综合考虑其成本、装填密度、膜污染及清洗、使用寿命等因素，合理选择技术参数。在设计中一般有如下要求：

（1）对膜提供足够的机械支撑，保证水流通畅，没有流动死角和静水区。

（2）能耗较低，膜污染进程慢，并应尽量减少浓差极化，提高分离效率。

（3）尽可能保证较高的膜组件的装填密度，并且保证膜组件的清洗。

（4）具有足够的机械强度以及良好的化学和热稳定性。

常见膜组件及其优缺点 **表7-10**

膜组件	成本	结构	装填密度（m^2/m^3）	湍流度	适用膜类型	优点	缺点
板框式	高	非常复杂	400～600	一般	UF、RO	可拆卸清洗，紧凑	密封复杂，压力损失大，装填密度小
螺旋卷式	低	复杂	800～1000	差	UF、RO	不易堵塞，易清洗，能耗低	装填密度小
管式	高	简单	20～30	非常好	UF、MF	可机械清洗，耐高TSS污水	
中空纤维式	非常低	简单	5000～50000	非常好	MF、UF、RO	装填密度高，可以反冲洗，紧凑	对压力冲击敏感
毛细管式	低	简单	600～1200	好	UF		

7.6.3 MBR工艺类型

根据膜组件和生物反应器的组合方式，可将MBR工艺划分为分置式膜生物反应器（Recirculated Membrane Bioreactor，rMBR）、一体式膜生物反应器（Submerged Membrane Bioreactor，sMBR）以及复合式膜生物反应器（Hybrid Membrane Bioreactor，hMBR）三种类型。

1. 分置式膜生物反应器

也称为分离式膜生物反应器，其将生物反应器和膜组件分置于两个处理单元，如图7-18所示。在实际运行中，生物反应器中的泥水混合液经循环泵增压后送至膜组件过滤端，在压力作用下实现固液分离，通过膜组件的液体成为处理出水，而被膜截留的污泥絮体、固形物和大分子物质等则随浓缩液回流到生物反应器内。

分置式膜生物反应器的特点是运行稳定可靠，易于膜的清洗、更换及增设，而且膜通量普遍较大。但一般条件下为减少污染物在膜表面的沉积，延长膜的清洗周期，需要用循环泵提供较高的膜面错流流速，水流循环量大、动力费用高，并且泵的高速旋转产生的剪切力会使某些微生物菌体产生失活现象。

2. 一体式膜生物反应器

又叫浸没式膜生物反应器。它是把膜组件置于生物反应器内部，进水中的大部分污染物被混合液中的活性污泥降解去除，再在外压作用下由膜过滤出水，见图7-19。这种形式的膜生物反应器由于省去了混合液循环系统，并且靠抽吸出水，能耗相对较低，占地较分置式更为紧凑，近年来应用较为广泛。一体式膜生物反应器的不足之处在于其膜通量相对较低，容易发生膜污染，且污染后不容易清洗和更换。

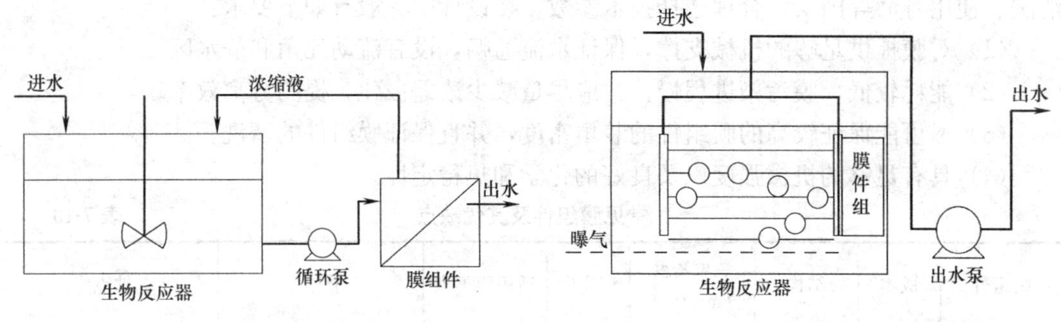

图 7-18　分置式膜生物反应器

图 7-19　一体式膜生物反应器

3. 复合式膜生物反应器

在形式上也属于一体式膜生物反应器，所不同的是在生物反应器内加装填料，从而形成复合式膜生物反应器，改善了系统对有机组分的去除性能。

7.6.4　MBR 工艺设计计算

1. 反应器容积与膜面积

MBR 工艺反应器容积（V）由污泥负荷率（F_w）确定，所需的膜面积（A）则取决于稳态运行时的膜通水能力（Q'）和膜通量（J）。

$$F_w = \frac{QS_0}{XV} \tag{7-18}$$

$$A = \frac{Q'}{J} \tag{7-19}$$

式中　F_w——污泥负荷率，$kgBOD_5/(kgMLSS \cdot h)$；

Q——处理规模，m^3/h；

V——反应器容积，m^3；

S_0——反应器进水的 BOD_5 值，mg/L；

X——反应器中 MLSS 浓度，mg/L；

A——膜面积，m^2；

Q'——稳态运行时的膜通水能力，m^3/h；

J——稳态运行时的膜通量，$m^3/(m^2 \cdot h)$。

在实际 MBR 工程设计中，需保证膜组件的处理能力与反应器容积相匹配，即单位时间内反应器的处理水量（Q）应与膜组件的通水能力（Q'）相等，据此则有：

$$\frac{V}{A} = \frac{JS_0}{F_w X} \tag{7-20}$$

MBR 工艺在实际运行过程中，采用的污泥负荷多在 0.05～0.4g/(kg·d) 之间，低于传统活性污泥工艺；rMBR 的稳态膜通量一般为 60～80L/(m^2·h)，而 sMBR 为 4～6 L/(m^2·h)。在稳态运行条件下，膜截面的污泥浓度将达到临界值（X_m）而不再变化。此时，膜通量可表示为：

$$J = k\ln\frac{X_m}{X} \tag{7-21}$$

膜通量或称透过速率是膜分离过程的一个重要运行参数，是指单位时间内通过单位膜面积上的流体量，一般以 $m^3/(m^2 \cdot s)$ 或 $L/(m^2 \cdot h)$ 表示。在实际操作中，由于 MBR 反应器中污泥浓度将随运行时间逐步提高，导致运行负荷下降，进而引起混合液污泥特性变化，而综合膜的截留、污泥浓度及性质变化和浓差极化等因素，又将导致膜通量的降低，即最终导致 MBR 的有效膜面积降低，并使膜组件的实际通水能力远小于进水量。因此，必须合理控制相关参数，尽可能地使系统处于稳定状态，其中关键的和具有可操作性的控制因子是反应器中的污泥浓度。

2. 截留率和回收率

截留率反映了 MBR 反应器运行过程中固液分离的难易程度，分为表观截留率（R_j）和本征截留率（R'_j）。R'_j 为反应器正常运行条件下的截留效率，而 R_j 是指在发生浓差极化工况下膜组件所具有的截留效率。回收率（R_h）反映了膜组件的过滤能力，通过透过水量与进水量之比来表征。

假设 MBR 反应器运行过程中，混合液（Q）中污染物初始浓度为 C，膜界面内截留液（Q_m）中污染物浓度为 C_m，透过液（Q_p）中污染物浓度为 C_p（图 7-20），则 MBR 膜组件在运行过程中存在以下物料平衡：

$$Q = Q_m + Q_p \tag{7-22}$$

$$QC = Q_m C_m + Q_p C_p \tag{7-23}$$

故截留率（R_j 和 R'_j）、膜通量（J）和回收率（R_h）可分别由以下各式表示：

$$R_j = (1 - C_p/C) \times 100\% \tag{7-24}$$

$$R'_j = (1 - C_p/C_m) \times 100\% \tag{7-25}$$

$$J = \frac{V}{At} \tag{7-26}$$

$$R_h = \frac{Q_p}{Q} \times 100\% \tag{7-27}$$

式中 R_j——表观截留率，%；

R'_j——本征截留率，%；

C_p——污染物在膜透过液中的浓度，mg/L；

C_m——污染物在混合液膜面内侧的浓度，mg/L；

C——污染物在混合液主体液中的浓度，mg/L；

J——膜通量，$m^3/(m^2 \cdot s)$；

V——膜透过液体积，m^3 或 L；

A——膜的有效面积，m^2；

t——分离时间，s 或 h；

R_h——回收率，%。

3. 膜通量及其变化

MBR 膜组件的运行成本与膜通量密切相关，膜通量越大，则处理单位规模的污水所需的膜组件面积越小。若在实际操作中维持较高的膜通量，并尽可能减少膜的更换面积，则可有效地降低运行成本。

膜通量由外加推动力和膜的阻力共同决定，其中膜本身的性质起决定性作用。一般膜

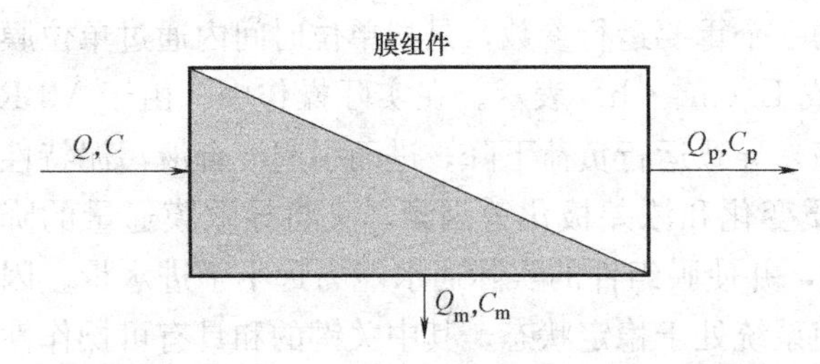

图 7-20 膜组件运行过程中物料平衡示意图

通量的计算是基于膜在纯水中没有污染的前提下进行的，一般用 Darcy 方程描述（式 7-28）。以微滤膜为例，其膜阻力为 R_m。除与膜自身特性有关外，还取决于其厚度（δ_m）及有效孔径（r_m）（式 7-29）。相应地，膜通量可用式（7-30）来计算。

$$J=\frac{\Delta P}{\mu R_m} \tag{7-28}$$

$$R_m=\frac{8\theta\delta_m}{fr_m^2} \tag{7-29}$$

$$J=\frac{fr_m^2\Delta P}{8\mu\theta\delta_m} \tag{7-30}$$

$$f=\frac{n\pi r_m^2}{A} \tag{7-31}$$

式中 ΔP——膜两侧的压力差，kPa；

R_m——膜在纯水中的阻力，m^{-1}；

f——膜表面孔隙率；

μ——水的绝对黏滞系数，g/(cm·s)；

θ——膜毛细孔曲率因子；

δ_m——膜的有效厚度，μm；

r_m——有效孔半径，μm；

n——膜孔数；

A——膜面积，m^2。

由式（7-30）可知，膜通量与压力差成正比，而与膜厚成反比，所以不对称膜在制造过程中需保证膜表皮层尽可能的薄，而多孔支撑层孔隙尺寸则尽可能大。在实际运行中，所处理水中的不溶性大分子、溶解性有机物和胶体类物质在分离过程中将在膜表面逐步富集，使膜通量下降，所以膜通量并非与膜孔径保持线性关系。

在工业水处理过程中，随着运行时间的增加，膜表面截留的物质将出现积聚，膜的有效孔径减小甚至堵塞；同时，膜通量也将随着浓差极化及压实效应而逐步降低（图 7-21）。为了描述膜通量随着运行时间 t 的变化规律，引入衰减系数（m）反映这一过程。

$$J_t=J_1\times t^m \tag{7-32}$$

式中 J_t——运行 th 后的膜通量，L/(m^2·h)；

J_1——运行 1h 后的膜通量，L/

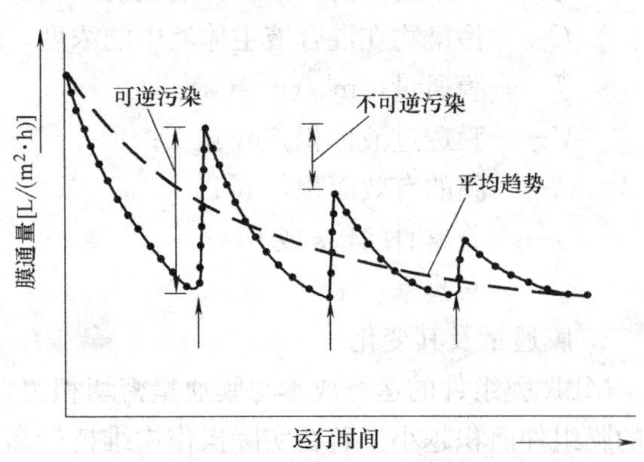

图 7- 21 运行过程中膜通量的衰减趋势

(m^2 · h)；

t——运行时间，h。

m 的大小一般需通过具体的试验测定。

膜通量与水温亦存在一定的关系，符合阿累尼乌斯（Arrhenius）关系式：

$$J_T = J_{20} e^{\frac{s}{273+t}} \tag{7-33}$$

式中 J_T——温度为 t℃时的膜通量，L/(m^2 · h)；

J_{20}——基准温度 20℃条件下的膜通量，L/(m^2 · h)；

t——运行温度，℃；

s——经验常数，需结合膜的特征和运行条件经试验确定。

温度升高有利于膜通量的增加，通常情况下温度每升高 1℃时，膜通量可提高 2%。

4. 浓差极化

膜组件在混合液分离过程中，外加压力的推动使颗粒物或其他待分离物被膜截留，致使膜表面截留物浓度（C_m）高于其在待分离的混合液（C_b）中的浓度。浓度差（$C_m - C_b$）的存在使截留在膜表面的物质向主体液中扩散，使分离阻力增大，并形成边界层（δ），进而导致膜通量下降。当单位时间内主体液中以对流方式传递到膜面的物质量与膜表面以扩散方式返回到主体液中的物质量相等时，出现了浓度分布相对稳定的状态，该现象称为浓差极化（图 7-22）。膜通量与平衡浓度的关系如下：

$$J_W = \frac{D_B}{\delta} \ln\left(\frac{C_m}{C_b}\right) = k \ln\left(\frac{C_m}{C_b}\right) \tag{7-34}$$

式中 J_w——浓差极化条件下的膜通量，L/(m^2 · h)；

D_B——布朗扩散系数，m^2/s；

k——传质系数，即 D_B/δ，m/s。

浓差极化现象的出现，将减少对流传质的推动力，在膜组件表面形成凝胶层，增大分离阻力和系统的运行能耗。同时，截留在膜表面的污染物，有可能导致膜阻塞，改变膜的分离特性。在实际操作过程中，可通过严格控制通水量、增大膜面混合液流速、间歇降低压力或间歇停止运行、安装湍流促进器等措施减轻浓差极化的影响。

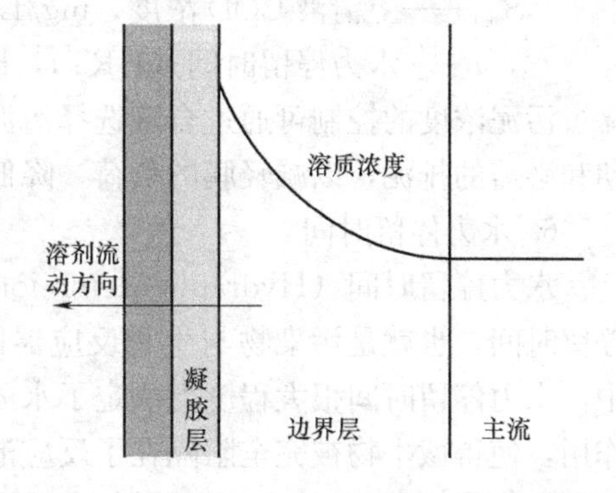

图 7-22 膜过滤过程中的浓差极化现象

5. 污泥浓度与污泥龄

污泥浓度是指生物反应器中因为微生物的存在而形成的悬浮物浓度；污泥龄（Sludge Retention Time）是指在反应系统内，微生物从其生成到排出系统的平均停留时间，也就是反应系统内的微生物全部更新一次所需的时间。

MBR 反应器中的污泥浓度远高于传统活性污泥工艺，这有利于保证良好的处理效果。然而，过高的污泥浓度会使反应器长期处于低负荷运行，污泥活性降低，进而导致污泥絮体分散、解体或使其胞外聚合物溶出，加速膜的污染。有研究表明，MBR 膜通量（J）与混合液污泥浓度（X）存在如下关系：

$$J=-\alpha \lg X+\beta \quad (7\text{-}35)$$

式中　α、β——常数（根据所采用的模型确定）。

根据膜分离浓差极化模型可知，MBR反应器运行中膜通量的变化（J_B）可表示为：

$$J_B=\frac{\Delta P}{\mu(R_m+R_f)} \quad (7\text{-}36)$$

式中　R_f——膜污染产生的阻力，m^{-1}；

μ——水的绝对黏滞系数，g/(cm·s)；

ΔP——膜两侧的压力差，kPa；

其他物理量意义同前。

式（7-36）表明，过高的污泥浓度可能会影响膜组件的膜通量。由于采用MBR处理的目标不同（如有的旨在提高处理效率，而有的则在实现污泥减量化），目前对MBR反应器中MLSS的控制范围尚无统一的认识。一般需控制在4000～20000mg/L之间，以6000～8000mg/L为宜。当MLSS超过40000mg/L时，将对膜通量产生诸多不利的影响。

有学者在研究sMBR处理城市污水时，提出MBR反应器中污泥浓度与其他运行参数之间存在如下关系式：

$$X=1000\times Y_{obs}\theta_c\left(\frac{S_0-S_e}{t}-\frac{S_0-S_{sup}}{\theta_c}\right) \quad (7\text{-}37)$$

$$k=\frac{\ln S_0-\ln S_{sup}}{Xq_c} \quad (7\text{-}38)$$

式中　Y_{obs}——污泥表观产率，kgMLSS/kgBOD_5；

X——污泥浓度，mg/L；

θ_c——污泥龄，d；

S_0——进水COD浓度，mg/L；

S_e——出水COD浓度，mg/L；

S_{sup}——上清液COD浓度，mg/L；

t——水力停留时间（HRT），h。

污泥浓度的控制可通过合理选择污泥龄θ_c来实现。因此，应该对MBR反应器进行定期和必需的排泥，以减轻膜的负荷，降低系统的动力消耗。

6. 水力停留时间

水力停留时间（Hydraulic Retention Time，HRT）是指待处理水在反应器内的平均停留时间，也就是污染物与生物反应器内微生物的平均反应时间。在传统活性污泥工艺中，水力停留时间很大程度上决定了水的净化程度；而在膜生物反应器中，由于膜的分离作用，使得微生物被完全阻隔在了反应池内，实现了水力停留时间和污泥龄的完全分离。有研究表明，HRT的小幅变化对MBR处理效果的影响较小，但过短的HRT会导致反应器内溶解性有机物的累积，进而使得膜通量下降。溶解性有机物、SS和胶体物质对膜过滤阻力的贡献分别约为25%、25%和50%。溶解性有机物浓度对膜通量的影响存在以下关系：

$$J=\alpha' \lg S_s+\beta' \quad (7\text{-}39)$$

式中　S_s——溶解性有机碳（DOC）的浓度，mg/L；

α'、β'——试验常数，与所用模型及污水类型等有关。

因此，对MBR工艺中HRT的控制，应尽量维持系统内溶解性有机物的平衡，但同时需考虑一定的调节容量。

7. 操作压力和膜面流速

在膜分离过程中，压力和膜面流速均为重要操作参数，它们对水通量的影响较大且往往是相互关联的。在未发生浓差极化的情况下，保持膜面流速一定，此时MBR膜组件的膜通量随压力的增大而呈线性增加；但当发生浓差极化后，压力的增大一方面可提高膜通量，但同时膜的通水阻力将进一步增加，破坏上述线性关系。当操作压力一定时，膜面流速的提高将增加膜通量，但在污泥浓度较高的情况下，膜面流速提高到一定值后，由于膜面泥饼等阻力，膜通量提高的速率将随膜面流速的提高而降低。

改善边界层内的传质情况，能增大膜通量。同时，随着膜面流速的增加，膜的水通量也增加，尤其是当压力比较高时。这是因为膜面流速的提高一方面可以增加水流的剪切力，减少污染物在膜表面的沉积，另一方面流速增大可以提高对流传质系数，减少边界层的厚度，减小浓差极化的影响。但当污泥浓度较高时，膜面流速增加到一定的数值后，对沉积层的影响减弱，膜通量增加的速度减小。

为便于膜组件的清洗，一般应将操作压力控制在0.1～0.5MPa，并尽可能将其控制在低压高流速的条件下运行，以控制膜的浓差极化，减轻其污染。膜面流速的控制主要针对分置式rMBR工艺而言。一般情况下，膜面流速应控制在1.5～2.5m/s。

7.6.5 膜污染成因与控制

1. 膜污染的类型

膜污染是指混合液中的微粒、胶体粒子或溶质大分子由于与膜存在物理、化学或机械作用，从而引起膜面或膜孔内吸附、沉积，造成膜孔径变小或堵塞，使膜产生透过流量与分离特性不可逆变化现象。目前，认同的膜污染类型及其成因有以下三个方面。

（1）沉淀污染。反渗透、纳滤、超滤和微滤都是以压力为推动力的膜分离技术。它们易于在膜上形成沉淀污染。当原水中盐的浓度超过了其溶解度，就会在膜上形成沉淀或结垢。普遍受关注的污染物是钙、镁、铁和其他金属的沉淀物，如氢氧化物、碳酸盐和硫酸盐等。

（2）有机物吸附污染。污染物尤其是有机物在膜孔内的吸附或累积会导致孔径减小和膜阻增大，这一过程往往是难以恢复的。研究表明，腐殖酸及其他天然有机物即使在较低浓度下，对渗透率的影响也大大超过了黏土或其他无机胶粒。而疏水作用可增加有机物在膜上的积累，导致更严重的吸附污染。有机物除对膜存在直接吸附污染外，对胶体在膜上的粘附沉积也起着重要作用。如聚酚醛化合物、蛋白质和多糖可与胶体一起沉积到膜上，并且在膜表面形成凝胶层。

（3）生物污染。生物污染是指微生物在膜一水界面上积累，从而影响系统性能的现象。膜组件内部潮湿阴暗，是微生物生长的理想环境，极易发生生物污染。膜的生物污染分两个阶段：粘附和生长。在溶液中没有投入生物杀虫剂或投加量不足时，粘附微生物细胞会在进水营养物质的供养下成长繁殖，形成生物膜，对膜材质存在不同程度的降解作用。老化的生物膜主要分解成蛋白质、核酸、多糖酯和其他大分子物质，这些物质能够强烈吸附在膜面上引起膜表面的改性。被改性的膜表面更容易吸引其他种类的微生物。因此，生物污染问题比非活性的胶体污染或矿物结垢更为严重。

2. 膜污染的影响因素

当膜污染发生后，会导致膜通量和分离性能下降，能耗增大，进而增加 MBR 的运行费用，并在一定程度上缩短膜组件的使用寿命。一般的，膜自身性质不同，混合液水质不同，系统运行方式不同，膜污染发生的程度也存在较大差异。膜的性质主要是指膜材料的物理化学性能，如膜材料的分子结构决定了膜表面的电荷性、憎水性、膜孔径大小和粗糙度等。膜孔径越大或孔隙率越高（特别是膜的表层孔径大、内层孔径小时），膜通量下降得越快。此外，膜污染还和膜本身的亲水和疏水性密切相关。

与膜污染密切相关的混合液性质主要包括混合液的 pH、固体颗粒粒径及其性质、溶解性有机物亲疏水性等。活性污泥混合液的性质复杂，故膜组件的污染较难控制。污泥黏度也会通过影响膜表面附近的湍动程度和膜表面的速度梯度而间接影响膜通量。污泥黏度反过来又受污泥浓度的影响。

运行方式对膜污染的影响最大，正确的运行方式可以延缓膜堵塞。起始操作通量或膜驱动压力的增加会加强胶体颗粒等污染物在膜表面凝胶层中的积累和凝胶层的压实，从而导致起始通量快速下降。一般认为，MBR 运行中存在一个临界通量，当不超过此值时，膜污染与自清洗处于接近动态平衡的状态，膜通量与压力成正比；一旦超过临界通量值则会发生较严重的污染。

3. 膜污染的减缓措施

在实际运行操作过程中，可通过一定的措施来延缓污染发生，减轻膜污染程度，以尽可能地提高其处理能力。一般而言，可以通过采用预处理、降低膜通量、增强混合液的湍流程度等措施来减轻膜污染。

蛋白质吸附在膜表面上常是形成污染的原因，因此调节混合液的 pH 远离等电点可使吸附作用减弱。但如吸附是由于静电引力，则应调节至等电点。盐类对膜污染也有很大的影响，降低 pH，加入络合剂如 EDTA 等有利于控制盐类的沉积。但是需要说明的是，在膜生物反应器中，由于引起 MBR 堵塞的有机组分占待处理水中有机负荷的很大一部分，通过预处理方式减轻膜污染虽然在理论上可行，但实际操作过程中成本较高。

降低膜通量可以在一定程度上降低膜污染，但临界通量值（或临界透膜压力）对不同的系统而言是不同的。另外，系统的流体动力学特性也会影响临界通量。但是，该法一般仅适用于膜通量较小的一体式膜生物反应器。

在传统的 MBR 反应器中，湍动条件下操作可以降低膜污染的程度。因为 MBR 中，混合液的湍动可以促进膜表面的冲刷作用从而减轻堵塞层的形成和膜通量的下降。在一体式膜生物反应器中，进气速率的增加会降低水力学边界层的厚度从而降低膜污染；对于分置式膜生物反应器，加大错流速率从而增加湍动程度可以降低膜污染速率。

4. 膜的清洗

膜的可逆污染一般可通过物理方法进行控制，其中水力反冲洗是一种常用的防止和减轻膜污染的措施。该法简单易行，运行成本较低。所谓的水力反冲洗就是利用高速水流对膜进行冲洗，或将膜组件提升至水面以上用喷嘴喷水冲洗，同时用海绵球机械擦洗和反洗。通过水力反冲洗可有效地除去膜表面的泥饼及其他污染物，维持较为稳定的膜通量。

采用水力反冲洗时，合适的反冲洗速度、压力和冲洗周期对控制膜污染至关重要。较高的反冲洗流速有利于膜通量的恢复，但该法能耗较高，一般宜将冲洗流速控制在2.0m/s。此外，宜采用低压操作方式，以防止膜（丝）的损坏。最佳反冲洗周期可按下式计算：

$$t_f=\frac{Q_f-Q_w}{J(t)-t_w} \tag{7-40}$$

$$J(t_f)=\frac{Q_f-Q_w}{t_f+t_w} \tag{7-41}$$

式中 t_f——处理工艺的反冲洗周期（即两次反冲洗间的通水时间），h；

t_w——反冲洗持续时间，h；

Q_f——反冲洗周期内膜的通水量，随 $J(t)$ 而变化，L；

Q_w——反冲洗用水量（一般情况下是相对固定的值），L；

$J(t_f)$——膜通量随时间变化的单调函数，随膜阻力而变化，与分离混合液的温度、污泥浓度及其性质、工作压力和膜面流速等有关。

最佳反冲洗周期是使 MBR 工艺具有最大有效通水效率的反冲洗周期。由式（7-41）可知，获得上述目标的条件是使 $J(t_f)$ 与 $(Q_f-Q_w)/(t_f+t_w)$ 的比值相等，此时的反冲洗持续时间即为最佳反冲洗周期。设 $T=t_f$，则有：

$$T=\frac{Q_f-Q_w}{J(T)-t_w} \tag{7-42}$$

膜的不可逆污染一般需要通过化学清洗来控制。它通常是采用化学清洗剂（如稀酸、稀碱、酯、表面活性剂、络合剂和氧化剂等）对膜进行清洗。这些溶剂能够破坏膜面凝胶层和膜孔内的污染物，将其中吸附地金属离子和有机物等氧化、溶出。例如，使用酸性清洗剂时，可使膜中吸附或截留的矿物质等得以溶解而去除；而使用碱性清洗剂时，则可有效地去除膜内的蛋白质。在实际工程中，一般通过将水力反冲洗和化学药剂清洗结合，以同时获得对可逆污染和不可逆膜污染的综合控制。

通常根据膜及其所截留污染物的特性来选择适宜的化学清洗药剂，以达到有效的清洗效果，具体见表 7-11。清洗后膜组件的膜通量恢复程度常用纯水透水率恢复系数表示：

$$R=\frac{J}{J_0}\times100\% \tag{7-43}$$

式中 R——恢复系数，%；

J——反冲洗后膜在纯水中的膜通量，$m^3/(m^2\cdot h)$；

J_0——新膜在纯水中的膜通量，$m^3/(m^2\cdot h)$。

膜污染的化学清洗方法、选用药剂及去除对象 **表 7-11**

清洗方法	主要药剂	主要清洁对象
碱洗	氢氧化钠、磷酸钠、硅酸钠	油脂、二氧化硅垢
酸洗	盐酸、硝酸、硫酸、氨基磺酸、氢氟酸	金属氧化物、水垢、二氧化硅垢
络合剂清洗	聚磷酸盐、柠檬酸、乙二胺四乙酸、氨氮三乙酸	铁的氧化物、碳酸钙及硫酸钙垢
表面活性剂清洗	低泡型非离子表面活性剂、乳化剂	油脂
消毒剂清洗	次氯酸钠、双氧水	微生物、活性污泥、有机物
聚电解质清洗	聚丙烯酸、聚丙烯酸胺	碳酸钙及硫酸钙垢
有机溶剂清洗	三氯乙烷、乙二醇、甲酸	有机污垢

7.7 生物流化床

生物流化床是指为提高生物膜法的处理效率，以砂或无烟煤、活性炭等作填料和生物膜载体，待处理水自下向上流过床层，使载体呈流化状态，提升生物膜同污染物的接触面积和供氧量，强化生物处理过程的构筑物。

7.7.1 原理和类型

按照流化床中的溶解氧环境可将现有的净化工艺分为好氧生物流化床、厌氧生物流化床和复合式生物流化床三种类型。

1. 好氧生物流化床

(1) 好氧生物流化床结构组成

好氧生物流化床是以砂、焦炭、活性炭、玻璃珠和多孔球等微粒状填料作为生物载体，以一定流速将空气或纯氧通入床内，使载体处于流化状态，通过载体表面上不断生长的生物膜吸附、氧化并分解水中的有机物，从而实现污染物的去除。好氧生物流化床按床内气、液、固三相混合程度的不同，以及供氧方式、床体结构及脱膜方式等的差别，可分为两相生物流化床和三相生物流化床。

两相生物流化床工艺流程见图 7-23。其特点是充氧过程与流化过程分开并完全依靠水流使载体流化。在流化床外设充氧设备和脱膜设备，在流化床内只有液、固两相。原水先经充氧设备，可利用空气或纯氧为氧源使水中的溶解氧达到饱和状态。

三相生物流化床内气、液、固三相共存，原水的充氧和载体流化同时进行，有机物在载体生物膜的作用下进行生物降解，空气的搅动使生物膜及时脱落，故不需脱膜装置。但有小部分载体可能从床中带出，需回流载体。三相生物流化床的技术关键之一，是防止气泡在床内合并成大气泡而影响充氧效率，为此可采用减压释放或射流曝气方式进行充氧。

目前，国内使用较多的是内循环式生物流化床，其工艺流程如图 7-24 所示。该流化床由反应区、脱气区和沉淀区组成，反应区由内筒和外筒两个同心圆柱组成，曝气装置在内筒底部，反应区内填充生物载体。混合液在内筒向上流、外筒向下流构成循环。

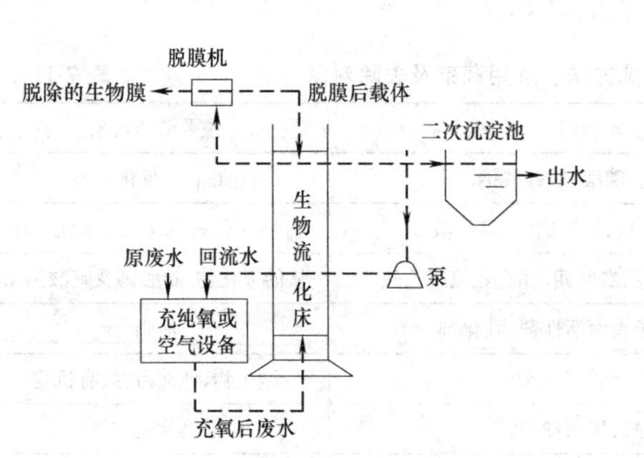

图 7-23 两相生物流化床工艺

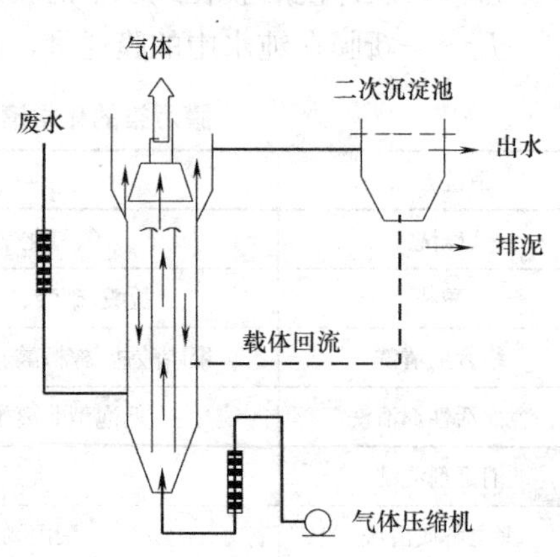

图 7-24 内循环三相生物流化床工艺

(2) 好氧生物流化床处理效果

好氧生物流化床适用于各种可生化降解的工业有机污水的处理，主要用于去除中、低浓度的有机组分，以及好氧硝化去除 NH_3-N，并且取得了良好的效果。其对不同企业排水的操作参数和净化效果见表 7-12。

好氧生物流化床处理不同类型工业水的操作情况及处理效果　　表 7-12

废水类别	进水		停留时间(h)	有机负荷[以COD计,kg/(m^3·d)]	分析项目	去除率(%)	COD去除率(%)	备注
	ρ(COD,g/L)	ρ(BOD$_5$,g/L)						
甲醇废水	6.20	4.87	68	2.08	甲醇	99.6	94.6	接菌种
含氰废水	0.4~0.5		4		CN	80.9~99.5	>60	小试
染料生产废水（含 Cu）	0.15~0.22	0.07~0.1	20~24	3~4	Cu	75	92~93	小试
染料废水（碱性绿）	1.44		0.7~4		色度	94	72	射流曝气
啤酒废水	4.3	2.3					80	小试
化工有机废水	1.3~2.5		3.5~5.6	6.3~7.2	NH_3-N	45.2~64	>68.4	小试
					P	62.9~71.7		
石化废水	0.5~0.8		1.5	15	NH_3-N	40	75~80	小试
					油	75		
					P	86		
炼油厂含硫污水	1.2~1.9		3.5~6.9				>80	小试
人工合成废水				2.0	硫化物	>86	98	
酵母生产废水	1.96		20	8.2	NH_3-N	90	82	

2. 厌氧生物流化床

与好氧生物流化床相比，厌氧生物流化床不仅在降解高浓度有机物方面具有独特优势，而且具有良好的脱氮效果。

(1) 厌氧生物流化床的结构组成

厌氧生物流化床可视为特殊的气体进口速度为零的三相流化床。这是因为厌氧反应过程分为水解酸化、产酸和产甲烷三个阶段。床内虽无需通氧或空气，但产甲烷菌产生的气体与床内液、固两相混和即成三相流化状态。厌氧生物流化床工艺如图 7-25 所示。为维持较高的上流速度，需采用较大的回流比。厌氧生物流化床内微生物种群的分布趋于均一化，在床中央区域生物膜的产酸活性和产甲烷活性都很高，从而使其有效负荷大大提高。

(2) 厌氧生物流化床的适用范围

厌氧生物流化床既适于高浓度有机废水，又适于中、低浓度有机废水的处理，它的有机容积负荷（以 BOD_5 计）可达 2~10kg/(m^3·d)。由于所需氮、磷营养较少，尤适于处理氮磷缺乏的工业排水。对含酚水、含 α-萘磺酸水、鱼类加工企业排水、炼油企业排水、乳糖制造企业排水和屠宰场排水等表现出良好的去除性能。表 7-13 中列举了一些工业企业排水利用厌氧生物流化床工艺后，水中 COD 和 BOD_5 的去除效果。

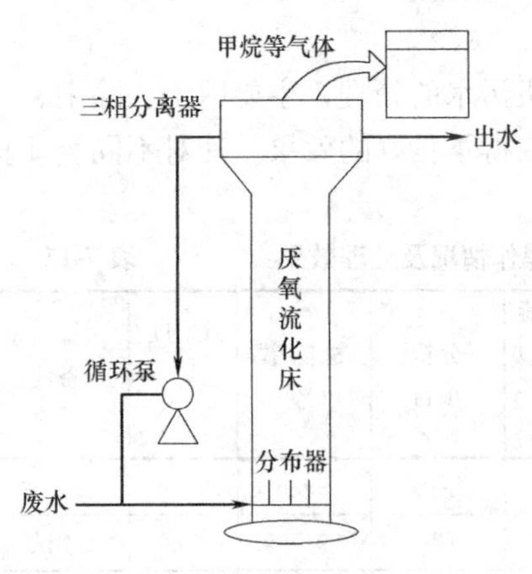

图 7-25　厌氧生物硫化床工艺

3. 复合式生物流化床

将不同类型的生物流化床或将流化床与其他生物处理工艺组合，便形成复合式生物流化床。这样可以兼顾不同反应器的特点，提高处理效果。目前，这种组合工艺已经成为生物流化床的一个发展方向。

(1) 厌氧-好氧复合式生物流化床

此种生物流化床是由英国水研究中心开发的，在有机物的氧化降解和脱氮等方面均具有良好的效果。其流程如图 7-26 所示。特点是第 1 段厌氧床内的兼性菌利用硝酸盐中的氧作为氧源，使进水中部分有机碳化合物氧化，因而不需要补充碳源，同时也减少了第 2 段好氧床的有机负荷，降低能耗。最终使排水中硝酸盐的浓度降至 5～10mg/L。

厌氧流化床试验及效果举例　　**表 7-13**

废水类别	进水		停留时间(h)	有机负荷[以 COD 计，kg/(cm³·d)]	温度(℃)	去除率(%)		备注
	ρ(COD,g/L)	ρ(BOD_5,g/L)				COD	BOD_5	
大豆蛋白生产	3.7～4.7	2.3～2.5	10～12	7.6～11.0	30～35	91	96	中试
有机酸生产	8.8	7.0	5	42	30	99	99	中试
含酚废水	2.8～3.7	2.1～3.0	15	4.5～5.9	30	99	99	中试
软饮料生产(1)	0.98	0.83			30	90		中试
软饮料生产(2)	6.0	3.9		8～14	35	>80		小试
化工废水(含乙醇)	12.0			8～20	35	>80		小试
食品加工	7.0～10.0			8～24	35	>80		小试
污泥热处理分离液	10～30	5.0～15		8～20	35	>80		小试
啤酒酵母加工废水	5.6	5.17		9.8	30～35	93.5	98.5	实践应用，预酸化
造纸黑液	5.5		10.19	12.9		75		小试，预酸化
干醋生产废水			34	13.4～37.6	35	93～97		小试
城市废水	0.18	0.08	2.4	7.7	15	75	82	小试，低温处理
制药废水	9.4～12.5		9.6	32.06	40	80		小试

续表

废水类别	进水		停留时间(h)	有机负荷[以COD计，kg/(cm³·d)]	温度(℃)	去除率(%)		备注
	ρ(COD,g/L)	ρ(BOD_5,g/L)				COD	BOD_5	
硫酸盐草浆废水	2～5	5～6.5	3～9	43.2	28～32	50～70		小试，加$BaCl_2$除硫
印染废水（含活性艳红，弱酸性深蓝）	0.8～0.9		2.5～3		25～40	44～49		小试，采用固定化
人工合成废水（含乙酸、丙酸、铬酸）	1.0		6～12	4.0	35	96		脱色菌小试

（2）好氧流化床-接触氧化床复合反应器

此种反应器属一体化设备，以上部带有活动式过滤安全网的内循环流化床为主体，流化床上部出水通过自充氧系统，进入浸没式接触氧化床，进一步反应后出水。该反应器除具有优良的自充氧特性外，兼有流化床处理效率高和接触氧化滤床出水性能好的特点，又因气水比低、能耗小和适应性好等，有良好的应用前景。反应器结构如图7-27所示。

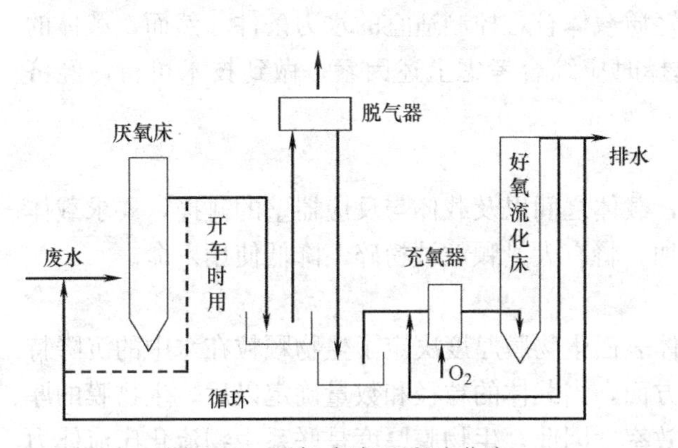

图7-26　厌氧-好氧两段流化床

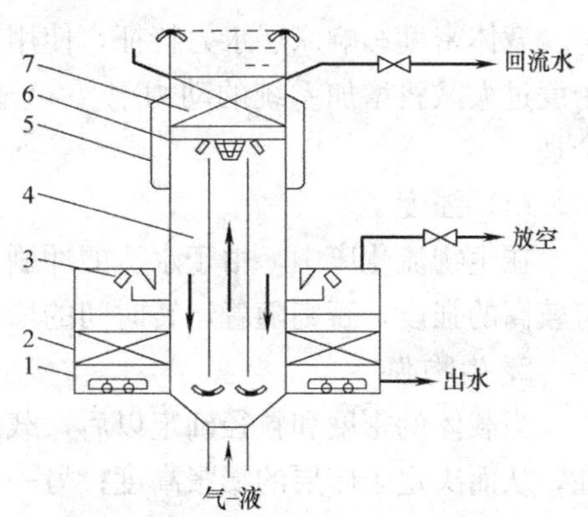

图7-27　好氧流化床-接触氧化床复合反应器
1—曝气装置；2—接触氧化床；3—液封装置；
4—内循环式好氧流化床；5—自充氧装置；
6—过滤安全网；7—填料

7.7.2　载体与生物膜

1. 载体的选择

选择合适的载体对生物流化床运行的成败及处理效果起着关键作用。载体选择时应考虑粒径级配、形状、密度和强度等因素。

（1）粒径和级配

一般认为粒径小的载体有较大的优越性。一方面它为微生物生长提供了较大的比表面积，有利于维持反应器内的高生物量；另一方面，小颗粒载体所要求的上升流速也较低，可降低系统的动力消耗。但是粒径也不宜太小，否则操作条件难以控制，生物颗粒易被水流冲出床外，造成载体流失。另外，载体粒径太小易于在床内聚集成团，影响颗粒的分散性。根据经验，载体粒径一般在0.3～1.0mm之间。

为使床内生物量的分布趋于合理，最理想的情况是采用大小完全一致的载体。因为，床底部进水中的有机物浓度较高，生物膜较厚，使下层生物颗粒的密度略低于上层，易于上浮。反之，床层上部的生物颗粒由于养料的减少，生物膜易于脱落，使其变重而产生下沉的趋势。一沉一浮的结果可使床内始终维持良好的混合接触条件。但实际运行中，载体颗粒本身难以做到完全均匀，加之生物膜的生长对载体颗粒的影响，生物流化床中总是存在分级的趋势。对液-固两相生物流化床，当密度相同的两种载体，其直径之比大于1.3，或临界流化速度之比大于2.0时，在操作时两种颗粒将会完全分开，形成两个单独的床层，称为完全分级。在三相生物流化床中，气体的引入既可以有助于混合也可有助于分级，但是在液速保持不变时，气速越大越有利于混合。鉴于这些原因，在选择载体时，粒径分配越均匀越好，最大直径与最小直径之比以不大于2为宜。

（2）形状

几乎所有的生物流化床的设计计算都假设载体颗粒为球形，但实际情况却远非如此。载体的形状直接与孔隙率有关，因而影响床层的膨胀。其次，形状不同的颗粒，沉降速度也有区别。一般要求载体尽量接近球形，且表面有足够的粗糙度，以利于生物膜附着。

（3）密度

载体密度影响床层水力特征，使用轻质载体较难控制适宜的水力条件。然而，载体的密度过大又将增加系统的动力消耗，选择时应综合考虑上述因素，做到技术可行，经济合理。

（4）强度

在生物流化床中，由于水流的冲刷，载体之间以及载体与反应器壁的碰撞，要求载体有较高的强度，否则随着运转时间的增加，将有大量颗粒被粉碎，降低使用寿命。

2. 生物膜

当载体的密度和粒径确定以后，载体表面生物膜厚度决定了生物颗粒在水中的沉降特性，从而决定了床层的膨胀高度；另一方面，当载体的粒径和数量确定以后，生物膜的厚度决定了反应器中微生物的浓度和处理效率。因此，生物膜厚度是联系生物流化床流体力学特性和生化反应动力学特性的关键参数。在设计中，当已知水质、水量时，需要确定一个合适的生物膜厚度，使其能满足处理效率的要求，由此再确定床层的膨胀高度。

载体表面生长的生物膜一般由两部分组成：靠近载体表面的部分称为非活性生物层，这部分微生物由于难以获得食料，活性差，基本不参与生化反应；包裹于非活性层外面的叫活性生物层，有机污染物的去除主要依靠这一层中的微生物。当生物膜厚度较小时，所有生物膜都是活性的，这时生物膜量的增加，当然会使处理效率增加。当膜厚增大到某一临界值时，尽管生物膜的总量仍在增加，但活性会降低得很快，造成处理效率反而会下降。这一膜厚临界值通常称为最佳膜厚。因此，生物膜厚不是越大越好。在两相生物流化床中，一般通过专门的脱膜设备来控制膜厚。由于膜厚决定了床层的膨胀高度，在实际运行中，控制床高就达到了控制膜厚的目的。在三相床中，由于反应器内气泡的搅动，水力紊动剧烈，生物膜表面更新快，一般不需要脱膜设备，而是在反应器顶部设置沉淀区以去除剩余污泥。根据研究和应用的经验，两相床中最佳膜厚以 100～200μm 为宜。

与普通活性污泥法相比，生物流化床的容积负荷与微生物浓度均有较大提高，但换算成污泥负荷后却未见明显增加。这说明生物流化床中单位生物量分解有机物的能力并没有明显提高。因此，生物流化床的高效性主要是由于反应器内具有较高的微生物浓度所致，而流态化操作方式所创造的良好传质效果则是维持反应器内较高生化反应速率的必要条件。

7.7.3 内循环好氧生物流化床设计计算

1. 流化床设计

(1) 流化床结构

好氧生物流化床的结构如图 7-28 (*a*) 所示。有反硝化脱氮要求时，流化床内可设置缺氧区和好氧区。如图 7-28 (*b*) 所示，其中心筒处为缺氧区、其他区域为好氧区。流化床中载体分离器以上部分为分离区，载体分离器以下部分为反应区，图 7-28 (*a*) 和图 7-28 (*b*) 中的箭头方向表示水流方向。

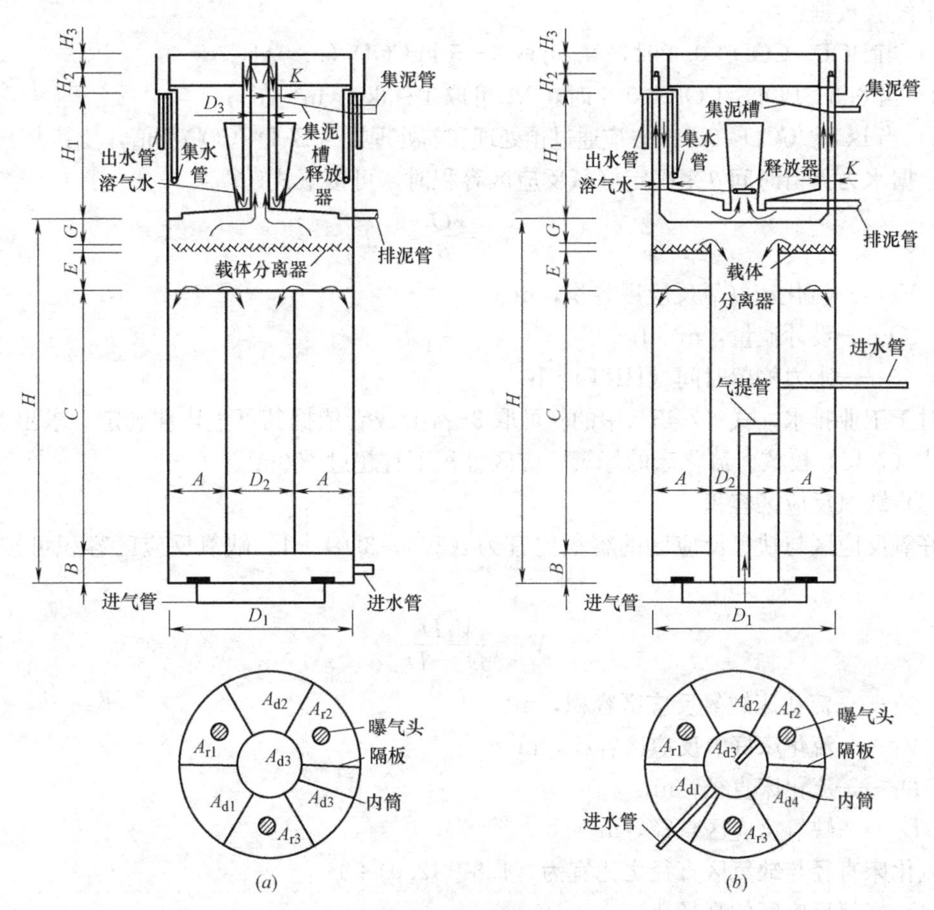

图 7-28 流化床结构

(*a*) 一般流化床；(*b*) 有缺氧区的流化床

降流区和升流区面积之比 (A_d/A_r) 宜在 1～1.5 之间，其中降流区面积 $A_d = A_{d1} + A_{d2} + A_{d3} + A_{d4}$，升流区面积 $A_r = A_{r1} + A_{r2} + A_{r3}$。好氧反应区隔板下端距流化床底部的底

隙（B）一般在600mm左右；载体反应器下部空间距离（E）宜为B的1.0～1.2倍；载体反应器上部空间距离（G）宜为E值的30%～50%倍；气液分离区直径（D_3）宜为进水管管径的3～5倍，K＞200mm，J＞150mm。

（2）好氧反应区容积

根据流化床的容积负荷来确定好氧反应区容积时，可按下式计算：

$$V_1=\frac{Q(S_o-S_e)}{N_v} \tag{7-44}$$

式中 V_1——流化床好氧反应区容积，m^3；

Q——污水设计流量，m^3/d；

S_o——原污水COD值，g/m^3或mg/L；

S_e——出水COD值，g/m^3或mg/L；

N_v——容积负荷率，kg COD/(m^3/d)。

容积负荷（N_v）应根据试验或者同类污水的设计参数确定，如无其他资料时，可参考如下经验数据：

1）当BOD_5/COD＞0.4时，N_v可取3～5 kgCOD/(m^3·d)；

2）当0.3＜BOD_5/COD＜0.4时，N_v可取1～3kg/(m^3·d)；

3）当BOD_5/COD＜0.3时，应通过预处理和前处理提高BOD_5/COD的值，使其大于0.3。

根据水力停留时间θ来确定好氧反应区容积时，可按下式计算：

$$V_1=\frac{Q}{\theta} \tag{7-45}$$

式中 V_1——流化床好氧反应区容积，m^3；

Q——设计流量，m^3/d；

θ——水力停留时间（HRT），h；

对于工业排水，式（7-45）中的θ可取3～4 h或者依据其可生化性确定。求出V_1后应按式（7-45）校核。流化床的好氧反应区容积不宜超过400m^3。

（3）缺氧反应区容积

好氧反应区与缺氧反应区的容积比宜为（2.5～3.0）∶1。缺氧反应区容积可按下式计算：

$$V_2=\frac{V_1D_2^2}{D_1^2-D_2^2} \tag{7-46}$$

式中 V_2——流化床缺氧反应区容积，m^3；

V_1——流化床好氧反应区容积，m^3；

D_1——流化床直径，m；

D_2——缺氧反应区直径，m。

流化床直径与缺氧区直径之比宜为（1.87～2.0）∶1。

（4）好氧反应区的高径比

好氧反应区的高径比可按下式计算：

$$\frac{H}{D_1}=\frac{H}{2d/N}=\frac{NH}{2d} \tag{7-47}$$

式中 H——流化床高度，m；

D_1——流化床直径，m；

N——流化床分格数；

d——好氧反应区截面面积相等的圆的直径，m。

好氧反应区的高径比一般在3～8之间；流化床分格数应为偶数。

2. 流化床载体

（1）载体选择

宜选用陶粒、橡胶和塑料类载体等。陶粒载体直径以1～2mm为宜，密度在1.50g/cm³左右，磨损率不宜大于0.5%；橡胶载体直径以2～8mm为宜，密度在1.30g/cm³左右；塑料类载体直径以10～25mm为宜，密度在0.94～0.98g/cm³。载体的级配以$d_{max}/d_{min}<2$为宜。载体的形状宜接近球形，表面尽量粗糙，以利于微生物吸附生长。

（2）载体投加量

载体的体积占好氧反应区的体积比可按下式计算：

$$C_s = \frac{X_v}{1000 m_1} \times 100\% \tag{7-48}$$

式中 C_s——投加载体的体积占好氧反应区的体积比；

X_v——流化床内混合液挥发性悬浮固体平均浓度，gMLVSS/L；

m_1——单位体积载体上的生物量，g/mL。

投加载体的体积宜为好氧反应区体积的15%～30%。流化床中所需生物量按下式计算：

$$X = \frac{N_v}{N_s} \tag{7-49}$$

式中 X——流化床内生物浓度，kgMLVSS/m³；

N_v——容积负荷，kgCOD/(m³·d)；

N_s——污泥负荷，宜为0.2～1.0kgCOD/(kgMLVSS·d)。

单位体积载体上的生物量按下式计算：

$$m_1 = \frac{\rho \rho_c}{\rho_s}\left[\left(\frac{r+\delta}{r}\right)^3 - 1\right] \tag{7-50}$$

式中 m_1——单位体积上载体的生物量，g/mL；

ρ——生物膜干密度，g/mL；

ρ_c——载体的堆积密度，g/mL；

ρ_s——载体的真密度，g/mL；

δ——膜厚，mm；

r——载体平均半径，mm。

3. 载体分离器

采用迷宫式载体分离器，其结构如图7-29所示。反射锥顶角（β）宜为45°～90°。反射堆之间的距离（a）一般在2～3cm，反射堆底面宽度（b）宜为a值的2～5倍。两层反射堆之间的距离（h）宜为5～15cm。

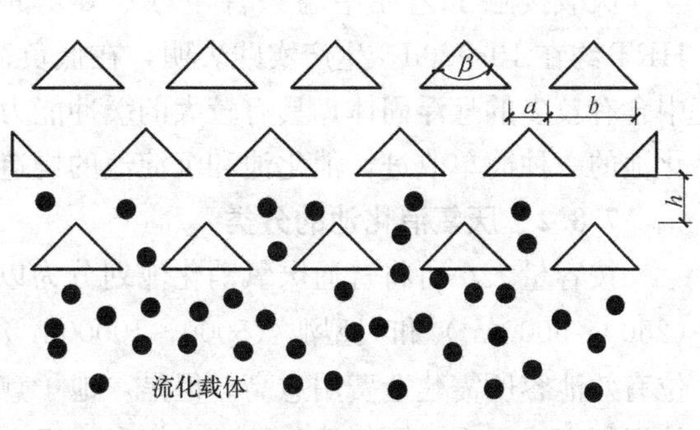

图7-29 迷宫式载体分离器结构示意图

7.8 厌氧消化池

厌氧消化池多应用于处理含有机组分较多的工业企业排水。

7.8.1 工作原理

1. 普通消化池

普通厌氧消化池，借助消化池内的厌氧活性污泥净化有机组分，其工作原理如图7-30所示。原水从池子上部或顶部投入池内，经与池中原有的厌氧活性污泥混合后，通过厌氧微生物的吸附、吸收和生物降解作用，使水中的有机污染物转化为以 CH_4 和 CO_2 为主的气体。泥经沉淀分层后从液面下排出。普通厌氧消化池体积大，负荷低，其根本原因是它的污泥停留时间等于水力停留时间。

2. 厌氧接触工艺

厌氧接触法是在厌氧消化池之外加一个沉淀池来收集污泥，并使污泥回流至消化池。其结果是减少了待处理水在消化池内的停留时间。厌氧接触工艺流程如图 7-31 所示。由消化池排出的混合液首先在沉淀池中进行固、液分离。处理水由沉淀池上部排出，所沉污泥回流至消化池。这样既使污泥不流失而稳定工艺，又可提高消化池内的污泥浓度，从而在一定程度上提高了设备的有机负荷和处理效率，在生产上应用较多。

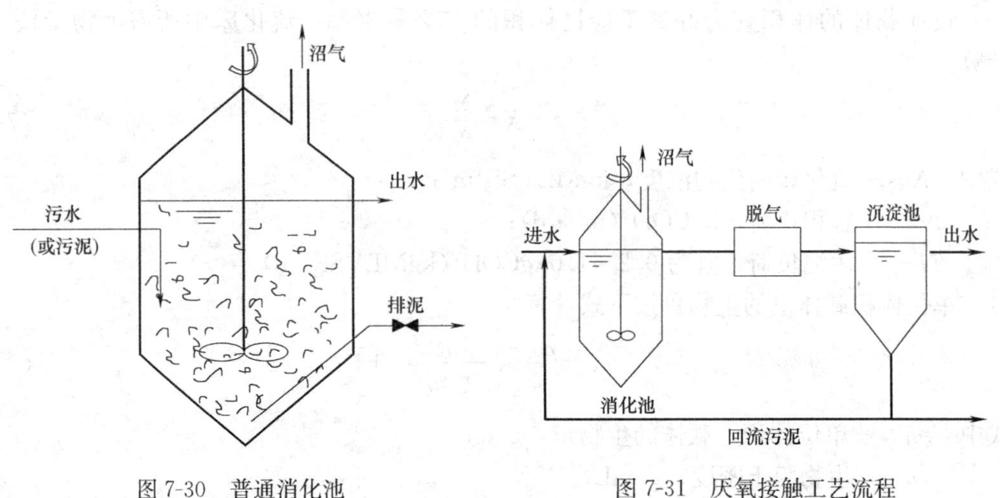

图 7-30 普通消化池　　图 7-31 厌氧接触工艺流程

厌氧接触工艺在中温条件下（25℃）的容积负荷不高于 4～5kg COD/(m^3 · d)，HRT 约在 10～20d。生产实践表明，在低负荷或中负荷条件下，厌氧接触工艺允许来水中含有较多的悬浮固体，具有较大的缓冲能力，操作相对简单。厌氧接触工艺仅是普通消化池的一种简单改进，消化池和沉淀池的构造均为定型设计。

7.8.2 厌氧消化池的分类

按容量大小可将普通厌氧消化池划分为以下三类：小型池（1000～2500m^3）、中型池（2500～5000m^3）和大型池（5000～10000m^3）。一般而言，池容愈小，愈容易建造，但单位有效池容所需建造费用愈高。但是，池子愈大，加热搅拌愈难均匀，容积利用系数小。从运行方式来看，厌氧消化池有一级和二级之分，二级消化池串联在一级消化池之后，即两相厌氧消化工艺。

两相厌氧消化工艺就是把酸化和甲烷化两个阶段分离在两个串联反应器中，使产酸菌和产甲烷菌各自在最佳环境条件下生长，从而提高了它们的活性，因此提高了处理能力。所以，两相厌氧消化工艺的处理效率比传统的厌氧消化工艺的处理效率有明显提高，而且运行更加稳定，但管理也更为复杂。

设计上，一级消化池的水力停留时间多采用 15～20d，二级消化池的水力停留时间可采用一级的一半，即两池的容积比大致控制在 2∶1。两级消化池的液位差以 0.7～1.0m 为宜，以便一级池的污泥能靠重力流向二级池。

7.8.3 厌氧消化池的构造

1. 普通消化池

普通消化池的特点是在一个池内实现厌氧发酵反应和液体与污泥的分离。为了使进水和厌氧污泥密切接触，设有搅拌装置。一般情况下每隔 2～4h 搅拌一次。一般在排放消化液时停止搅拌，然后从消化池上部排出上清液。消化池的结构主要由集气罩、池盖、池体、下锥体、进水管、排水管等部分组成，此外还有加温和搅拌设备。国内建造的厌氧消化池大多数呈圆筒形。池底安装排泥管，池中部或顶部安装加泥管，池顶安装沼气管。加热及搅拌设施根据采用的方法不同而异。液面附近安装溢流管。根据要求在不同部位安装取样管及控制装置。池盖上还应设置人孔，供检修时使用。

普通厌氧消化池应采用水密性、气密性和耐腐蚀的材料建造，通常为钢筋混凝土结构。沼气中的 H_2S 及消化液中的 H_2S、NH_3 和有机酸等均有一定的腐蚀性，故池内壁应涂一层环氧树脂或沥青。为了保温，池外均设有保温层。保温层的做法种类较多，在池周覆土也可以起到保温的作用。此外，消化池必须设置倒虹管式、大气压式或水封式溢流装置及时溢流，以保持沼气室内压力恒定。

倒虹管式溢流见图 7-32（*a*），倒虹管的池内端必须插入泥水混合液面下部，保持淹没状态，池外端插入排水槽也需保持淹没状，当池内液位上升，沼气受压时，污泥或上清液可从倒虹管排出。大气压式溢流见图 7-32（*b*），当池内沼气受压，压力超过 Δh（Δh 为 U 形管内水层厚度）时，即产生溢流。水封式溢流见图 7-32（*c*），水封式溢流装置由溢流管、水封管与下流管组成。溢流管从消化池盖插入设计液位以下，水封管上端与大气相通，下流管的上端水平轴线标高高于设计面。

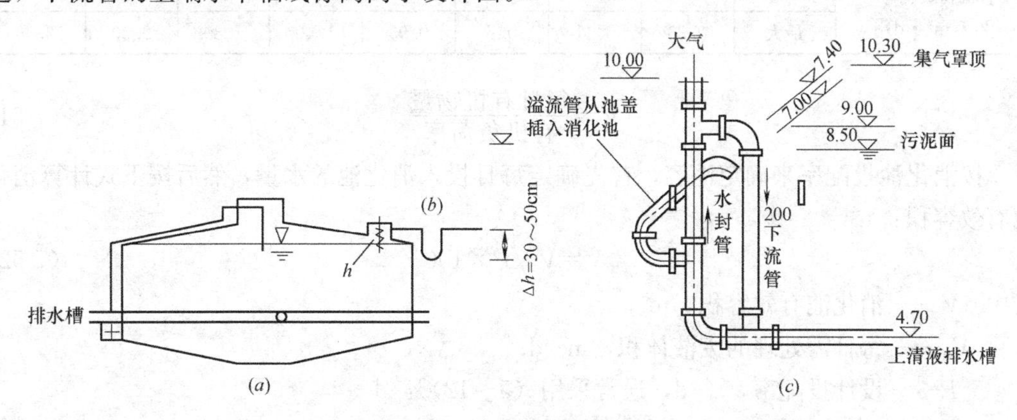

图 7-32　消化池的溢流装置

2. 厌氧接触工艺

与普通厌氧消化法相比，厌氧接触法具有以下特点：

（1）消化池污泥浓度高，一般为5～10gMLVSS/L，耐冲击能力强。

（2）消化池有机容积负荷较高。中温消化时，COD容积负荷一般为1～5 kg/(m³·d)，COD去除率为70%～80%；BOD_5容积负荷为0.5～2.5kg/(m³·d)，BOD_5去除率为80%～90%。不仅缩短了水力停留时间，也使占地面积减少。

（3）增设沉淀池、污泥回流系统和真空脱气设备，流程较复杂。

（4）适合于处理悬浮物浓度、有机物浓度均高的水，进水COD浓度一般不低于3000mg/L，悬浮物浓度可达到50000mg/L。

在厌氧接触工艺的设计中，重要的问题是沉淀池中的固液分离。从消化池排出的混合液含有大量的厌氧活性污泥，污泥的絮体吸附着微小的沼气泡，使得靠重力作用进行固液分离很难取得令人满意的效果，有相当一部分污泥上浮至水面，随水外流。为了提高沉淀池中混合液固液分离的效果，目前采用以下几种方法：

（1）在消化池和沉淀池之间设真空脱气器，脱除混合液中的沼气，脱气器的真空度约为4900Pa。

（2）在沉淀池之前设热交换器，对混合液进行急剧冷却处置，使温度从35℃下降到15℃，这样能够抑制污泥在沉淀过程中继续产气，有利于混合液的固液分离。

（3）向混合液投加混凝剂，如先投加氢氧化钠，再投氯化铁。

（4）用超滤器代替沉淀池，以提高固液分离效果。

7.8.4 厌氧消化池设计计算

1. 普通消化池池体设计

（1）容积负荷和有机负荷

容积负荷为1m³消化池容积每日投入的有机物质量，即kg/(m³·d)，有机负荷指每日投入池内的挥发性固体的质量与消化池内挥发性固体之比，即kg/(m³·d)。表7-14列出了不同消化温度时单位容积消化池的有机负荷。

不同消化温度时消化池的有机负荷　　表7-14

消化温度(℃)		8	10	15	20	27	30	33	37
有机物负荷率[kg/(m³·d)]	最小	0.25	0.33	0.5	0.65	1.00	1.30	1.60	2.50
	最大	0.35	0.47	0.7	0.95	1.40	1.80	2.30	3.50

$$V=\frac{\text{每日有机物量}}{\text{有机负荷率}} \tag{7-51}$$

按消化池投配率来确定池容，首先确定每日投入消化池的水量，然后按下式计算消化池有效容积：

$$V=V_n/P\times100 \tag{7-52}$$

式中　V——消化池有效容积，m³；

V_n——每日需处理的废液体积，m³/d；

P——设计投配率，%/d，通常采用(5～12)%/d。

消化池的数目不宜少于2座，以便检修时至少有一个池子能工作。当只设置2座消化池时，总有效容积应比理论计算值大10%。

(2) 构造尺寸

确定了消化池的单池有效容积后，就可以计算消化池的构造尺寸。圆柱形池体的直径一般在6～35m之间，柱体高与直径之比1∶2，池总高与直径之比约为0.8～1.0。池底坡度一般为0.08。池顶部集气罩高度和直径相同，常采用2.0m。池顶至少应设两个直径为0.7m的人孔。此外，消化池必须附设进水管、循环管、排水管、排泥管、溢流管、沼气管和取样管等工艺管道，以确保系统的正常运行。

2. 厌氧接触工艺设计计算

厌氧接触工艺的设计和普通消化池类似，但应注意以下几点：

(1) 厌氧接触消化池可采用容积负荷或污泥负荷法进行设计计算。其设计负荷及池内的MLVSS可以通过试验确定，也可以选用经验数据。容积负荷一般为2～6kgCOD/(m^3 · d)，污泥负荷不超过0.25kgCOD/(kgVSS · d)，池内的MLVSS一般为6～10g/L。

(2) 最佳的食料比（F/M）为0.3～0.5kgCOD/(kgMLSS · d)，过高或过低都会使污泥的沉降性能恶化。

(3) 污泥的回流比可通过试验确定，一般取2～3。

(4) 厌氧接触工艺中的沉淀分离装置一般采用沉淀池，可参考本书4.2节设计，但混合液在沉淀池内的停留时间要比一般沉淀池长，建议选用4h，表面水力负荷不超过1m^3/（m^2 · h)。

厌氧接触氧化池的池容可采用有机容积负荷率和动力学关系式等方法确定。

(1) 按有机容积负荷率计算

消化池单位容积每日承受的有机物量称为消化池的有机容积负荷率。根据定义，消化池的容积可按下式计算：

$$V=\frac{Q_i \cdot S_0}{U_a} \tag{7-53}$$

式中　V——消化池计算容积m^3；

Q_i——进水流量，m^3/d；

S_0——进水COD(BOD_5）浓度，kgCOD/m^3或kgBOD_5/m^3；

U_a——进水有机容积负荷率，kgCOD/(m^3 · d）或kgBOD_5/(m^3 · d)。

有机容积负荷率是厌氧接触法的主要设计参数，一般应根据试验确定。一些常见的工业排水已经有成功的设计和运行经验数据。表7-15列出了国外厌氧接触法处理某些工业排水的有机容积负荷率和处理效率。一般有机容积负荷率取值范围为2～6kgCOD/(m^3 · d)，最佳食料比F/M为0.3～0.5kgCOD/(kgMLSS · d)，MLVSS值为3～6g/L，混合液SVI值为70～150mL/g。回流比R值为2～4。消化温度不低于20℃为宜。

厌氧接触法处理某些工业排水的有机容积负荷率　　表7-15

废水性质	消化温度(℃)	有机容积负荷率[kgCOD/(m^3·d)]	水力停留时间(d)	COD去除率(%)
工业淀粉废水	23	1.8	3.3	88
乳品加工混合废水	中温	2.5	1.9	83
果汁、果胶生产废水	中温	1.13	0.85	83
麦芽威士忌废水	中温	1.03	32.7	84

续表

废水性质	消化温度(℃)	有机容积负荷率[kgCOD/(m^3·d)]	水力停留时间(d)	COD去除率(%)
糖果生产	中温	2.2	4.62	95
煮棉废水	中温	1.2	1.3	67
啤酒废水	中温	2.0	2.3	96
肉类加工废水	中温	3.2	0.5	95
刮浆和造纸混合废水	中温	5.0	3.0	48.7
淀粉加工废水	中温	1.0	3.8	80
葡萄酒废液	中温	11.7	2.0	85
酵母废液	中温	6.0	2.0	65
糖蜜废液	中温	8.8	8	69

(2) 按动力学关系式计算

令 θ_c 为固体停留时间，则：

$$\theta_c = X \cdot V / \Delta X \tag{7-54}$$

式中 $X \cdot V$——消化池中的挥发性固体，kgMLVSS；

ΔX——每日消化池中挥发性固体增量，kgMLVSS/d。

在设计厌氧接触法时，实际采用的 θ_c 也可以参考 McCayty 推荐的最小固体停留时间值 $\theta_{c,min}$，然后再乘以安全系数来选取，最小固体停留时间见表 7-16。依据固体停留时间、每日排泥量以及厌氧活性污泥浓度由式（7-54）可得消化池有效容积。

推荐最小固体停留时间 **表 7-16**

消化温度(℃)	最小停留时间 $\theta_{c,min}$(d)	消化温度(℃)	最小停留时间 $\theta_{c,min}$(d)
18	11	35	4
24	8	40	4
30	6		

脱气后的厌氧污泥的沉淀性能有很大改善。当采用传统沉淀池时，表面水力负荷一般可采用 0.5～1.0m^3/(m^2·h)，固体通量一般在 2～4kgSS/(m^2·h) 之间。

7.9 升流式厌氧污泥床反应器

7.9.1 简介

升流式厌氧污泥床（Up-flow Anaerobic Sludge Blanket，UASB）是荷兰学者在 20 世纪 70 年代初开发的。UASB 反应器不设任何搅拌装置，简化了工艺，具有较高的污染物去除效率。与其他厌氧反应器相比，UASB 能培养出一种具有良好沉降性能和高产甲烷活性的厌氧颗粒污泥，并在底部形成污泥床，主要工艺特点如下：

(1) 反应器的有机负荷高于前几代厌氧反应器。

(2) 污泥颗粒化后使反应器抗冲击负荷能力大大提高。

(3) 在一定的水力负荷条件下，反应器可以靠产生的气体进行搅拌混合，不需要另设任何搅拌装置，使污泥和基质充分混合接触。

（4）反应器上部设置的三相分离器有效地将气、固、液三相进行分离，不需要再增加其他沉淀、脱气等辅助装置，简化了工艺，节省了运行费用。

（5）不需要设置填料和载体，提高了反应器的容积利用率。

7.9.2 UASB 反应器原理及构造

UASB反应器的构造如图7-33所示。原水从反应器底部流入由颗粒污泥组成的污泥床，并与污泥中的微生物接触，发生酸化和产甲烷反应；产生的气体一部分附着在污泥颗粒上，自由气体和附着在颗粒污泥上的气体连同污泥和水一起上升至三相分离区。沼气碰到分离器下部的反射板时，折向反射板四周，穿过水层进入气室。固-液混合液经过反射板后进入沉淀区，污泥在重力作用下沉降，发生固-液分离。分离后的水由水渠排出，沉淀下来的厌氧污泥靠重力自动返回到反应区，气室收集的沼气由沼气管排出反应器。

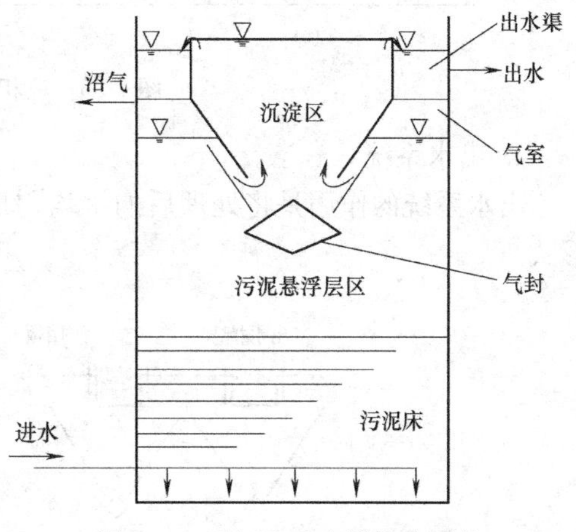

图7-33 UASB反应器构造原理

UASB反应器主要由下列几部分组成。

1. 进水分配系统

配水系统设在反应器的底部，其功能是把系统进水均匀地分配到整个反应器，使有机物能在反应区内均匀分布，有利于污染物与微生物的充分接触，有利于提高反应器容积的利用率。同时，进水分配系统还具有搅拌功能。

2. 反应区

反应区是整个反应器的核心部分，包括污泥床和污泥悬浮层。反应区是培养和富集厌氧微生物的区域，待处理水在这里与厌氧微生物充分接触，产生强烈的生化反应，使有机物被厌氧菌分解。污泥床位于整个UASB反应器的底部，污泥床具有很高的污泥生物量，其浓度一般为40000～80000mg/L，甚至可达150000mg/L。

3. 三相分离器

三相分离器的功能是把沼气、微生物和液体分开，由沉淀区、气室和气封组成。气体先被分离后进入气室，然后混合液在沉淀区进行分离，下沉的固体靠重力由回流缝返回反应区。三相分离器的分离效果直接影响反应器的处理效果，其详细构造和布置见图7-34和图7-35。

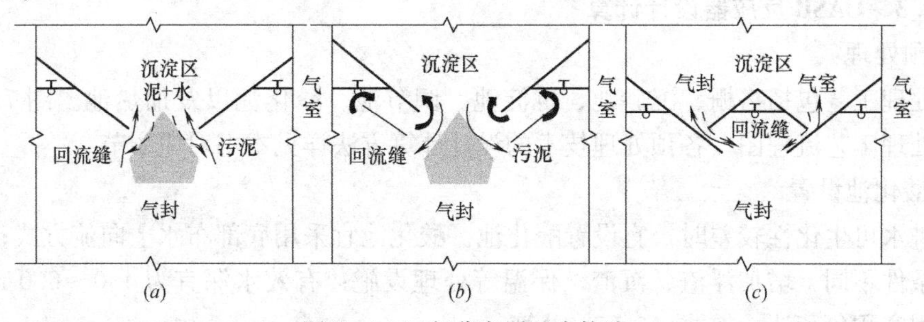

图7-34 三相分离器基本构造

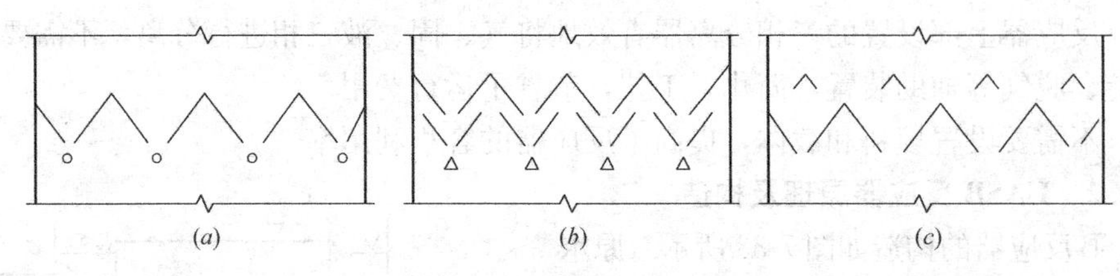

图 7-35 三相分离器的布置形式

4. 出水系统

出水系统的作用是将处理后的水均匀地收集起来排出反应器，图 7-36 为出水渠布置形式。

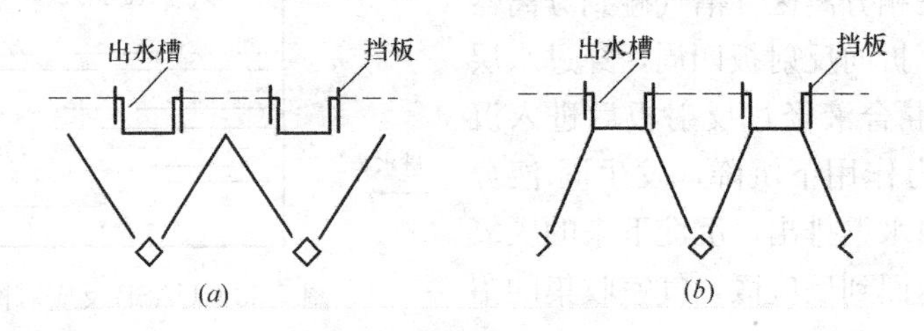

图 7-36 出水渠的布置形式

5. 排泥系统及沼气收集系统

排泥系统的作用是定期均匀地排放反应区内的剩余厌氧污泥。根据不同的来水性质，反应器的构造有所不同，主要可分为开放式和封闭式两种。开放式的特点是反应器的顶部不密封，故不收集沉淀区释放的沼气，这种反应器主要是用于处理中低浓度的有机污水。中低浓度的污水经反应区处理后，出水中的有机物浓度已较低，在沉淀区产生的沼气量较少，一般不需回收。这种形式的反应器构造比较简单，易于施工安装和维修。

封闭式的特点是反应器的顶部是密封的。三相分离器的构造与开放式不同，不需要专门的集气室，而是在液面与池面之间形成一个大的集气室，可以同时收集反应区和沉淀区的沼气。这种形式的反应器适用于处理高浓度有机污水或含硫酸盐较高的有机污水。因为处理高浓度有机污水时，在沉淀区仍有较多的沼气逸出，必须进行回收。

UASB 反应器的水平截面一般采用圆形或矩形，反应器的材料常采用钢结构或钢筋混凝土结构。通常，当采用钢结构时，为圆柱形池；当采用钢筋混凝土结构时，为矩形池。由于三相分离器的构造要求，采用矩形池便于设计、施工和安装。UASB 反应器通常采用地面式，可在常温下运行，降低运行费用，但反应器一般需要采取保温措施。

7.9.3 UASB 反应器设计计算

1. 预处理

预处理工艺包括格栅、沉砂池、沉淀池、调节池、酸化池以及加热池。图 7-37 为一般的预处理工艺流程图。各预处理技术的设计计算方法详见本书对应章节。

2. 酸化池设置

当进水可生化性较差时，宜设置酸化池。酸化池宜采用底部布水上向流方式；根据地区气候条件不同，增加浮渣、沉渣、保温等处理设施；有效水深宜为 4.0～6.0 m；其容积宜采用容积负荷法，按式（7-55）计算：

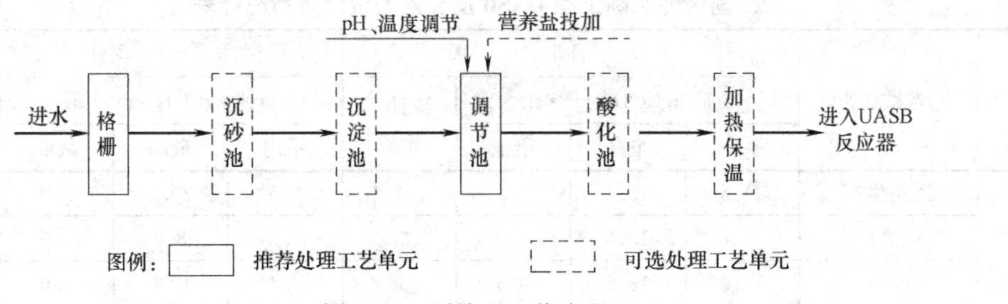

图 7-37 预处理工艺流程

$$V_s = \frac{QS_a}{1000N_s} \tag{7-55}$$

式中 V_s——酸化池容积，m^3；

Q——设计流量，m^3/d；

N_s——酸化负荷，kgCOD/(m^3·d)，宜取 10～20kgCOD/(m^3·d)；

S_a——酸化池进水有机物浓度，mgCOD/L。

3. 反应器保温措施

反应器宜采用保温措施，使反应器内的温度保持在适宜范围内。如不能满足温度要求，应设置加热装置，具体要求如下：

(1) 加热方式可采用池外加热和池内加热两种方式，池内加热宜采用热水循环加热方式。

(2) 热交换器选型应根据原水特性、来水水温和热交换器出口水温确定。

(3) 热交换器换热面积应根据热平衡计算，计算结果应留有 10%～20%的余量。加热装置的需热量按式（7-56）计算：

$$Q_t = Q_h + Q_d \tag{7-56}$$

式中 Q_t——总需热量，kJ/h；

Q_h——加热原水到设计温度需要的热量，kJ/h；

Q_d——保持反应器温度需要的热量，kJ/h。

4. UASB 反应器池体设计

UASB 反应器容积宜采用容积负荷法，按式（7-57）计算：

$$V = \frac{Q \times S_0}{1000 \times N_v} \tag{7-57}$$

式中 V——反应器有效容积，m^3；

Q——UASB 反应器设计流量，m^3/d；

N_v——容积负荷，kgCOD/(m^3·d)；

S_0——UASB 反应器进水有机物浓度，mgCOD/L。

反应器的容积负荷应通过试验或参照类似工程确定，在缺少相关资料时可参考表7-17确定。处理中，高浓度复杂来水的 UASB 反应器设计负荷可参考表 7-18。

UASB 反应器工艺设计宜设置两个系列，最大体积应小于 3000m^3，有效水深在 5～8m 之间，上升流速宜小于 0.8m/h。依据上述参数可确定反应器的高度和断面面积。

5. 沼气产量计算

UASB 反应器的沼气产率为 0.45～0.50Nm^3/kgCOD，沼气产量按式（7-58）计算。

国内外实际工程 UASB 反应器的设计负荷统计表　　表 7-17

序号	废水类型	国外				国外			
		负荷 kgCOD/(m³·d)			统计厂家数	负荷 kgCOD/(m³·d)			统计厂家数
		平均	最高	最低		平均	最高	最低	
1	酒精生产	11.6	15.7	7.1	7	6.5	20.0	2.0	15
2	啤酒厂	9.8	18.8	5.6	80	5.3	8.0	5.0	10
3	造酒厂	13.9	18.5	9.9	36	6.4	10.0	4.0	8
4	葡萄酒厂	10.2	12.0	8.0	4				
5	乳品、奶品	9.4	15.0	4.8	9				
6	清凉饮料	6.8	12.0	1.8	8	5.0	5.0	5.0	12
7	小麦淀粉	8.6	10.7	6.6	6	6.5	7.0	6.0	2
8	淀粉	9.2	11.4	66.4	6	5.4	8.0	2.7	2
9	土豆加工等	9.5	16.8	4.0	24	6.8	10.0	6.0	5
10	酵母业	9.8	12.4	6.0	16	6.0	6.0	6.0	5
11	柠檬酸生产	8.4	14.3	1.0	3	14.8	20.0	6.5	3
12	马来酸生产	17.8	17.8	17.8	1				
13	味精					3.2	4.0	2.3	2
14	麦芽制造厂	6.5	6.5	6.5	1				
15	面包业	8.7	9.9	6.8	3				
16	油炸薯条	10.5	10.5	10.5	1				
17	巧克力	9.2	10.0	8.4	2				
18	糖果业	7.7	11.0	4.8	3				
19	制糖	15.2	22.5	8.2	12				
20	果品加工等	10.2	15.7	3.7	13				
21	食品加工	9.1	13.3	0.8	10	3.5	4.0	3.0	2
22	蔬菜加工	12.1	20.0	9.2	4				
23	大豆加工	11.7	15.4	9.4	4	6.7	8.0	5.0	3
24	咖啡加工	7.4	9.1	5.7	2				
25	鱼类加工	9.9	10.8	9.0	2				
26	再生纸,纸浆	12.3	20.0	7.9	15				
27	造纸	12.7	38.9	6.0	39				
28	制药厂	10.9	33.2	6.3	11	5.0	8.0	0.8	5
29	烟厂	6.7	7.4	6.0	2				
30	家畜饲料场	10.5	10.5	10.5	1				
31	屠宰场	6.2	6.2	6.2	1	3.1	4.0	2.3	4
32	垃圾渗滤	9.9	12.0	7.9	7				
33	热解污泥上清液	15.0	15.1	15.0	2				
34	城市污水	2.5	3.0	2.0	2				
35	其他	8.8	15.2	5.6	7	6.5	6.5	6.5	1

注：本表引自《升流式厌氧污泥床反应器污水处理工程技术规范》HJ 2013—2012。

不同条件下絮状和颗粒污泥 UASB 反应器采用的容积负荷　　表 7-18

废水 COD 浓度(mg/L)	在 35℃采用的负荷[kgCOD/(m^3 · d)]	
	颗粒污泥	絮状污泥
2000～6000	4～6	3～5
6000～9000	5～8	4～6
>9000	6～10	5～8

注：高温厌氧情况下反应器宜在本标准的基础上适当提高。

$$Q_a=\frac{Q(S_0-S_e)\times\eta}{1000} \tag{7-58}$$

式中 Q_a——沼气产量，Nm^3/kgCOD；

Q——设计流量，m^3/d；

η——沼气产率，m^3/kgCOD；

S_0——进水有机物浓度，mgCOD/L；

S_e——出水有机物浓度，mgCOD/L。

【例 7-3】 某啤酒厂废水水质情况如下：废水流量 $Q=3000m^3/d$；进水水质：COD=2500mg/L，$BOD_5=1600mg/L$，SS=500mg/L，TN=35mg/L，TP=10mg/L，pH=5.8～13.5。处理出水水质的目标达到 GB 8978—1996 一级标准，即 COD≤100mg/L，BOD_5≤30mg/L，SS≤70mg/L，TN≤15mg/L，TP≤0.5mg/L，pH=6～9。拟采用矩形 UASB 反应池进行处理，其容积负荷 $N_v=4.0$ kgCOD/(m^3 · d)，COD 去除率为 80%，反应池长宽比为 2∶1，有效高度 $h=6m$，装液量为 85.7%，超高 0.5m。试计算 UASB 反应器尺寸、水力停留时间 θ 和水力负荷率 V_T。

【解】（1）UASB 反应器的有效容积：

$$V_{有效}=\frac{Q\ (C_o-C_e)}{1000N_v}=1500m^3$$

（2）UASB 反应器尺寸：

横截面积 $S=\frac{V_{有效}}{h}=\frac{1500}{6}=250m^2$

取 $B=12m$，$L=21m$

反应器总高 $H=6/0.857+0.5=7.5m$

反应器的总容积 $V=BLH=1890m^3$，有效容积为 $1500m^3$，则体积有效系数为 79.0%。符合有机负荷要求。

（3）水力停留时间 θ 和水力负荷率 V_T：

$$\theta=\left(\frac{1500}{3000}\right)\times 24=12h$$

$$V_T=\frac{Q}{S}=\frac{125}{250}=0.5m^3/(m^2\cdot h)$$

对于颗粒污泥，水力负荷 $V_T=0.1\sim0.9\ m^3/(m^2\cdot d)$，符合要求。

7.10 厌氧膨胀颗粒污泥床工艺

7.10.1 工艺原理

厌氧膨胀颗粒污泥床（Expanded Granular Sludge Blanket Reactor，EGSB）反应器

由布水器、反应区和三相分离器组成。待处理水由反应器底部的布水器均匀进入反应区。在水流均匀向上流动的过程中，水中的有机物与反应区内的厌氧污泥充分接触，被厌氧菌所分解利用。通过一系列复杂的生化反应，高分子有机物转化为小分子的挥发性有机酸和甲烷。最后经过特殊设计的三相分离器，进行气、固、液分离后，沼气由气室收集，污泥由沉淀区沉淀后自行返回反应区，沉淀后的处理水以溢流的方式从反应器上部流出。EGSB反应器能够保持很高的生物量，且在短时间内可形成颗粒污泥。由于颗粒污泥的沉降性好，加上三相分离器有效截留作用，即使在较高的水力上升流速和气体上升流速下，颗粒污泥也不会随着出水而流失，使得反应器具有良好的沉降性能和产甲烷性能。此外，较高的上升流速，使得反应器的水力停留时间大大缩短，反应器容积较小。

总体来看，EGSB反应器具有以下优点：

（1）应用范围更为广泛。好氧生物处理适合于COD≤2000mg/L的有机排水。UASB反应器一般适用于COD=3000～10000mg/L的有机排水。而EGSB反应器不但可以处理中、高浓度的有机排水（COD高达30000～40000mg/L），而且可处理COD在几百的低浓度的有机排水，以及好氧生物难以降解的有机物，如固体有机物、着色剂蒽醌和某些偶氮染料等，并且对于硫酸根、氨氮等有毒物质的抗力强于其他的厌氧反应器。EGSB反应器的颗粒污泥可以长期贮存，因此反应器可以季节性或间歇式运转。

（2）有机负荷高，占地面积小。一般在实际工程中，好氧生物处理的有机负荷为1～3kgCOD/(m^3·d)，UASB反应器的有机负荷为15 kgCOD/(m^3·d）左右，EGSB的有机负荷可达到20 kgCOD/(m^3·d）左右。由于有机负荷高，所以反应器的容积小，而且EGSB反应器可达到15m高度，因此，大大减少了反应器的占地面积，一般仅为UASB反应器占地面积的1/5～1/2。

（3）污泥产量少，且其浓缩脱水性能好。好氧生物处理每去除1kg COD将产生0.25～0.6kg生物量，而厌氧法去除1kg COD只产生0.02～0.18kg生物量，其剩余污泥量只有好氧法的5%～20%，而且EGSB反应器运行一段时间后，会形成密度大的颗粒污泥，所以剩余污泥的脱水性良好，加上厌氧处理过程具有一定的杀菌作用，可以杀死废水和污泥中的寄生虫卵、病毒等，在卫生学和化学上都是非常稳定的。因此，剩余污泥处理和处置简单、运行费用低，甚至可作为肥料、饲料、饵料或其他厌氧反应器的接种污泥利用。

（4）能耗低，可回收能源。好氧法需要消耗大量能量供氧，曝气费用随着有机物浓度的增大而增大；而厌氧法不需要充氧，一般其动力消耗约为活性污泥法的1/10，而且产生的沼气可以作为能源回收。当原水中的有机物含量达到一定数值后，沼气能量可以抵偿厌氧运行中消耗的能量。原水中有机物含量越高，剩余能量也越多。

（5）对氮、磷营养需要量较少。好氧生物处理法一般要求BOD_5：N：P=100：5：1，而厌氧生物处理法的BOD_5：N：P=100：2.5：0.5。

7.10.2 EGSB反应器构造特征

EGSB反应器的基本构造特点是具有较大的高径比，一般可达3～5，现场建设高度可达15～20m。其顶部可以是敞开的，也可以封闭。封闭的优点是可防止臭味外溢，如在一定压力下工作，甚至可替代气柜作用。EGSB反应器一般做成圆形，见图7-38。为实现颗粒污泥的膨胀，EGSB反应器必须提高升流速度。一般要求达到表面速度为5～10m/h。要达到这样高的升流速度，必须将部分出水回流。虽然EGSB反应器的表面流速很大，但颗粒污泥的沉降速度也很大，需要有专门设计的三相分离器，以保证颗粒污泥不流失。因此，三相分离器往往是不同厂家EGSB反应器性能优劣的核心技术。

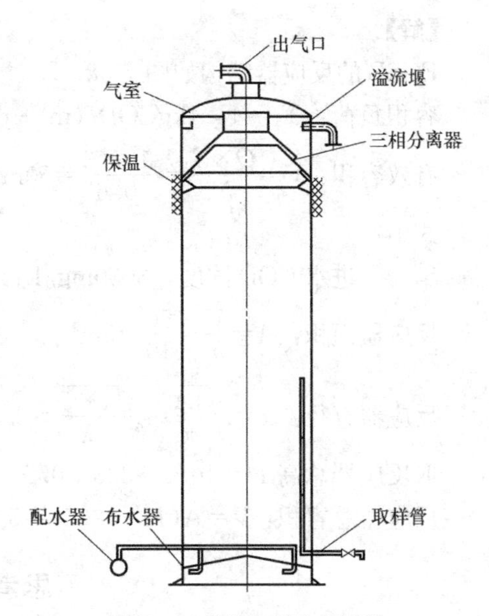

图7-38 EGSB反应器结构

7.10.3 EGSB反应器设计计算

EGSB反应器容积宜采用容积负荷法计算：

$$V=\frac{Q\times S_0}{N_v} \tag{7-59}$$

式中 V——反应器有效容积，m^3；

Q——EGSB反应器设计流量，m^3/d；

N_v——容积负荷，一般在实际工程中取10～20kgCOD/(m^3·d)；

S_0——进水有机物浓度，kgCOD/m^3。

反应器有效高度H'，高径比一般可达3～5，生产性装置反应器的高度可达15～20m。

则，反应器面积：$A=\frac{V}{h}$

反应器的直径：$d=\sqrt{\frac{4A}{\pi}}$

反应器总容积：$V'=A(H'+0.5)$

上升流速：$v=\frac{Q'}{A}$，EGSB反应器内的上升流速宜在3～7m/h之间。

【例7-4】 某精细化工有限公司有磺化和WSSP两个洗涤剂生产车间，排出的废水称为磺化废水和WSSP废水（下同），两种废水均为有机废水，如不加以处理将严重地危害周围的环境。两个车间排放的废水情况见表7-19和表7-20。拟采用EGSB工艺进行上述两种废水的净化处理，设1个EGSB反应器，其结构为圆形，循环泵控制上升水流速度4～6m/h，部分出水回到水解反应器，部分流入好氧反应器，反应过程采用间歇运行方式。设计进水流量$Q=10m^3/h$，停留时间$\theta=5h$，反应器有效高度$H'=10m$，体积有效系数为83.33%，超高取0.5m。试确定反应器尺寸。

废水水量　　表7-19

项目	排放源	排水量(t/d)
工艺废水	WSSP废水	25
	磺化废水	25
合计		50

废水特征　　表7-20

污染源	主要污染物	COD(mg/L)	生化性
磺化废水	AEO_3/AEO_2，脂肪醇聚氧乙烯醚C_{12}～C_{14}，AES，脂肪醇聚氧乙烯硫酸钠/铵，C_{10}～C16醇，C_{10}～C_{16}醇硫酸钠/铵，烷基苯	3000～5000	一般
WSSP废水	烷基苯磺酸钠/钙，醇醚AEO_7，AEO_9，脂肪酸，硅油(甲基硅油)，椰子油，6501	3000～5000	较好

【解】

EGSB的反应器结构如图7-38。

容积负荷：$N_v=14.4kgCOD/(m^3 \cdot d)=0.6kgCOD/(m^3 \cdot h)$

有效容积：$V=\frac{Q\times S_0}{N_v}=\frac{10\times 3}{0.6}=50m^3$

式中：

S_0——进水COD浓度，3000mg/L；

反应器面积：$A=\frac{V}{h}=\frac{50}{10}=5m^2$

反应器直径：$d=\sqrt{\frac{4A}{\pi}}=\sqrt{\frac{4\times 5}{\pi}}=2.52m$

取反应器总高 $H=10/0.8333+0.5=12.5m$

反应器总容积：$V=A(H'-0.5)=5\times 12=60m^3$

思考题与习题

1. 何谓SBR法？简述经典SBR法的工序及特征。

2. 简述CASS工艺系统反应器的组成、作用及该工艺的优缺点。

3. 已知废水流量为3800m^3/d，水中不存在抑制生物生长物质，用一个介质比表面积为144、深为6m的生物滤池，将NH_4^+-N的浓度从100mg/L降低到20mg/L，不要有滞留。

(1) 计算所需滤池的容积；

(2) 计算滤池的水力负荷；

(3) 计算滤池的碱度负荷。

4. 某轧钢厂冷轧车间含油废水水质：COD=450mg/L，SS=72mg/L，含油60mg/L，进水总量Q=1440m^3/d，pH经调整后为7.5，采用曝气生物滤池进行处理，使得出水COD≤100mg/L，SS≤70mg/L，含油量≤5mg/L。试计算曝气生物滤池的尺寸。

5. 某印染厂废水量为1500m^3/d，废水平均BOD_5为170mg/L，COD为600mg/L，采用生物接触氧化池处理，要求出水BOD_5小于20mg/L，COD小于250mg/L，试计算生物接触氧化池的尺寸。

6. 与活性污泥法相比，MBR工艺有哪些优缺点？

7. 什么是膜污染，其主要影响因素有哪些？

8. 简述生物流化床中的生物膜构造及其进行生化反应时物质的传递过程。

9. 厌氧接触工艺的工作原理是什么，如何提高其处理效果？

10. 在一升流式厌氧附着生长反应器中于35℃下处理某啤酒厂废水，废水的流量为1000m^3/d，COD（主要是可溶的）为4000m^3/d，反应器中装设有塑料填料模块，处理目标为去除90%的COD。假设厌氧附着生长反应器的SRT为30d。试确定：

(1) 反应器的容积（m^3）和尺寸。

(2) 甲烷气产率（m^3/d）。

(3) 出水的TSS浓度（mg/L）。

11. 简述EGSB反应器的工作原理及其特点。

第 8 章　工业水处理工程实践

8.1　工业水处理方案设计

工业水处理的方案设计可以分为设计资料收集、确定设计原则及程序、选择处理工艺和设计计算等环节。

8.1.1　设计资料收集

确定设计方案前需明确企业的用水量或排水量、待处理水的污染特征以及水质净化的目标。对于工业排水的处理还需确定污水的来源、污染类型、生产周期、生产周期内的排水流量、生产为批量操作时的定期排放流量、发生事故排水或跑冒滴漏的概率和严重程度，以及是否含有第Ⅰ类污染物等。对于现有企业可采用的调查方法有：资料分析法和实测法。对新建企业可采用类比调查法和同类生产企业实测法，无类似可参考资料时，主要以物料衡算法为主开展水质预测。水质调研的主要指标，见表 8-1。

水质调研主要指标　　表 8-1

生物指标	所含病原菌；对水生生物、哺乳动物和植物等的毒性
化学指标	有机物综合指标（BOD_5、COD、TOC）；重金属（As、Ba、Cd、Cr、CN、Hg、Pb、Se、Ag）；有害有机物，如农药、聚氯联苯和多环芳烃；总溶解性固体含量；pH、酸度、碱度；氮和磷；油、脂；氧化剂或还原剂；表面活性剂；需氧量等
物理指标	温度范围及分布情况；不溶组分（胶体、可沉物、漂浮物）；色度；气味；腐蚀性、放射性、发泡性

8.1.2　设计原则及程序

1. 工业水处理需遵循的基本原则

（1）鼓励和组织相邻企业间的协作，贯彻循环经济和科学发展观，充分发掘可利用资源，减少污染物排放。

（2）对排入城镇排水管道的企业排水，应做好厂内预处理。对于第Ⅰ类污染物应在车间排出口处进行处理，并达到相应的排放要求。

（3）工业企业应实行清污分流、一水多用和重复利用，节约用水和减少排污。

（4）工艺和设备的选择应以排放标准为依据，选择先进可靠、效率高、能耗低、操作维修简单方便及自动化程度高的工艺设备。

（5）水处理工艺应考虑污泥处理和废气排放等问题，防止污染物的转移。

（6）水处理站的设计应根据要求设置自动采样和在线检测系统，实时监测水质、水量和运行参数的变化。

（7）合理布置处理设施，充分利用地形，减少动力提升。

（8）优先选用无毒工艺代替落后工艺，尽可能在生产过程中减少水资源的使用量，减少或杜绝有毒、有害废水的产生。

(9) 在使用有毒原料及产生有毒中间产物和产品的过程中，应严格操作、监督，消除滴漏，减少流失，并采用合理的处理工艺流程和设备。

(10) 含有重金属、放射性、高浓度酚或氰的企业排水应与其他排水分流，以便处理和回收有用物质。

(11) 流量较大而污染较轻的企业排水，应经适当处理循环使用，不宜直接排入市政管网，以免增加城市污水处理负荷。

(12) 含有难以生物降解的有毒废水，应单独处理并达到相应排放标准后排放。

2. 水处理工艺设计需遵循的原则

(1) 基础数据可靠。认真研究各项基础资料和数据，全面分析各项影响因素，充分掌握水质、水量的变化特点，合理选择设计参数，为工程设计提供依据。

(2) 工艺先进实用。选择技术先进、占地小、运行稳定、投资和处理成本合理的水处理工艺和设备。

(3) 总体布置考虑周全。根据处理工艺流程和各建筑物、构筑物的功能要求，结合处理站附近的地形、地质和气候条件，全面考虑施工、运行和维护的要求，协调好平面布置、高程布置及管线布置间的相互关系。

(4) 避免二次污染。水处理站作为环境保护工程，应避免或尽量减少对周边环境的负面影响，如气味、噪声、固体废物污染等；妥善处置水处理过程中产生的栅渣、沉砂、污泥和臭气等，避免对环境的二次污染。

(5) 运行管理方便。水处理过程中的自动控制，力求安全可靠、经济实用，以利于提高管理水平，降低劳动强度和运行管理费用。

3. 设计程序

企业水处理站的设计程序一般可分为设计前期工作、初步设计和施工图设计三个阶段。

(1) 前期工作

前期工作的主要任务是编制《项目建议书》和《可行性研究报告》等。编制项目建议书的目的是为企业的投资决策提供依据。工程可行性研究报告则应根据批准的项目建议书和建设单位提出的任务委托书进行编制。其主要任务是根据建设项目的工程目的和基础资料，对项目的技术可行性、经济合理性和实施可行性等进行综合分析、比较和评价，提出工程的推荐方案，保证拟建项目技术先进、可行并且经济合理，具有良好的社会效益与经济效益。

(2) 初步设计

初步设计应根据批准的可行性研究报告进行编制。明确工程规模、设计原则和标准，深化设计方案，进行工程概算，确定主要工程数量和主要材料设备数量，提出设计中需进一步研究解决的问题、注意事项和有关建议。初步设计文件由设计说明书、工程数量、主要设备和材料数量、工程概算、设计图纸等组成。应满足审批、施工图设计、主要设备订货、控制工程投资和施工准备等的要求。

(3) 施工图设计

施工图设计应根据已批准的初步设计进行。主要任务是提供能满足施工、安装和加工等要求的设计图纸、设计说明书和施工图预算。施工图设计文件应满足招标、施工、安装、设备订货、非标设备加工和工程验收等要求。施工图设计的任务是将水处理站各构筑物的平面位置和高程布置精确地表示在图纸上。将各处理构筑物的各个节点的构造、尺寸都用图纸表示出来，每张图纸应按一定的比例，用标准图纸精确绘制，使施工人员能够按照图纸准确施工。

8.1.3 选择处理工艺

处理工艺是各单元处理技术的优化组合。现代水处理技术，习惯上按作用原理，可分为物理法、化学法、物理化学法和生物法四大类，已分别在本书的第三至七章进行了系统介绍。处理工艺流程的确定主要取决于待处理水的性质、处理程度、工程规模、厂区自然地理条件和工程投资等因素。

依据待处理水的水质特点以及处理目标，可以确定出处理程度。企业用水和排水的水质要求详见本书第二章 2.3 节。与工业用水的原水水质相比，其排水的污染类型和水质存在较大差异，见表 8-2。以电子工业排水为例，水中的污染组分主要为氟化物和重金属元素，基本不含有机物；食品行业排水则主要为易生物降解的有机组分；纺织、染整工业排水虽然有机组分含量也较高，但其生物降解性却非常差。此外，除水温和含盐量外，冷却水的受污染程度普遍较轻。因此，待处理水的污染特征对处理工艺的选择有着重要影响。

工业排水主要污染物及水质特点 **表 8-2**

工业部门	工业种类	主要污染物	水质特点
电力工业	火力发电、核电站	热污染、SS、酸、碱、放射性	悬浮物高、热污染、放射性
冶金工业	采矿、选矿、烧结、冶炼、电解、精炼、淬火	酚、氰、硫化物、氟、多环芳烃、焦油、酸、碱、重金属、放射性等	水量大、水质复杂、COD高、氨氮高
化工工业	化肥、化纤、橡胶、染料、塑料、农药、油漆、涂料、医药	酸、碱、盐、氰、酚、苯、醇、醛、酮、氯仿、氯苯、氯乙烯、农药、洗涤剂、硝基化合物、氨基化合物、重金属等	水量大、水质复杂、毒性大、难降解
石油化工	化肥、蒸馏、裂解、催化、合成	石油类、氰、酚、硫、吡啶、芳烃、酮类	水量大、水质复杂、毒性大
纺织、染整工业	棉毛加工、纺织印染	染料、悬浮物、硫化物、浆料、羊毛脂	COD高、色度高、有机物难降解
制革工业	脱毛、鞣制、加工	酸、碱、盐、油脂、硫化物、铬	含盐量高、SS高、COD高
食品工业	屠宰、肉类加工、油品加工、乳品、罐头、饮料	有机物、油脂、SS	BOD_5高、COD高
造纸工业	制浆、造纸	碱、木质素、悬浮物、硫化物、有机物、BOD_5、AOX	有机物难降解
机械制造工业	铸、锻、机械加工、热处理、电镀、喷漆、造船	酸、氰化物、石油类、苯、碱、重金属（Cr、Cd、Ni、Cu、Pb、Zn）	含油废水、酸碱废水、电镀废水
石油天然气开发	海洋、陆地石油、天然气开发	石油类、悬浮物、硫化物、有机物	含盐、含油、难降解有机废水
酿造工业	味精、酒精、白酒	悬浮物、有机物	高浓度有机废水

续表

工业部门	工业种类	主要污染物	水质特点
电子工业	电子元器件、电信器材、仪器仪表	酸、氟化物、重金属(Cr、Cd、Ni、Cu、Hg等)	含氟废水、重金属废水
建材工业	玻璃、耐火材料、化学建材、窑业、石棉	悬浮物、石油类、酚	高悬浮物废水
航天工业	火箭发射	二甲肼、偏二甲肼	特种废水
兵器工业	火炸药、装药	硝基化合物、汞	特种废水
医疗机构	医疗、病房、检验	致病菌、BOD_5、SS、放射性	医疗污水、生物性污染废水

除待处理水的水质状况外，处理工艺的确定还需要考虑各单元技术自身的特点。如电渗析、离子交换和吸附都具有去除水中重金属污染物的功能，但只有电渗析和离子交换适合回收重金属，吸附工艺主要用于去除污染程度相对较低的含重金属水。同样的，混凝、吸附和反渗透均可去除水中的氟化物，然而，混凝过程主要利用混凝剂对氟离子的吸附作用，净化能力相对有限；吸附工艺虽然去除效率较高，但仅适用于氟化物含量较低的水；反渗透工艺在理论上可以实现氟化物的全部去除，然而其建设和运行成本均较高。表8-3中列出了工业水主要单元处理技术的作用、原理和应用范围。

主要工业水单元技术 **表8-3**

序号	单元技术或设备	主要作用	原理	应用范围
1	格栅	去除粗大物质	筛除作用	各种废水预处理
2	筛网	去除较小颗粒物	筛除作用	各种废水预处理
3	微滤机	去除细微颗粒物	筛除作用	除藻、SS
4	沉砂池	去除颗粒物	重力沉降	预处理
5	调节、均合池	调节水质水量	调节均合作用	预处理
6	隔油池	去除浮油	重力分离	含油废水
7	沉淀池	固液分离，去除SS	重力分离	去除悬浮固体
8	气浮池(浮选)	固液分离，去除SS	气体上浮，重力分离	去除悬浮固体
9	絮凝	胶体脱稳、破乳、凝聚	脱稳，架桥	去除胶体和悬浮物
10	旋流分离器	固液分离，去除SS	离心分离	预处理，去除较重颗粒
11	泡沫分离	去除颗粒物、表面活性物质	气泡表面吸附作用	去除表面活性物质、重金属
12	中和	酸碱中和	中和反应	酸碱废水处理
13	化学沉淀	去除重金属等	化学反应、形成沉淀物	有害物质、重金属
14	氧化还原	氧化剂、还原剂的氧化还原作用	氧化还原反应、降解或沉淀反应	去除有机物、酚氰重金属等
15	汽提	挥发、汽化	汽化挥发	去除挥发物质，氨、酚等
16	湿式氧化	难降解有机物、氰氧化分解	氧化反应	去除难降解有机物、氰化物
17	焚烧	处理难降解有毒物质	高温氧化	农药、染料等处理
18	吹脱	去除溶解气体	传质过程	除氨、氰及挥发性有机物

续表

序号	单元技术或设备	主要作用	原理	应用范围
19	萃取法	化学物质分离	萃取剂溶解度及分配系数不同，萃取和反萃取	重金属、染料中间体去除
20	吸附法	活性炭等多孔物质表面吸附	表面吸附作用	有机物、重金属去除
21	离子交换法	溶解性阴阳离子的去除或回收	离子交换剂的选择性吸附交换作用	重金属处理回收、除盐
22	电渗析	离子膜分离过程	电场作用下的膜分离过程	重金属处理，脱盐、离子浓缩回收
23	超滤	大分子、胶体物质分离，固液分离	膜分离作用	胶体大分子分离，反渗透预处理
24	反渗透	去除离子、小分子	膜分离作用	浓缩，脱盐，去除小分子
25	电解	电极反应、氧化还原、絮凝	电极氧化还原反应、电絮凝	去除酚氰、重金属等，脱色
26	化学氧化还原	氧化剂的化学氧化作用和还原剂的还原作用	氧化还原反应	降解有机物，脱色，除臭
27	臭氧	强氧化剂	氧化、消毒	降解有机物、无机物，脱色，除臭，消毒
28	磁分离	磁化和磁分离	磁力分离作用	重金属分离
29	蒸发	蒸发浓缩作用	水蒸发汽化	浓缩，回收
30	活性污泥法	生物处理	好氧菌胶团生物代谢氧化作用	有机废水处理，去除 BOD_5、COD、酚氰等有机物
31	AO	前置缺氧、好氧活性污泥法	好氧、缺氧作用	去除 BOD_5、COD、酚氰等有机物，脱氮
32	A^2O	厌氧、缺氧、好氧活性污泥法	厌氧、缺氧、好氧作用	去除 BOD_5、COD、酚氰等有机物，脱氮，除磷
33	SBR	序批式生物反应器	厌氧、缺氧、好氧作用	去除 BOD_5、COD、酚氰等有机物，脱氮，除磷
34	CASS	改进的序批式生物反应器	厌氧、缺氧、好氧作用	去除 BOD_5、COD、酚氰等有机物，脱氮，除磷
35	接触氧化法	生物膜法	好氧处理	去除 BOD_5、COD
36	高负荷生物滤池	生物膜法	好氧处理	去除 BOD_5、COD
37	塔式生物滤池	生物膜法	好氧处理	去除 BOD_5、COD
38	生物转盘	生物膜法	好氧处理	去除 BOD_5、COD，脱氮，除磷
39	曝气生物滤池	生物膜法	好氧处理	去除 BOD_5、COD
40	膜生物反应器（MBR）	膜分离与生物反应器结合	好氧（或厌氧、好氧）	除 COD、BOD_5、SS，脱氮

此外，工业水处理工艺的选择还与企业提供的场地条件、原水或受纳水体类型以及企业的生产工艺等因素有关。事实上，任何一项单元技术总是有利有弊，关键在于如何充分发挥各单元技术的自身优势，同时通过各单元间的分工协作，有效地弥补各单元技术的不足之处。例如，有的工艺适合用于中小型水处理站而不适合进行大水量的净化处理，有的则仅适用于大型水处理站而不宜用于中小规模的工业水和废水的净化处理。在工程实践中，应该具体情况具体分析，因地制宜，综合比较，取长补短，做出最优选择。表 8-4 列出了工业企业所排主要污染物的控制技术，供工艺选择参考。

工业主要污染物的来源、危害及控制技术　　表 8-4

污染物种类	来源	危害	污染控制技术
镉	冶金、机械制造、仪表制造、化工、油漆颜料、纺织、飞机制造、汽车制造、蓄电池、塑料、磷肥、农药及照相材料	镉对人和温血动物毒性很大，会造成肾功能不全，能使骨骼生长代谢受阻，导致骨骼疏松、萎缩、变形等，典型实例为日本的疼痛病	常用的方法有化学沉淀法、电解法、离子交换法等。去除率一般均在 99%以上，出水含镉量可降至 0.1mg/L。如果在以上处理方法的基础上，再辅以活性炭吸附，则能进一步提高处理效果
汞	含汞废水主要来自于氯碱工业、塑料工业、电池制造业、电子工业、热工仪器仪表制造业、农药工业、染料工业、冶金工业、化学工业、化学制药工业、油漆颜料工业及炸药工业等	汞及其化合物都是有毒物质。人饮用 2 L 含汞 50mg/L 的水会中毒致死。汞常以灰尘及蒸汽的形态存在于空气中，可以通过呼吸道、皮肤、消化道侵入人体；汞的毒性是累积的，在一般情况下多为慢性中毒，主要影响人的神经中枢系统	对于含汞废水的控制，首先应从清洁入手，即应尽量采取无汞工艺代替有汞工艺，从根本上消除汞的污染；必须采用有汞工艺的，应完善工艺生产，提高技术水平和加强生产管理，降低汞耗，压缩排污量。主要处理方法有：沉淀法、离子交换法、混凝法、活性炭吸附法
铬	含铬废水主要是在机械制造、冶金、金属加工、电镀、汽车制造、机床制造、造船、航空、制革、纺织、油漆、颜料、橡胶制品、玻璃陶瓷、化工、化学制药、照相器材、火柴以及其他许多工业生产过程中排放的。另外，为了防止工业循环冷却水对设备的腐蚀，常需投加铬酸盐之类的抑制腐蚀的化学药剂，因而在其排污时有铬排出	铬对人和温血动物、水生生物的危害主要体现为：致毒作用、刺激作用、累积作用、变态反应、致癌作用和致突变作用等。对人体，通常六价铬的毒性比三价铬大 100 倍；但对鱼类，三价铬的毒性更大	主要控制方法有物理法、离子交换法、铁氧体法、电解法、化学还原法、活性炭吸附法
铅	铅是工业上使用最为广泛的有色金属之一，常作为一种工业原料用作蓄电池的极板、颜料、铅玻璃、燃料、照相材料、橡胶、农药、涂料、火柴、炸药等制造业	铅是作用于全身各个系统和器官的毒物，铅可与体内一系列蛋白质、酶和氨基酸的官能团（如巯基）结合，干扰机体许多方面的生化和生理活动。铅的毒性作用是损害器官，主要是骨髓造血系统和神经系统	铅的主要去除方法有：混凝法，实验表明在 pH 为 6.8～7.0 范围内采用明矾混凝处理，可将铅由 17mg/L 降至 1.3mg/L。此外，还可采用沉淀法和吸附法

续表

污染物种类	来源	危害	污染控制技术
砷	砷酸和砷酸盐化合物存在于冶金、玻璃器皿和陶瓷产品、皮革加工、化工、铅弹制作、合金、硫酸、皮毛、染料和农药生产和肥料工业等工业废水中。其他的工业污染源有有机化工、无机化工、石油炼制以及稀土工业。砷的其他工业应用包括木材和皮革的防腐剂、羊皮浸渍剂、玻璃制造脱色剂、磷酸盐洗涤剂的助洗剂和预浸剂	砷的致毒作用主要是三价砷与细胞酶系统中的巯基结合，使细胞代谢失调，营养发生障碍，造成对神经细胞的损伤。三价砷还能通过血液循环致毒。砷中毒症状有：消化系统——食欲不振、胃痛、恶心、肝肿大等；神经系统——神经衰弱、多发性神经炎等；此外，还有皮肤病变等	主要去除方法有：化学沉淀法，沉淀剂的种类很多，最常用的是钙盐、铁盐、镁盐、铝盐、硫化物等。共沉淀法，共沉淀可使砷减少约 90%。还有生化法、吸附法、离子浮选法、萃取法
磷和磷酸盐	磷主要来源于人类的排泄物(大小便)及食物残渣，约占总磷量的 50%，剩下的 50%通常是以磷酸盐为增洁物质的洗涤剂所提供	磷对人体的致死量 100mg，慢性剂量 1mg/d。元素磷进入人体主要是使骨骼及肝损害。对水生物的影响表现为它在水中可以杀死鱼类。据有关材料报道，金鱼在元素磷含量 0.05～0.1mg/L 的水中即死亡	主要去除方法：沉淀法、生物法（AO 法、A^2O 法、UCT 法等）、氧化法、水解法、吸附法等
氨氮	氨氮主要来源于人和动物的排泄物和工业废水。生活污水中平均含氮量每人每年可达 2.5～4.5kg；雨水径流也含氮；农用化肥的流失是氮污染最重要的来源之一	水体中的氨氮是营养素，若含量过高，可造成水体富营养化。据资料报道，产生湖水富营养化现象时的氮 0.2mg/L，磷 0.01mg/L 左右	对于高浓度含氨氮废水，一般采用蒸汽加热回收或高压水解法处理。对于低浓度废水一般采用生物法（AO 法、A^2O 法）
硫	含硫化物废水主要来源于石油炼制、化工、制革、纺织等工业废水。不同行业废水中硫化物浓度有所差异，一般在 2～80mg/L，但也有高达数千毫克每升的	硫化物随废水排出后，往往会散发出硫化氢，可强烈地影响水的感官性状。人对硫化氢的嗅阈为 0.002mg/L，一般感觉为特殊的臭鸡蛋味	对于含硫化物水的治理，主要控制技术有：物理化学法、化学法和生化法
氟	含氟废水主要来源于采矿（铝土矿、萤石等矿的开采）、冶金、化工、木材加工、建筑材料（水泥、玻璃、陶瓷）、油漆、颜料、纺织印染、电子工业等行业的工业废水	氟对人体的影响随着摄入量而变动，当缺氟时，儿童龋齿发病率高，摄入适量的氟可预防龋齿，有利于儿童生长发育，还可预防老年人骨质变脆；氟过量时，可影响细胞酶系统的功能，破坏钙磷代谢平衡，引发氟骨症。所以，人体的氟既不可缺少，但又不可摄入过多	对含氟废水可采用化学法、离子交换法和活性炭吸附法等处理工艺。其中，混凝沉淀法最为简单成熟，它以石灰乳为混凝沉淀剂，处理成本低廉，处理效率高（可达 60%～80%），出水浓度取决于进水浓度
苯	排放苯的主要工业有：石油化工厂、化工厂、试剂厂、农药厂、合成纤维厂、油漆厂、感光胶片厂、电子工业、轻工业等	苯为 WHO 认定的致癌物，其他集中苯系物也都具有不同程度的“三致”作用，必须严加控制	含苯废水的处理，一般采用生化法处理，如活性污泥法、生物转盘等

续表

污染物种类	来源	危害	污染控制技术
挥发性卤代烃	主要来自化工、试剂、制药、塑料、医院、高技术电子行业、洗衣液等废水的排放	具有很强的“三致”(即致癌、致突变、致畸),均为WHO确认的致癌物,且多难降解,在人体和生物中积累性强,对人体健康和生态环境具有不可逆破坏作用,潜在危害十分大,污染面十分广,必须严加控制	对于含高浓度此类污染物的废水,一般采用回收有机物质或直接焚烧的方法进行处理
甲醛	甲醛通常用作消毒剂,应用于生产酚醛树脂、乌洛托品、季戊四醇、硬化剂、强化剂、防腐剂、染料以及维尼纶合成产品的原料。因此,在上述化学工业和纺织工业排出的废水中均含有甲醛	大量吸入甲醛,对胃、肝、肾及肺的功能会产生损害,但毒害尚属较轻的一类。人经口产生中毒剂量一般为10～20mg/kg体重。甲醛最主要的危害表现在对动物细胞所具有的硬化作用,即使组织硬化。高浓度的甲醛有很强的毒性,甲醛还有诱发皮肤癌的致癌作用	对于含量高浓度的甲醛废水或废液,通常采用薄膜蒸发器进行回收,然后重复利用,以节省物耗;对于低浓度的甲醛废水可采用生物法处理,如塔式生物滤池、高负荷生物滤池、生物转盘、吸附再生活性污泥曝气池、完全混合式活性污泥曝气池、生物接触氧化法以及其他工艺方法
油和脂	油脂主要分为极性和非极性两类。极性油脂通常来源于动植物,在食品加工废水中可以发现它的存在。非极性油脂主要来源于石油或其他矿产资源	—	含油废水的处理原理类似于生活污水。含油废水的初级处理是把浮油与水及乳化油分离。然后再采用二级处理技术破坏油-水乳液并分离剩余油
硒	水体中的硒除地质因素外,主要来自电解铜、玻璃工业、橡胶工业及冶金工业等工业废水的污染	硒在土壤和动植物体内有明显的积累现象,硒过多或过少的摄入都会带来不良的结果。缺硒易引起骨节疾病等,但过量的摄入,会引起食欲不振、四肢无力、头皮瘙痒、癞皮、斑齿和指甲脱落等一系列代谢紊乱现象	对于含硒废水,一般采用混凝法、离子交换法、过滤吸附等方法进行治理
锰	—	锰可能对温血动物有致变作用,对水生物的毒性较小。当锰浓度达到2mg/L时,对农作物有致毒作用	化学氧化法,臭氧氧化法,离子交换法
锌	主要来源:钢铁厂镀锌生产线、锌铜制品、锌铜电镀、粘胶纤维、木浆和新闻纸生产等	锌及其化合物随食物和饮用水进入人和温血动物体内时毒性很小。锌对鱼类的毒性要比对人和温血动物大很多倍,而且对鱼类的致毒作用在水的色、嗅、味性状发生变化很久以前就已经产生了	含锌废水的处理一般分为化学沉淀法(带沉淀物处置)和锌回收法。其中回收技术有:离子交换法、蒸发法及高含量锌泥沉淀回收法在内的其他方法
致病微生物(细菌、真菌、原生动物、病毒、立克次氏体)	—	对人体健康造成影响	氯化、臭氧氧化、石灰处理、紫外线照射、热处理等

8.2 工业水处理等级划分

按处理程度可将工业水处理工艺分为一级处理、二级处理和三级处理。一级处理的任务是从水中去除呈悬浮状态的固体与呈分层或乳化状态的油类污染物。为达到分离去除的目的，多采用物理处理技术。一级处理又属于预处理。二级处理的任务是去除水中的胶体和溶解状态的有机污染物。一般工业排水经二级处理后，已可达标排放。三级处理的任务是进一步去除前两级未能去除的污染物，如水中的溶解性离子和氮、磷等营养盐分。三级处理所使用的处理方法，主要有中和、化学沉淀、离子交换、反渗透以及生物处理技术。经过三级处理后，净化出水基本可以达到使用或排放要求。

8.3 典型工业水处理案例分析

8.3.1 不锈钢厂废水处理与回用工程

某钢铁生产企业设有电弧炉、转炉和真空精炼炉，年产 100 万 t 不锈钢粗钢、95 万 t 热轧黑皮钢卷、25 万 t 热轧 2.0～10mm 钢卷、30 万 t 0.3～3.0mm 冷轧钢卷。企业冷轧三厂的冷却循环水及废水处理工程于 2007 年 4 月动工建设，至 2008 年 12 月完成试车和验收。本工程建有直接冷却水、间接冷却水及生产废水处理三套系统。

直接冷却水系统指冷却水直接与钢品接触而污染，必须经混凝、沉淀、过滤及冷却塔冷却后，方可提供给生产线回用。冷却时因蒸发飞溅而有水耗，需以自来水补充。同时添加阻垢剂、防蚀剂和除藻剂，防止冷却水系统中出现结垢、腐蚀以及藻类大量生长繁殖等问题。该系统设计水量和净化要求如表 8-5 所示。

直接冷却水系统设计水量和净化要求 表 8-5

项目	水量和要求	项目	回用水质
水量(m^3/h)	120	SS(mg/L)	<15
供水温度(℃)	<34	Fe(mg/L)	≤2
进水温度(℃)	<44	电导率(μS/cm)	<2500
温差(℃)	10	硬度(以 $CaCO_3$ 计,mg/L)	<500
供水压力(bar)	4～6	碱度(以 $CaCO_3$ 计,mg/L)	<250
pH	7.5～8.5	—	—

注：1bar=10^5Pa。

间接冷却水系统是指冷却水不与钢品直接接触，经冷却塔冷却后，即可提供生产线回用。冷却时因蒸发飞溅而有水耗，需以软化水补充。同时添加阻垢剂、防蚀剂和除藻剂。该系统的净化要求同直接冷却水系统，其设计水量和压力要求见表 8-6。

间接冷却水系统设计水量和压力要求 表 8-6

项目	设计要求
水量(m^3/h)	1700
供水压力(bar)	3.5～6
紧急供水量(维持≥8h,m^3/h)	40

注：1bar=10^5Pa。

生产废水处理系统主要对不锈钢生产过程中排放的酸性废水、电解液废水、碱性废水及含油废水进行处理。酸性废水、电解液废水、碱性废水及含油废水的水量和水质状况见表8-7，其处理出水的水质要求见表8-8。

生产废水的排水量和水质状况 **表8-7**

项目	酸性废水水质	电解液废水水质	碱性废水水质	油脂废水水质
水量（m^3/h）	25(连续)	7	5	—
pH	约2	4～6	11～13	6～8
NO_3-N（mg/L）	2500	—	—	—
F^-（mg/L）	5000～10000	—	—	—
Cr^{6+}（mg/L）	10～20	5000～10000	—	—
Na_2SO_4（mg/L）	0.5	—		—
金属(kg/h)	40	—	—	—
SS(mg/L)	—	—	50～100	500～1000
COD(mg/L)	—	—	800～1200	1000～2000
Fe(mg/L)	—	—	50～100	50～100
油(mg/L)	—	—	50～200	50～200

生产废水排水水质要求 **表8-8**

项目	水质要求	项目	水质要求	项目	水质要求
pH	6～9	油(mg/L)	≤10	Ni(mg/L)	≤1.0
温度(℃)	≤35	S^{2-}(mg/L)	≤1.0	Ag(mg/L)	≤0.5
透明度	≤20	总Cr(mg/L)	≤2.0	Zn(mg/L)	≤5.0
SS(mg/L)	≤30	Cr^{6+}(mg/L)	≤0.5	Se(mg/L)	≤0.5
BOD_5(mg/L)	≤30	CN^-(mg/L)	≤1.0	As(mg/L)	≤0.5
COD(mg/L)	≤100	Cd(mg/L)	≤0.03	F^-(mg/L)	≤15
NH_4^+-N(mg/L)	≤10	Cu(mg/L)	≤3.0	Fe(mg/L)	≤10
NO_3^--N(mg/L)	≤50	Pb(mg/L)	≤1.0	Mn(mg/L)	≤10
PO_4^{3-}(mg/L)	≤4.0	Hg(mg/L)	≤0.05	C_6H_5OH(mg/L)	≤1.0

依据上述设计资料，制定冷轧三厂冷却循环水及废水处理方案。

1. 处理工艺流程

本工程的三个处理系统的水量、水温、水压和水质均存在较大差异，必须分别处理达到相应的标准后，才可供生产回用或排放。

（1）直接冷却水系统。如已知资料所述，由于冷却水与钢品直接接触，除了温度大幅上升外，其水质也出现较为严重的污染。但主要为铁屑等悬浮杂质，必须经混凝、沉淀、过滤及冷却塔冷却后，方可提供生产线回用。同时，冷却过程中由于存在蒸发损失、风吹损失、系统渗漏损失以及排污损失，使得冷却水量出现下降，因此需以自来水（硬度较大时需进行软化预处理）补充。同时添加阻垢剂、防蚀剂和除藻剂，防止冷却水系统中出现结垢、腐蚀以及藻类大量生长繁殖等问题。

工艺流程如图 8-1 所示。

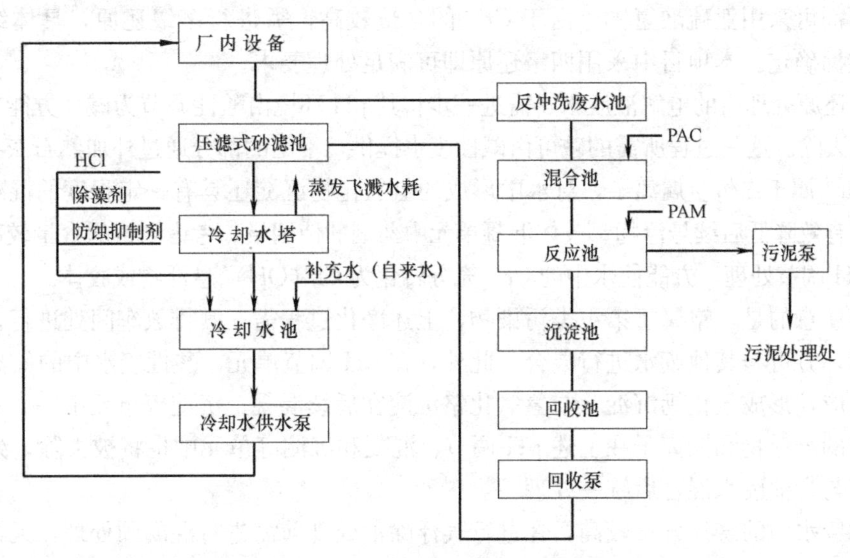

图 8-1　直接冷却水系统工艺流程

（2）间接冷却水系统。与直接冷却水系统不同，间接冷却水在进行产品冷却时并未与其直接接触，除水温上升外，其他水质指标并无明显变化，因而无需设置专门的混凝、沉淀和过滤单元。然而，系统在运行过程中也存在水分蒸发损失和溶解性固体含量不断上升的问题，使得循环水管网中出现不同程度的矿物沉积结垢、金属管道腐蚀以及微生物的滋生繁殖等问题，严重时可使系统出现爆管或堵塞。为此，除了以软化水补充系统水量损失外，也需要在循环冷却水中加入阻垢剂、防蚀剂和除藻剂，同时对部分循环水进行旁路过滤处理。

工艺流程如图 8-2 所示。

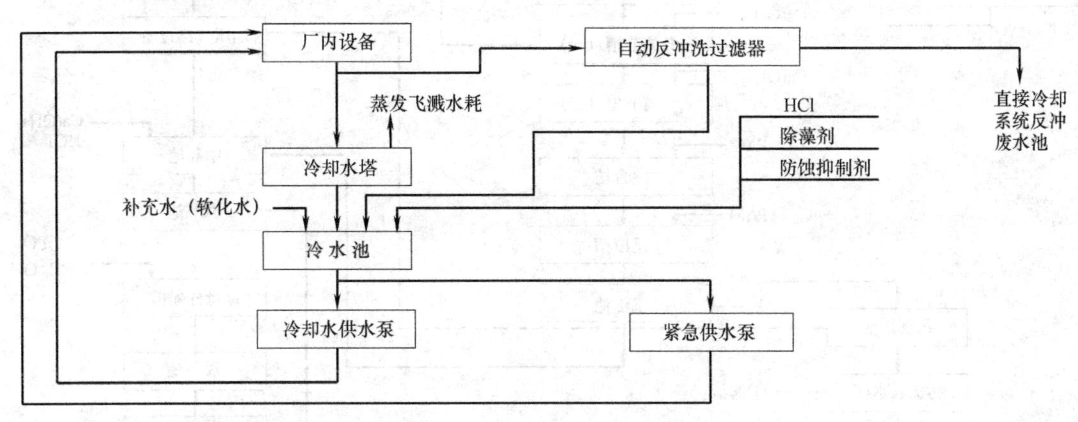

图 8-2　间接冷却水系统工艺流程

（3）生产废水处理系统。根据生产废水的性质、污染物组成和处理后的回用或排放要求，拟采用物化-生化联合处理的方法。即先对高浓度的电解液废水、酸性废水、碱性废水和含油废水采用物理化学方法进行分质处理，而后经混合再进行生物处理。

电解液中 Cr^{6+} 浓度较高，为此先将 Cr^{6+} 还原为 Cr^{3+}。考虑到上述反应过程需在酸性环境下才能达到预期效果，可将电解液废水与酸性废水进行混合。不足的酸由外加盐酸补充，还原剂可采用亚硫酸氢钠。由于 Cr^{6+} 的含量较高，需进行多级还原，具体级数需依据试验数据确定。本项目中采用四级还原即可满足处理要求。

经过还原处理后的电解液废水，需进一步将其 pH 环境由酸性调节为碱性方能实现铬的最终沉淀去除。这一过程所需的碱可由碱性废水提供，不足的部分通过外加熟石灰补充。石灰中的 Ca^{2+} 属于二价金属离子，对水中形成的氢氧化物沉淀还具有一定程度的混凝或助凝性能，可有效降低后续悬浮物、胶体混凝单元中药剂的使用量。考虑到铬的含量较高，需进行二级 pH 调节处理，方能使水中的 Cr^{3+} 充分转化为 $Cr(OH)_3$ 悬浮物或胶体。

值得注意的是，铬属于第Ⅰ类污染物，上述净化过程需在其排放车间处进行，达到处理要求后，方可与其他废水进行混合。此外，在 pH 调节单元，酸性废水中的氟离子可与钙离子反应，形成氟化钙沉淀，与氢氧化铬沉淀在后续混凝、沉淀等单元中一并去除。碱性废水中的悬浮物和铁离子在上述 pH 调节、混凝和沉淀等单元中也将被去除，残留的有机组分可与含油废水混合后统一处理。

含油废水中的悬浮含量较高，在进行气浮除油处理前需进行混凝预处理，无机絮体颗粒和油与水的分离在气浮池中进行。经气浮处理后的含油废水与经还原、pH 调节、絮凝和沉淀处理后的电解液废水、酸性废水和碱性废水混合。对混合水进行中和与水量调节后，送入好氧活性污泥处理单元，进一步降低水中的有机污染物和硝酸盐氮的浓度达到相应的排放要求。生产废水处理系统工艺流程如图 8-3 所示。

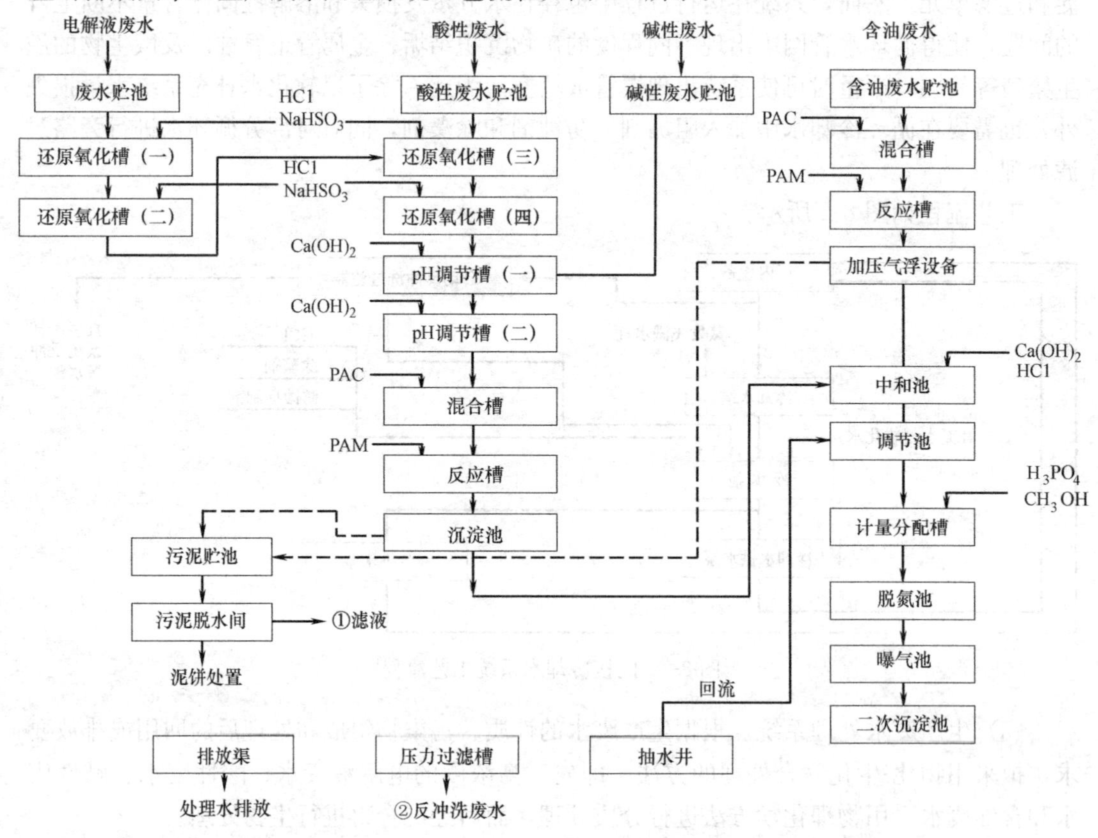

图 8-3　生产废水处理系统工艺流程

2. 运行工况和处理效果

工程自2008年12月启用运行至今，直接冷却水系统、间接冷却水系统处理出水水质符合循环回用水质要求。生产废水经处理达到了排放水质要求。2010年6月22日至7月9日连续16天处理水水质检测结果见表8-9。

生产废水处理出水水质 **表8-9**

日期	pH	SS(mg/L)	Cr^{6+}(mg/L)	总铁(mg/L)	F^-(mg/L)	COD(mg/L)	NO_3^--N(mg/L)
6.22	8.2	0.2	0.01	0.05	1.8	54	1
6.23	8.0	1.2	0.01	0.03	3.2	57	2
6.24	8.1	26	0.05	0.09	5.2	14	2
6.26	8.1	5	0.01	0.09	9.0	75	6
6.27	8.1	13.4	0.03	0.02	9.3	37	1
6.28	8.0	2.6	0.02	0.16	6.2	66	5
6.29	7.9	2.2	0.02	0.71	5.5	63	7
6.30	8.0	1.2	0.02	0.00	13.4	83	4
7.1	7.2	2.2	0.01	0.00	6.0		16
7.2	8.0	0.4	0.03	0.08	2.6		3
7.4	8.1	0	0.02	0.06	5.6	79	4
7.5	7.8	0.2	0.00	0.00	7.0	32	4
7.6	7.7	1.0	0.00	0.00	4.0	23	2
7.7	8.1	1.6	0.00	0.00	4.9	12	8
7.8	7.0	9.0	0.00	0.03	4.5	26	18
7.9	8.1	0.2	0.01	0.04	3.1	57	21
处理水排放标准	6～9	＜30	＜0.5	＜10	＜15	＜100	＜50

3. 讨论

本工程生产废水包括酸性废水、碱性废水、电解液废水和油脂废水，各类生产废水特性各异。其中，酸性废水pH＝2，含有高浓度NO_3^--N，F^-为5000～10000mg/L。电解液废水Cr^{6+}含量高，Cr^{6+}浓度为5000～10000mg/L。碱性废水呈强碱性。油脂废水含油50～200mg/L。针对各类生产废水的自身特点，先进行分质预处理，采用物理、化学方法（氧化还原、中和、混凝沉淀、混凝气浮和过滤）分别去除大部分无机污染物，而后再采用活性污泥法进行生物处理，使处理水达到排放要求。因此，本工程采用分质预处理，而后再采用物化-生化联合处理，体现了以废治废的思想，工艺是可行的。

8.3.2 深圳M纺织厂废水治理工程

1. 工程概况

M纺织厂位于深圳市大鹏湾，是一家港商独资的大型企业，总投资2亿港币，纺纱、染色、织布一条龙，产品为牛仔布。废水主要来自染厂，其主要成分是靛蓝粉（含石灰、染料、木薯粉），另外还有NaOH、低浓度硫酸钠。工厂实行三班倒，间断排水，每日废水量在900m^3/d左右。正常情况下，废水水质见表8-10。

印染废水水质 **表 8-10**

项目	pH	色度(度)	COD(mg/L)	水温(℃)
浓度	10.0～13.0	400～1200	750～1800	18～35

由于表 8-2 可知，纺织染整工业所排废水中有机组分的生物降解性较差，使得最初设计的厌氧＋生物滤池相结合的工艺效果并不明显，处理出水难以达到国家排放要求。为此，需对该工艺流程进行改造。其中，配套建设时的污水处理投资 90 万元，治理工程投资 120 万元，总投资 210 万元。改造前的处理工艺流程如图 8-4 所示。

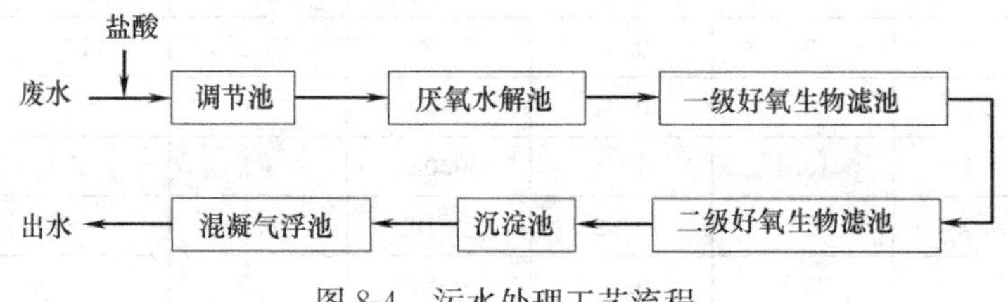

图 8-4 污水处理工艺流程

现有工艺的设计处理能力为 $1000m^3/d$。刚投产时的水量为 $300m^3/d$，后逐渐增加。自投产以来，处理效果不理想，后来出水水质随水量增加逐渐恶化，色度和 COD 都严重超标，出水色度在 300 度左右，COD 在 700mg/L 左右。其主要原因如下：

(1) 设计时对原水水质估计不足。设计进水 COD 在 700～1300mg/L 之间，而实际进水 COD 在 1000～2000mg/L 之间。

(2) 好氧生物滤池有 2 座，直径均为 13m，总高 2.5m，中间布水，池内装填石块，石块长宽均在 10cm 左右。池底设有通风孔层，自然充氧，污水靠水力作用自然旋转喷洒布水，由于充氧不足，加上厌氧水解池出水浓度过高，导致生物滤池内部呈厌氧状态，厌氧污泥阻塞滤料孔隙，造成池内水力状况不佳，好氧生物滤池的处理效果明显降低。二级生物滤池对有机物的降解率只有 30％～40％。

(3) 缺乏有专业背景的维护管理人员。

2. 现有处理工艺升级改造

结合印染纺织企业所排废水的水质特点，针对现有排水净化工艺中存在的突出问题。采用生物接触氧化工艺（接触氧化池内填料的填充密度远低于生物滤池中滤料的填充密度）代替生物滤池，以解决滤池堵塞的问题。废水经水解酸化以及好氧氧化处理后，残留的有机组分的生物降解性能较差，事实表明设计二级生物处理单元对有机物总体去除效率的提升作用并不明显，故采用混凝气浮单元，通过物理化学的方法强化难降解有机组分的去除。此外，对于高浓度强碱性印染废水，在生化前要投酸进行中和调节。硫酸亚铁对这类印染废水有独特作用，预处理采用投硫酸亚铁的办法，还能去除部分色度和 COD。改造后的工艺流程如图 8-5 所示。

(1) 构筑物设计参数

调节池：调节池内的停留时间为 8h，容积 $V=20m\times10m\times2.5m$，内分 6 格。在原水进调节池前有一小渠道，在渠道中投硫酸亚铁使 pH＝7～9 左右，废水在调节池内有一初沉时间，对池底污泥，纺织厂每年趁春季放假之际清掏外运。

厌氧水解池：容积 $V=10m\times7.5m\times5m$，有效停留时间 10h。分为 2 组，每组上有一

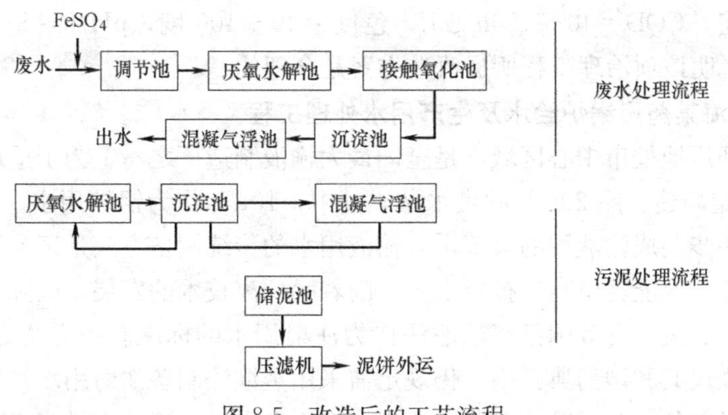

图 8-5　改造后的工艺流程

个脉冲布水器。这样对水解池内的配水是间歇式的，脉冲对厌氧池起搅拌、冲刷作用，厌氧池内的污水分污泥层、附着层、清水区。搅拌是为了防止死水、短流，冲刷能防止附着层阻塞，厌氧池内设有斜板附着层，厌氧水解池是穿孔集水槽配水。

接触氧化池：在原生物滤池的位置上建造，外形尺寸 20m×15m×4.5m，采用 3 个廊道，内部悬挂半软性填料，悬挂高度 3m，填料接触时间 20h。底部装有微孔曝气头，气水比为 15∶1，空气由 2 台罗茨风机供给，每台 8h，交替使用。

竖流沉淀池：容积 V=6m×5m×5m。从池顶中心进水，经锯齿形集水槽出水。竖流式沉淀池主要是去除接触氧化池脱落的生物膜。出水进入混凝气浮池。沉淀污泥全部回流厌氧水解池，补充营养，原进入储泥池的排泥管保留。

混凝气浮池：进一步去除在沉淀池中难以沉降的细小颗粒和水中的难降解有机组分。投加混凝剂后经隔板反应区，进入气浮区，浮渣排入储泥池经板框压滤机压滤成泥饼外运，出水经计量直接排放。

（2）改造后工艺特点

改造后的处理工艺除了有机组分的去除率明显提高外，还具有以下特点。

系统抗冲击负荷能力加强。在生化处理中，水解池对色度的去除率稳定在 40%～70%之间，对 COD 的去除率虽只有 10%～20%，却能提高废水的可生化性，在确定接触氧化池参数前，取生物滤池中的滤料和厌氧池的出水，在试验室进行耗氧试验，只要停留时间足够长，对 COD 的去除率就可以达到 90%以上，说明厌氧水解池出来的污水可生化性强，为后续生化处理创造了有利条件。

产泥量少。在接触氧化池挂膜后，填料上的微生物组成的食物链能维持生物膜的平衡，沉淀的污泥全部回流到厌氧水解池，混凝气浮池最终产泥量只有 1m^3/d 左右，而改造前最终产泥量是 7～8m^3/d，减少泥量约 87%，大大减少了污泥处理系统的负荷。从工艺的运行角度来看，可有效降低管理难度，卫生条件也较好。

曝气量可随水量调节。接触氧化池有 3 个廊道，在运行过程中发现：即使第一个廊道停止曝气，其出水 COD 只是略有上升，在 140mg/L 左右，色度在 50 度左右，还是属达标运行。这样，实际好氧停留时间降低为 14h，一方面节省了能耗，另一方面为今后扩大生产、增加处理污水量创造了有利条件。

3. 改造后污水处理系统的运行情况

企业于 1998 年完成水处理工艺的升级改造工程后，连续两年的运行监测数据表明，其出水水质稳定，COD＝40～150mg/L，色度＝40～100 度，pH 6～8。运行成本约为 1.20 元/m^3。说明该项治理工程所提改造方案是合理的。

8.3.3 上海某药厂锅炉给水及生产用水处理工程

上海某制药厂地处市中心区域，是全国最大输液制造厂之一。为了适应生产发展的需要，1993 年决定新建一座 20t/h 的供水站。其中，10t/h 作为锅炉用水，10t/h 制成去离子纯水，再进一步制成输液用的灭菌水。输液用水的传统制备方法是蒸馏法。采用该法制灭菌水比较可靠，但能耗极高，投资也大。随着膜分离技术的发展，国际上多采用膜法制备输液用水。美、英、日等国已将超滤法作为注射用水的标准制备方法之一。我国 1990 年版的《中华人民共和国药典》中，仍规定需采用蒸馏法制备注射用水。此厂是全国医药行业输液组组长单位，为了既符合药典要求，又跟上世界潮流，安排将 10t/h 去离子水再一分为二，一半用传统的蒸馏方法制备输液用水，另一半采用超滤法制备，以备今后修订我国药典时，能提出依据，将此节能的新方法纳入药典中。

该厂所用的原水是上海长桥水厂提供的自来水。新供水站的工艺流程如图 8-6 所示。将市政供水经过双层压力过滤器进行过滤预处理后，送入电渗析器进行第一级脱盐处理。由于电渗析器对进水中的有机组分并无明显去除功能，故需在该单元之后连接活性炭过滤装置进行有机组分的处理，而后将活性炭吸附出水先后送入阳床和阴床采用离子交换法进行水的二级软化处理，净化出水可以作为初级纯水。初级纯水再经过混床处理后排入纯水箱作为输液用水净化的原水。其净化过程如前文所述，分别采用多效蒸馏法和中空超滤法进行。其中，电渗析器处理出水经钠床处理后可以作为低压锅炉的补给水。

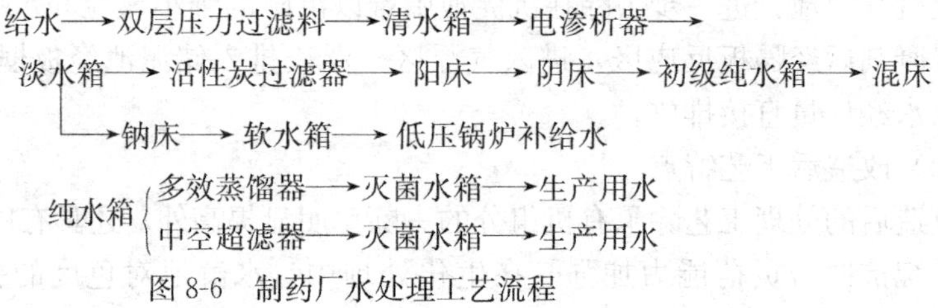

给水⟶双层压力过滤料⟶清水箱⟶电渗析器⟶
淡水箱⟶活性炭过滤器⟶阳床⟶阴床⟶初级纯水箱⟶混床
└⟶钠床⟶软水箱⟶低压锅炉补给水

纯水箱 { 多效蒸馏器⟶灭菌水箱⟶生产用水
　　　　中空超滤器⟶灭菌水箱⟶生产用水

图 8-6 制药厂水处理工艺流程

1. 单元设备

（1）双层滤料压力过滤器。过滤器使用无烟煤和石英砂分级组成。效果比单一的硬砂过滤器高，可去除大部分悬浮物和部分胶体。此厂用了 2 台直径为 2500mm、高度为 4600 的钢制器。

（2）电渗析器。预除盐设备，选用了 4 台 DSAⅡ型 3×3-300（隔板尺寸是 400mm×1600mm×0.9mm，立式安装），电渗析器每台产水量 5～6t/h，除盐率约 80％左右。虽然给水总含盐量并不高，但设计中还是采用了电渗析预除盐，这样可使钠床、复床和混床的再生周期延长，可节约再生耗用的盐、酸和碱。同时减少了废水、废酸、废碱的排放。

（3）钠床。采用了 2 台直径为 1000mm、高度 3914mm 的过滤器。产水量 10～12t/h。

（4）活性炭过滤器。采用 1 台直径为 1000mm、高度 3914mm 的钢衬胶器，内装优质果壳活性炭，主要去除水中的余氯和有机物等。

（5）复床（阳床和阴床）和混床。复床共 2 套 4 台，每台直径为 1000mm，高度为 3914mm，混床 2 台，每台直径为 800mm，高度为 3329mm。

(6) 中空超滤装置。选用中国科学院大连化学物理研究所生产的超滤装置，截流分子量为1万，单台产水量为5t/h。

2. 系统运行情况

该水质净化系统于1994年上半年安装，1994年4月除中空超滤装置在1996年投入运行外，其他部分均安装完毕，经过调试后，于1994年6月移交生产部门，投入三班运行。该厂纯水站管理一直比较规范，2003年回访迄今纯水站运行一切正常。

8.3.4 北京某啤酒厂酿造废水处理工程

酿造废水主要来源于啤酒生产过程中的洗麦、发酵、糖化、洗瓶等过程。废水中的颗粒物主要为麦糟和废酵母等；溶解性物质主要为多糖、醇类等有机物。啤酒废水属于中等浓度有机废水。一般COD为1500～3000mg/L，BOD_5为1000～1500mg/L，BOD_5/COD为0.5～0.6，表明其可生化性较好，污染物中的有机物容易降解。因此，国内外对啤酒废水一般均采用生物处理方法，其处理工艺包括：调节＋水解酸化＋SBR工艺、调节＋水解酸化＋接触氧化工艺和UASB工艺＋好氧工艺。这些工艺在技术上都是可行的，处理后的水质指标都能够达到国家要求的排放标准。

该项目的一期工程建设规模为每天15000m^3，企业排水中的COD、BOD_5和SS分别为1500～1800mg/L、800～1000mg/L和300～460mg/L。净化出水要求上述指标分别控制在60mg/L、20mg/L和50mg/L以下。原水中的有机组分含量虽然偏高，但其可生化性较好，通过厌氧水解酸化可去除70%～80%，而后经过SBR处理可以满足排放要求。为进一步控制出水中悬浮含量，达到回用的目标，本项目在生物处理单元之后设置了微絮凝过滤装置，所用混凝剂为聚合氯化铝（PAC），具体工艺流程如图8-7所示。

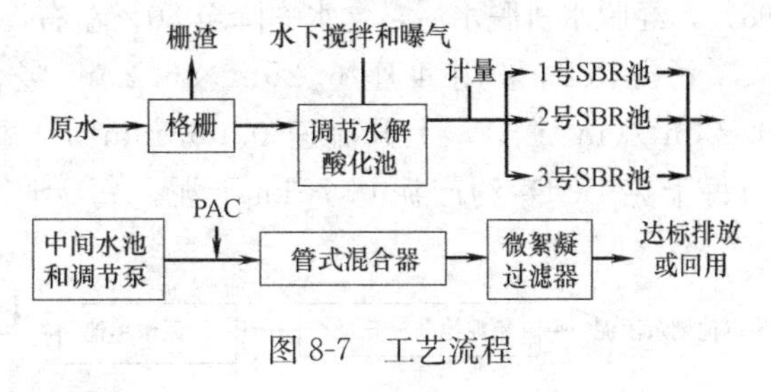

图8-7 工艺流程

1. 各单元运行参数设置确定

该工艺流程中主要构筑物、设备及工艺参数见表8-11。

主要构筑物 **表8-11**

序号	名称	规格与尺寸	单位	数量	备注
1	格栅槽、调节池及提升泵房	$L\times B\times H$=28m×20m×4.3m(池) $L\times B$=9m×4.5m(泵房)	座	1	合建
2	水解酸化池	$L\times B\times H$=24m×6m×5m	座	2	每2座为1组
3	SBR反应池	$L\times B\times H$=42m×18.5m×6.4m	座	6	
4	中间水池	$L\times B\times H$=24m×15m×5.8m	座	1	
5	过滤间	$L\times B$=24m×15m	座	1	与中间水池合建
6	污泥储存池	$L\times B\times H$=12m×8m×3.1m	座	1	
7	污泥浓缩池	$L\times B\times H$=6.25m×6.25m×7.3m	座	4	
8	鼓风机房	$L\times B\times H$=48m×9m×5.8m	座	1	含变配电间
9	综合楼	$L\times B$=33.6m×12m(3层)	座	1	包括污泥脱水间、加药间、维修间、化验间与办公室

(1) 格栅。主要拦截废水中较大固形物、细小的麦糟和酵母，以保护设备的正常运行，减少后续处理单元负荷。

(2) 调节水解酸化池。其作用一是将不均匀的原水进行均质均量；二是使废水在缺氧的工况下（溶解氧控制在0.5mg/L以下），发生酸化和腐化反应，进一步改善和提高废水的可生化性，对提高后续好氧反应生化速率、缩短生化反应时间、减少能耗和降低运行费用具有重要意义。由于啤酒废水易于酸化，本工程设计酸化时间为3h。

(3) SBR池。本工程共设置了3组SBR反应池，有效水深5.4m。每组运行周期为12h。其中每组进水时间为4h，曝气时间为8h（包括进水2h），沉淀时间1.25h，排水1.25h，闲置0.5h。反应池MLSS浓度3500mg/L，污泥负荷0.2kgBOD_5/(kgMLSS·d)。

反应池供气系统由离心风机、三螺旋曝气器和风管系统组成。三螺旋曝气器服务面积按5m^2/台布置，每台携带1.0m导流筒。离心风机由5台80m^3/min和3台60m^3/min组成，其中各备用1台。风机风压均为49kPa。

(4) 微絮凝过滤工艺。为确保达标排放，在流程的最后工序增设了微絮凝过滤工艺。在设计中选用8台ϕ2.6m压力式石英砂过滤器，滤速14.7m/h，反冲洗强度14L/(m^2·s)。

2. 污泥处理系统

工艺污泥主要来自SBR反应池排放出的剩余活性污泥，其处理流程如图8-8所示。由SBR池排出的剩余活性污泥含水率99.2%～99.4%，经浓缩池浓缩后含水率降至97%～98%，经脱水机脱水后，含水率降至80%左右，装车外运。

污泥浓缩采用4座6.25m×6.25m竖流式连续污泥浓缩池。表面水力负荷0.23m^3/(m^2·h)，上升流速0.063mm/s。每池排泥周期8～10h。污泥产率经实测为每千克BOD_5约产泥0.75kg干泥。每天产湿泥量46t左右（含水率80%左右）。

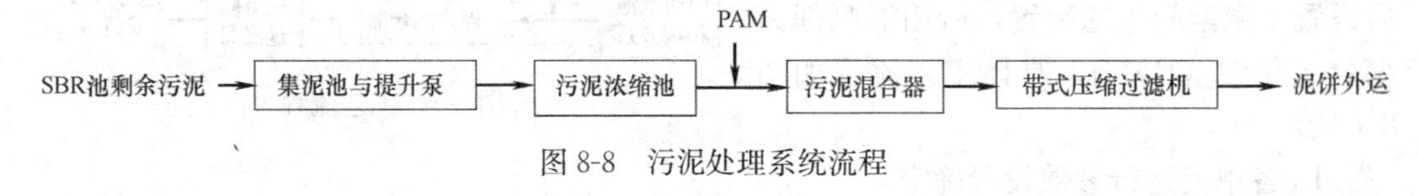

图8-8 污泥处理系统流程

3. 工程实施效果

工艺运行3年以来，效果稳定。SBR池出水中的COD和BOD_5分别在80mg/L和20mg/L以下，经过微絮凝过滤工艺后，两项指标进一步降至50mg/L和15mg/L以下。净化出水80%以上回用于锅炉房冲渣和绿地浇灌。实际运行效果表明，该工程稳定可靠，管理操作方便，说明上述工艺设计是合理、可行的。同时，工艺运行灵活。啤酒生产的特点有旺季、平季和淡季之分。本工程三组SBR反应池根据不同季节排出的废水量可以单组池、两组池或三组池同时运行，既可节能，又可交替进行设备的维修，保证不会因事故造成停止运行。

8.3.5 某洗涤用品生产企业日用化工废水处理工程

某洗涤用品有限公司是一家生产洗衣粉的合资企业，生产过程中产生的洗涤剂废水主要污染物是阴离子表面活性剂（LAS）。设计水量除考虑远期规划排除水量外，还考虑对水厂初期雨水的处理。设计处理规模为1000m^3/d。在进行工程设计之前，公司对总排放口的主要污染物进行了连续72h的取样监测。通过数据分析，确定企业排水水质和相应的处理要求如表8-12所示。

设计进、出水水质　**表 8-12**

项目	水质指标				
	LAS(mg/L)	COD(mg/L)	BOD_5(mg/L)	SS(mg/L)	pH
进水	180	750	190	330	10.9
出水	≤10	≤200	≤95	≤150	6～9

考虑到洗涤剂废水的主要污染物是阴离子表面活性剂 LAS，废水中高浓度的 LAS 对微生物细胞的活性和增殖具有一定的阻碍作用，使此类废水的微生物降解难度加大。废水呈碱性，pH 通常在 9～12 之间。另外，废水中缺少微生物合成细胞质必不可少的氮元素。根据此类废水的特点，采用物理化学处理和生物处理相结合的净化工艺。物理化学处理采用混凝、沉淀技术，生物化学处理采用水解酸化和接触氧化技术。具体工艺流程如图 8-9 所示。

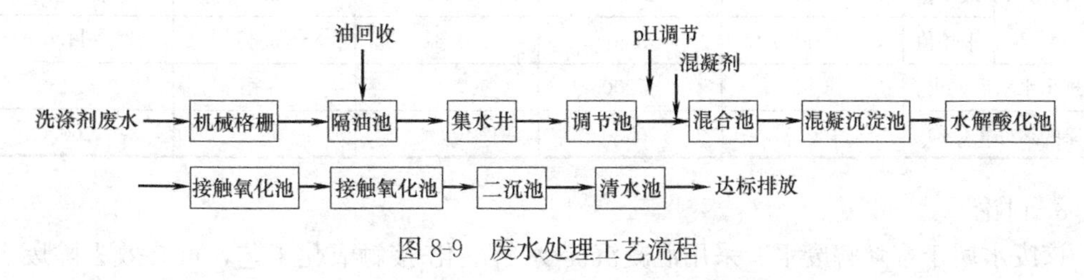

图 8-9　废水处理工艺流程

1. 工艺设计参数

（1）预处理部分。污水经机械格栅去除较大的悬浮物，格栅栅条间距为 10mm。而后进入隔油池，尺寸为 4m×3m×4m，去除水中的油分。隔油池出水排入集水井和调节池，二者的尺寸分别为 4m×2.5m×4.5m 和 14m×8.5m×6m。调节池主要用于废水的贮存和均质，调节时间为 14 h。事故池主要用于贮存浓度较高的事故排水和降雨初期雨水，设计尺寸为 14.5m×12m×5m。

（2）混凝沉淀池。混凝沉淀池由混合反应池和沉淀池组成，反应池内设有搅拌器。由于硫酸亚铁对 LAS 去除效果好，且价格便宜，因此选用硫酸亚铁作为混凝剂。反应时间为 20min。沉淀池设计表面负荷 $q=1.5m^3/(m^2\cdot h)$。

（3）水解酸化池。水解酸化池为上流式污泥层形式，水力停留时间为 4h。为防止污泥流失，提高池内污泥浓度，在池内安装组合填料。

（4）接触氧化池。尺寸为 16m×5.4m×4.5m。分 2 个独立单元，单池有效容积 $166m^3$，水力停留时间为 8h。池内安装组合填料和散流式曝气头。供气采用 3 台三叶罗茨风机，2 用 1 备。在接触氧化池结构上除设置 2 组独立的水池外，还在 2 组水池间设置连接管道，使其既能并联运行又能串联运行，增强了构筑物运行的灵活性。

（5）二沉池。设计表面负荷 $q=1.5m^3/(m^2\cdot h)$。

2. 运行效果

1998 年 9 月经环境保护部门监测，工艺出水水质情况如表 8-13 所示。分析可知，混凝沉淀去除 LAS 的效果明显。当 pH 控制在 8～9 时，采用硫酸亚铁作为混凝剂，经混凝沉淀后 LAS 去除率达到 50%。水解酸化池对 LAS 几乎无去除效果。接触氧化池内的生物膜经驯化后，池内泡沫明显减少，LAS 降解速率提高，去除率可达 98%以上。当接触氧化池的进水 LAS 浓度在 75mg/L 左右时，停留时间 4h，出水 LAS 浓度可达到 10mg/L 以下。

废水处理效果 **表 8-13**

项目		水质指标				
		pH	COD(mg/L)	LAS(mg/L)	石油类(mg/L)	SS(mg/L)
调节池出水	最大值	7.95	553.0	196.0	80.8	67.0
	最小值	7.28	380.0	166.0	37.6	24.0
	平均值	—	432.0	180.0	63.3	45.0
混凝沉淀池出水	最大值	8.67	236.0	96.6	15.8	24.0
	最小值	7.74	136.0	53.8	6.2	16.0
	平均值	—	177.0	71.6	10.1	20.0
二沉池出水	最大值	7.85	53.0	1.01	4.8	24.0
	最小值	7.53	45.0	0.65	2.6	<5.0
	平均值	—	48.0	0.81	3.4	11.0
处理出水水质要求		6～9	≤200	≤10	—	≤150
污染物达标率(%)		100.0	100.0	100.0	—	100.0

3. 讨论

该废水属于难降解废水。采用混凝沉淀-水解酸化-接触氧化工艺，可有效去除废水中的 LAS 和 COD，出水水质稳定，达标排放。运行结果表明，厌氧水解效果不明显，建议类似废水可取消厌氧水解单元，简化工艺流程。由于物理化学处理单元选用硫酸亚铁作为混凝剂，沉淀污泥中含有大量的铁离子和 LAS，应妥善处理，避免造成二次污染。

8.3.6 某洗煤厂洗煤废水处理及回用工程

某洗煤厂位于我国煤炭工业区，1996 年建成并投入使用，经过三次矿改后，目前的洗选能力为 1.4×10^6 t/a，洗煤废水产生量约 4.0×10^5 m^3/a。该煤矿属于年轻煤矿，洗煤废水呈弱碱性，悬浮物和 COD 含量均很高，且颗粒表面带有较强的负电性，是一种稳定的胶体体系，久置不沉。其过滤性能也较差，废水的性质如表 8-14 所示。

洗煤废水水质 **表 8-14**

指标	SS(mg/L)	COD(mg/L)	pH	ζ电位(V)	<75μm 颗粒质量分数(%)
数值	70000～100000	25000～43000	8.14～8.46	−0.0742～−0.0718	62～65

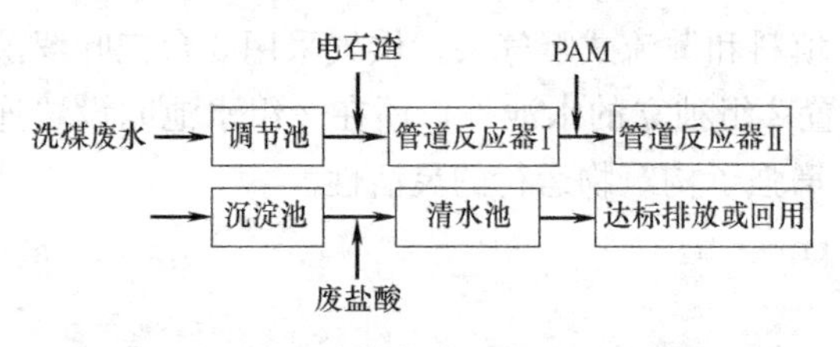

图 8-10 洗煤废水处理工艺流程

1. 处理工艺流程

针对废水水质特点，采用电石渣和聚丙烯酰胺（PAM）混凝沉淀技术，取得了比较理想的处理效果，处理工艺流程如图 8-10 所示。

2. 单元技术参数

该工程主要构筑物、设备及工艺参数如表 8-15 所示。

将原有的洗煤废水贮存池改造为调节池，体积约 150m^3，废水停留时间 2h。根据现场场地情况，投药后在管式混合器中完成混合过程，不仅节省占地面积，而且投资省。其中，静态混合器Ⅰ（*DN* 200mm×2000mm），用于电石渣投加后的混合；静态混合器Ⅱ（*DN* 250mm×2000mm）用于投加 PAM 后的混合。

构筑物、设备和工艺参数 **表 8-15**

名称	规格	数量	备注	名称	规格	数量	备注
废水池	150m³	1座	利用原有	电石渣加药罐	ϕ3200mm×4000mm	2个	防腐
污泥泵			利用原有	耐酸泵	25FS-16，N=1.5kW	1台	
静态混合器Ⅰ	DN200mm×2000mm	1台		泥浆泵	2PN，N=11.0kW	2台	
静态混合器Ⅱ	DN250mm×2000mm	1台		搅拌机	m=130r/min，N=3.0kW	2台	
沉淀池	100m×30m×2m	6座	利用原有	PAM 加药罐	ϕ2400mm×3000mm	2个	防腐
清水池		1座	利用原有	清水泵	S50-32-125	2台	
清水泵	IS80-50-315			贮药罐	5m³		防腐
搅拌机	n=250r/min，N=3.0kW	2台					

洗煤厂原有 6 座大型沉淀池，在进行本工程设计建设时，根据企业的要求暂时保留了这 6 座沉淀池，没有新建沉淀池。由于原来 6 座沉淀池底部没有排泥设备，煤泥是靠自然干化，然后人工清挖，所以，本工程的煤泥处理暂时没有采用机械脱水设备，仍然保留自然干化、人工清挖的方法。处理后的清水直接排入洗煤用水的清水池，回用至洗煤工段。

3. 运行效果

企业的洗煤废水处理系统自 1996 年正式进入生产以来，年处理洗煤废水量 $3.9\times10^5m^3$，处理效果比较稳定，出水的各项指标均达到了回用标准，实现了洗煤废水的闭路循环。处理效果如表 8-16 所示。这说明，以电石渣为混凝剂、PAM 为助凝剂处理年轻煤种的洗煤废水是可行的，处理出水达到了回用标准，回收的煤泥可以用作燃料。此外，该工艺还具有流程简单、成本低、处理效果好等特点，符合以废治废的原则，同时可获得较好的环境效益和社会效益，具有推广价值。

洗煤废水处理效果 **表 8-16**

进水			出水		
SS(mg/L)	COD(mg/L)	pH	SS(mg/L)	COD(mg/L)	pH
80578	32009	8.18	57	35	7.62
108122	37549	8.28	79	52	7.97
65337	26587	8.32	49	28	8.04
77569	29564	8.41	60	34	8.10
89014	35967	8.25	64	49	7.88
76912	31332	8.31	55	41	8.19

然而，沉淀池底部的煤泥采用自然干化，占地面积大，劳动强度高。对于新建的同类型废水处理工程，建议采用机械排泥和机械脱水，以减轻劳动强度，提高脱水效率。同

时，管式静态混合器在处理水量较小时的混合效果不佳，在场地条件允许的情况下建议采用机械混合池进行混凝剂和助凝剂的混合。

思考题与习题

1. 简述工业水处理的基本原则。

2. 简述工业水处理工艺设计的一般流程。

3. 论述：

1）矿井废水的水质特征及各类污染物的处理方法？

2）对于污染物程度相对较小（悬浮物含量高、色度）的矿井水，若考虑处理后直接回用于矿区工人的日常生活用水，请给出合理的处理流程并解释各单元的设置目的。

4. 论述制药废水的水质特征及各类污染物的处理方法。

5. 试列举出含重金属工业废水的常见处理工艺，对比各工艺的优缺点和适用范围。

6. 从产物环节、污染特征、排放要求和常用处理工艺 4 个方面，简述纺织废水处理工艺的设计过程。

7. 某印染厂废水量为 2000t/d（含活性染料、硫化染料、阳离子染料及阻剂等），原水水质为，pH：10～11；色度：300～400；SS：200～250mg/L；COD：500～6000mg/L；BOD_5：120～150mg/L。要求经处理后达到污水综合排放一级标准。请提出一种处理工艺流程并作简要说明和论述。

8. 某矿山废水，含铜 83.4mg/L，总铁 1260mg/L，二价铁 10mg/L，pH 为 2.23，采用石灰乳作为沉淀剂处理该废水，请给出工艺流程图及各工艺单元的功能。pLFe $(OH)_3$=38，pLFe $(OH)_2$=15.2，pLCu $(OH)_2$=20。

参 考 文 献

[1] 中华人民共和国水利部. 中国水资源公报. 北京：中国水利水电出版社，2015.

[2] 中华人民共和国环境保护部. 2015 年. 中国环境状况公报. www.zhb.gov.cn/gkml/hbb/qt/201606/t20160602-353138.htm.

[3] 李亚峰，杨辉，蒋白懿. 给排水科学与工程概论（第 2 版）. 北京：机械工业出版社，2015.

[4] 张维润. 电渗析工程学. 北京：科学出版社，1995.

[5] 中国市政工程西南设计研究院. 给水排水设计手册（第 2 版）（第 1 册）——常用资料. 北京：中国建筑工业出版社，2000.

[6] 北京市市政工程设计研究总院. 给水排水设计手册（第 6 册）——工业排水. 北京：中国建筑工业出版社，2002.

[7] 董春娟，潘青业. 工业废水厌氧生物处理中的无机和有机毒性物质. 化工环保，2001，21（4）：213-217.

[8] 余淦申，郭茂新，黄进勇. 工业废水处理及再生利用. 北京：化学工业出版社，2013.

[9] 王青华. 浅谈工业废水处理技术. 中国石油和化工标准与质量，2013（14）：108，158.

[10] 吕后鲁，刘德启. 工业废水处理技术综述. 石油化工环境保护，2006，29（4）：15-19.

[11] 李家科，李亚娇. 特种废水处理工程. 北京：中国建筑工业出版社，2011.

[12] 邹家庆. 工业废水处理技术. 北京：化学工业出版社，2003.

[13] 北京市环境保护科学研究院. 三废处理工程技术手册（废水卷）. 北京：化学工业出版社，2000.

[14] 顾夏声，黄铭荣，王占生. 水处理工程. 北京：清华大学出版社，1985.

[15] 张自杰，钱易，章非娟. 环境工程手册（水污染防治卷）. 北京：高等教育出版社，1996.

[16] 刘德涛. 冷却塔介绍及选型. 洁净空调与技术，2010（1）：80-83，87.

[17]（美）W. 韦斯利·艾肯费尔德. 工业水污染控制（原著第 3 版）. 北京：化学工业出版社，2004.

[18] 章非娟. 工业废水污染防治. 上海：同济大学出版社，2001.

[19] 韩洪军. 污水处理构筑物设计与计算. 哈尔滨：哈尔滨工业大学出版社，2005.

[20] 成官文. 水污染控制工程. 北京：化学工业出版社，2010.

[21] 常青. 水处理絮凝学（第 2 版）. 北京：化学工业出版社，2011.

[22] 高廷耀，顾国维，周琪. 水污染控制工程. 北京：高等教育出版社，2007.

[23] 张自杰，林荣忱，金儒霖. 排水工程下册（第 4 版）. 北京：中国建筑工业出版社，2000.

[24] 李春华，张洪林，邱峰，蒋林时. 生物流化床的类型及特点. 工业用水与废水，2002，33（6）：7-11.

[25] 阮文权. 废水生物处理工程设计实例详解. 北京：化学工业出版社，2006.

[26] 周岳溪，李杰. 工业废水的管理、处理和处置（第 3 版）. 北京：中国石化出版社，2012.

[27] 化学工业出版社. 水处理工程典型设计实例（第 2 版）. 北京：化学工业出版社，2005.

[28] 周本省. 工业水处理技术（第 2 版）. 北京：化学工业出版社，2002.

参考文献